系统推进海绵城市建设的昆山实践

The Kunshan Story

Action Learning and Systematically Implementing the Sponge City Program

王卫东　范晓玲　曹万春　等 ◎ 编著

中国建筑工业出版社

图书在版编目（CIP）数据

系统推进海绵城市建设的昆山实践 = The Kunshan Story Action Learning and Systematically Implementing the Sponge City Program / 王卫东等编著. —北京：中国建筑工业出版社，2022.3
ISBN 978-7-112-26648-7

Ⅰ.①系… Ⅱ.①王… Ⅲ.①城市建设—研究—昆山 Ⅳ.①TU984.253.3

中国版本图书馆CIP数据核字（2021）第193441号

责任编辑：王晓迪　郑淮兵
书籍设计：锋尚设计
责任校对：芦欣甜

系统推进海绵城市建设的昆山实践
The Kunshan Story
Action Learning and Systematically Implementing the Sponge City Program
王卫东　范晓玲　曹万春　等　编著
*
中国建筑工业出版社出版、发行（北京海淀三里河路9号）
各地新华书店、建筑书店经销
北京锋尚制版有限公司制版
北京富诚彩色印刷有限公司印刷
*
开本：850毫米×1168毫米　1/16　印张：19½　字数：421千字
2022年3月第一版　2022年3月第一次印刷
定价：**320.00**元
ISBN 978-7-112-26648-7
（37637）

编委会

主　　任：陈浩东

副 主 任：周继春　何伶俊

主　　编：王卫东　范晓玲　曹万春

编撰人员：姚　健　施溯帆　席佳丽　陈　凌　邵　捷
杨新德　周　洁　张海军　仇云云　王　露
金晓辰　戴　忱　李　晨　洪　凯　冯　博
谢　坤　陈锦根　陈天放　李舜尧　李兰娟
侯婉宁　陈燕秋　吉志一　周　璇　夏雯雯
白浩然　韩忆晨

主编单位：昆山市住房和城乡建设局
昆山市海绵城市建设领导小组办公室
中规院（北京）规划设计有限公司

序 一

人类文明的发展史就是人与自然的关系史。党的十八大以来，党中央将生态文明、美丽中国作为建设社会主义现代化国家的重要目标。建设自然积存、自然渗透、自然净化的海绵城市，是落实生态文明和美丽中国建设的重要举措。党中央、国务院高度重视海绵城市建设，习近平总书记明确要求“建设海绵家园、海绵城市”。

江苏省住房和城乡建设厅在省委省政府的有力领导下，积极部署、扎实推动全省海绵城市建设工作。2016年起，会同江苏省财政厅在江苏省开展了两批、共14个海绵城市建设试点，并在总结国内外实践经验的基础上，结合江苏省实际，先后发布了《江苏省海绵城市建设导则（试行）》《江苏省海绵城市专项规划编制导则（试行）》《江苏省建设工程海绵城市专项设计审查要点（试行）》《海绵城市设施通用图集》等技术标准和一系列海绵设施技术指南，有效促进了全省海绵城市建设水平提升，江苏省成为国家级试点示范海绵城市建设最多的省份之一。

昆山作为江苏省首批海绵城市建设试点城市，结合自身城市特征和实际，较早就通过国际化合作、多样化实践、本土化创新开展了对海绵城市建设的探索，逐步形成了基于圩区特征的海绵城市建设策略、高度城镇化地区多功能复合的公共海绵空间、适用于江南水乡地区的海绵城市技术集成等因地制宜的技术成果。目前，昆山市建立了完善的海绵城市建设政策制度体系和技术标准体系，系统化全域推广的格局基本形成，人才团队和产业化得到长足发展，海绵城市建设理念深入人心，海绵城市建设实践已有显著成效。2020年汛期，昆山遭遇强降雨，最大小时雨量达73毫米，改造后的小区没有出现积水现象，得到习近平总书记的批示肯定。

《系统推进海绵城市建设的昆山实践》是昆山经验的交流和共享，遴选的典型项目是践行昆山海绵城市建设策略、探索海绵功能与景观效果有机融合的代表，也是昆山海绵城市建设成果的直观展现。希望能推动行业进行更多实践和更深入的探讨，共同在实践中不断总结、不断提高，为创新和发展中国海绵城市建设理论贡献力量，为新发展阶段的城乡高质量发展和美丽中国建设提供经验和智慧。

江苏省住房和城乡建设厅厅长
周岚博士
2021 年 6 月

序二

令澳大利亚引以为傲的综合城市水管理和水敏型城市设计（WSUD）的创新征程始于20世纪80年代后期。其中，蒙纳士大学关注并研究综合雨水管理，以保护河道水系的生态健康，改善城市地区的排水和防洪能力。雨水径流水质改善方面取得的早期成功，意味着雨水可以作为一种宝贵资源，帮助澳大利亚更好地应对1998年至2009年所发生的大范围千禧年干旱。

在各方努力的共同推动下，澳大利亚国家水敏型城市合作研究中心（CRCWSC）于2012年正式成立。这项历时9年、耗资1.2亿澳元的项目计划，汇集了80多个全球合作伙伴，他们共同致力于快速研究与开发水敏型城市系统、技术，推动相关政策改革，并参与支持了一系列遍及澳大利亚乃至国际社会的示范项目的实施。

澳大利亚和中国在水敏型城市领域的合作早在CRCWSC成立之前就已经开始。自21世纪初期以来，我和我的同事们（尤其是王健斌博士和彼德·布里尔教授），一直与我们的中国同行合作，将澳大利亚水敏型城市设计的知识，与中国的景观设计方法和环境条件相结合，进行落地化的实践。我们与江苏省昆山市的合作始于2011年的昆山文化艺术中心项目，我们有机植入了人工湿地景观，使文化艺术中心广场的景观用水得到有效净化和循环，借助基于自然的生态系统维护了景观倒影池的水质。相似的设计理念还应用于昆山市其他类似的模仿自然和基于自然的设计项目。

这些早期项目的成功以及CRCWSC的建立，进一步加强了我们与昆山市的合作关系，并最终促成了CRCWSC与昆山城市建设投资发展集团有限公司、昆山市规划局在2014年签署了谅解备忘录。昆山市成为CRCWSC的第一个科技孵化城市，双方共同合作，在城市尺度上孵化了CRCWSC的多项新型规划设计理念和技术方法。在接下来的几年中，我们共同完成了30多个不同规模和功能的项目。值得一提的是，这些项目也助力昆山市在2016年获评首批“国家生态园林城市”。中国的海绵城市建设起始于2015年，这一国家政策的重点是改善城市水管理，其概念与澳大利亚的水敏型城市的技术手段不谋而合。

昆山海绵城市项目是世界级水平的，体现了澳大利亚水敏型城市和中国海绵城市理念的独特融合，并适应了当地特殊的地理、气候和文化背景。昆山市当地领导们在这些项目中发挥了重要作用，反映了他们对城市发展的远见，对新技术的理解、支持与卓越的领导能力。项目实施中的经验教训使双方都受益匪浅，这正体现了合作的真谛。

在此成功合作的基础上，作为友好姐妹州省的澳大利亚维多利亚州和中国江苏省于2017年签署了谅解备忘录，以进一步加强双方在实现共同城市水管理目标方面的合作：增强城市在应对洪涝和干旱极端气候方面的韧性，以及减少城市发展对水环境生态健康的影响。

本书记录了CRCWSC与昆山市在水敏型城市和海绵城市建设方面的产出和成果。重要的是，它系统地记录了昆山市所采用的“社会—技术整合性方法”，以及在实现其海绵城市愿景过程中所取得的成就。本书所展示的范例及相关知识，无疑将激发并增强在其他国际城市中开展海绵城市创新工作的信心。在此，我对江苏省住房和城乡建设厅及昆山市共同出版本书表示衷心祝贺。

澳大利亚国家水敏型城市合作研究中心
澳大利亚技术科学与工程院院士
托尼·翁教授
2021 年 3 月

Preface 2

Australia's proud history of innovation in integrated urban water management and water sensitive urban design (WSUD) started in the late 1980s. Research at Monash University focused on integrated stormwater management, to protect the ecological health of waterways, and to improve drainage and flood mitigation within urban areas. Early successes in improving water quality meant stormwater could be used as a resource during Australia's extensive Millennium Drought of 1998 to 2009.

These endeavours culminated in the Cooperative Research Centre for Water Sensitive Cities (CRCWSC), established in 2012. This 9-year $120 million initiative united more than 80 partners who co-invested in the rapid research and development of water sensitive systems, technologies and policy reforms, and supported demonstration projects across Australia and internationally.

Collaboration between Australia and China on water sensitive cities started well before the CRCWSC. My colleagues and I, especially Dr Jianbin Wang and Professor Peter Breen, have worked with our Chinese counterparts since the early 2000s, adapting Australian WSUD knowledge and practice into Chinese landscape design approaches and environmental settings. Our collaboration with Kunshan started in 2011, designing and integrating a constructed wetland into the new Opera House to cleanse and recirculate water, to maintain the water quality of the forecourt reflection pool. Our influence expanded to similar biomimicry and nature-based design initiatives in the city.

The success of these early projects, and the establishment of the CRCWSC, strengthened the relationship with Kunshan, culminating in a Memorandum of Understanding (MoU) between the CRCWSC, the Kunshan City-Construction Investment and Development Company (KCID) and the Planning Bureau of the City of Kunshan in 2014. Kunshan became the CRCWSC's first incubator city, partnering to test CRCWSC's new planning, design concepts and technologies at a city scale. Together, we completed more than 30 projects of various scales and functions over the ensuing 3 years. Significantly, these projects contributed to Kunshan being named one of China's Ecological Landscape Garden Cities in 2016. China's Sponge City Initiatives started in 2015 and provided a national focus for improved urban water management with a concept comparable to the Water Sensitive Cities approach.

The Sponge City projects constructed throughout Kunshan are world standard, and represent a unique blend of Australian and Chinese water sensitive and sponge city ideas, adapted to local geographical, climatic and cultural context. Deputy Major Zhou Jichun has been instrumental in realising these projects, reflecting his vision for Kunshan, his technical understanding and leadership. The lessons and experience have benefited both sides—a true measure of the collaborative outcomes.

Building on this success, the sister states of Victoria in Australia and Jiangsu Province signed an MoU in 2017, to further strengthen their cooperation towards common urban water objectives: to increase resilience to climatic extremes of floods and droughts, and to reduce the impacts of urban growth on the ecological health of the water environment.

This book is testament to the outputs and outcomes emanating from strong relationships between the CRCWSC and the City of Kunshan. It is important that we systematically document the social-technical approach undertaken by Kunshan, and the achievements towards its Sponge City Vision. The exemplars they present and associated learnings will no doubt motivate and build confidence for Sponge City and related innovations in other international cities. I congratulate the Jiangsu Department of Housing and Urban-Rural Development and City of Kunshan on publishing this book.

Australia National Cooperative Research Centre for Water Sensitive Cities
Professor Tony Wong FTSE
March 2021

前言

2013年，中央城镇化工作会议首次提出建设自然积存、自然渗透、自然净化的海绵城市。海绵城市是指通过加强城市规划建设管理，充分发挥建筑、道路和绿地、水系等生态系统对雨水的吸纳、蓄渗和缓释作用，有效控制雨水径流，实现自然积存、自然渗透、自然净化的城市发展方式。

昆山位于长三角核心地带，属典型的江南水乡城市，随着经济社会的快速发展，产生了水环境恶化、水生态退化、内涝风险加剧等城市水问题。自2009年开始，昆山就通过国际化合作开始了对绿色可持续建设方式的探索，通过规划引领、示范带动、制度保障，系统化全域推进海绵城市建设的格局基本形成。

本书重点对昆山海绵城市建设的探索历程、典型实践项目和政策制度文件进行了总结，主要分为三部分内容。

第一部分主题文章，简要阐述了昆山海绵城市建设探索和实践的总体历程。

为系统解决城镇化快速发展带来的涉水问题，昆山市政府积极贯彻海绵城市建设理念和要求，并结合自身城市特点制定了海绵城市建设“十步走”策略。2016年昆山成功入选江苏省首批海绵城市建设试点城市，不断完善规划建设管控制度和技术标准，形成了全过程闭环式的规划建设管理模式。截至目前，昆山市海绵城市建设试点区域建设工作全面完成，全市共完成海绵城市项目400余个，覆盖全市各个区镇，实现了海绵城市建设从“试点区域建设”向“系统化全域推进”的提升，连片效应愈发明显，生态效益日益彰显。

第二部分典型实践，详细介绍了昆山海绵城市建设过程中部分典型示范项目。

在海绵城市建设过程中，通过严格把控方案设计审批、施工过程监管、竣工验收和绩效评估等各个环节，使海绵城市建设理念和要求在全市新、改扩建项目中得到真正落实，并有意识地培育典型示范项目，涌现了一批实施效果较好、综合水平较高的海绵城市建设项目。本书编写组将昆山市已建成运行的海绵城市建设项目分为公共建筑及公用设施、居住小区、城市道路、公园绿地、水环境治理五大类，选取了22个具有代表性的典型项目案例。每个案例以图文并茂的方式，梳理总结设计、施工、运维、评估和管理等方面的经验，供读者参阅并指正。

第三部分政策文件，汇总了昆山海绵城市建设相关政策制度文件和技术标准文件。

昆山结合自身特点，先后出台了一系列政策制度文件和技术标准文件，覆盖土地出让、项目立项、资金引导、规划审批、图纸审查、施工指导、工程验收、运营维护、监测评估等环节，基本实现了海绵城市建设项目全过程、全生命周期管理。本书对各类文件进行了梳理，并采用二维码的方式提供部分文件的链接，有需要的读者可自行扫码阅读。

希望通过本书，为其他城市同类型海绵城市建设项目提供借鉴，同时为江苏省乃至全国系统化全域推进海绵城市建设提供参考。

本书编撰过程中，得到江苏省住房和城乡建设厅、昆山市政府、昆山市水务局等单位以及各案例建设单位、编写单位的大力支持，特此致谢。

由于编者的水平有限，在编撰过程中难免存在错误与不足，敬请读者不吝赐教。

编写组

2021 年 7 月

目 录

三、城市道路类

四、公园绿地类

五、水环境治理类

政策文件

主题文章

昆山海绵城市建设的探索和实践

一、建设初心

1.1 印象昆山

昆山位于长三角核心地带，东接上海，西依苏州，拥有优越的区位优势、良好的自然地理条件和丰厚的历史文化资源。全市总面积931km^2，具备典型的江南水乡特征，气候温和湿润，年均降雨量1069mm；河网密布，河湖水域面积超过全市面积的16.58%，形成以圩区为单元的排水格局。

昆山是全国县域经济发展的领头雁，是长三角地区最富发展活力的城市之一，2021年昆山GDP总量为4700亿元，连续17年位居全国百强县市首位。

昆山大力推进生态文明建设，绿色发展成效明显。近年来，荣获多项国内外城市生态文明建设殊荣，包括国家生态文明建设示范市、全国文明城市、国家生态园林城市、国家卫生城市、国家环保模范城市、国家园林城市、国家生态示范区、全国绿化模范城市等，同时还获得了联合国人居奖、世卫组织健康城市最佳范例奖等多项国际荣誉。

1.2 面临问题

昆山称得上一座“水做的城市”，几千年“依水而居、因水而兴”的生产生活方式积淀了独特的水文化，形成了具有水乡特色的城市格局。

但随着工业化、城镇化进程的快速推进，产业规模、人口规模、建设用地规模急剧扩大，生态资源受到蚕食，河湖坑塘调蓄能力急剧下降，污染负荷日益增加，水乡风貌日渐模糊，城市的可持续发展能力面临威胁。而圩区排水格局造成圩内河道水体流动性不足，水体自净能力差，污染物的富集又加剧了河道水环境恶化，这成为现阶段影响生活宜居性最严重的问题。

1.3 初心愿景

聚焦城市问题，摆脱水乡困境。高强度的城镇开发导致昆山城区绿色空间以及公共活动空间快速减少，城市内涝、水体黑臭现象频现，景观环境质量不断降低。转变城市建设理念，切实补齐城市基础设施短板，完善绿色基础设施体系，解决内涝问题，提升水环境质量，有效增加城市绿色空间，提高生态环境与景观品质，增强城市应对水系统问题的韧性，是昆山市坚定不移推进海绵城市建设的初衷。

践行绿色发展理念，加强生态文明建设。党的十八大以来，以习近平同志为核心的党中央把生态文明建设作为统筹推进“五位一体”总体布局和协调推进“四个全面”战略布局的重要内容，通过大力推进生态文明建设，提供更多优质生态产品，不断满足人民群众日益增长的优美生态环境需要。为深入贯彻落实国家关于大力推进生态文明建设的重大战略部署，尊重自然、顺应自然、保护自然，处理好发展与保护的关系，昆山以推进海绵城市建设为抓手，强调原生态保护、生态修复和低影响开发建设，实现城市生态发展的良性循环和可持续发展，这也是践行绿色发展理念的必由之路。

推进“强富美高”建设，提升城市宜居品质。围绕建设“强富美高”新江苏，推动全省高质量发展，应积极回应人民群众所想、所盼、所急，为城市居民提供更多优美的游憩场所和多种生态体验，有效提升城市的公共服务品质，从而逐步满足人民群众的美好生活需要，提升城市居民宜居体验，增强人民群众获得感、幸福感和安全感。海绵城市是一项系统工程，能够切实解决快速城镇化所带来的水系统问题，改善人居环境质量，提升城市的宜居品质。系统化全域推进海绵城市建设，契合当下江苏省提出的“强富美高”新江苏再出发和高质量发展走在前列的内在需求。

二、战略与历程

面对快速城镇化带来的种种水问题，昆山坚持转型升级和创新绿色发展，在如何提升城市建设的可持续性和生活的宜居性问题上进行大胆思考和勇敢尝试，在国家尚未推出海绵城市理念之前，就较早开展了水系统管理策略研究，并且积极开展国际合作，探索海绵城市建设方向。

2009年，昆山开始探索在城市建设中引入美国低影响开发技术（LID），并在昆山杜克大学项目中得到很好的实践。2011年，委托澳大利亚国家水敏型城市合作研究中心（CRCWSC）联合世界自然基金会（WWF）进行全局性的水资源及环境解析，提出了昆山综合水资源管理概念策略，并开展了湖滨路、文化艺术中心等一系列海绵城市建设项目实践。2013年，东南大学—蒙纳什大学联合研究院水敏型城市联合研发中心在昆山正式成立，并陆续开展海绵城市建设相关技术研究和实效跟踪监测。2014年，昆山与CRCWSC签署协议，成为其全球四个科技孵化城之一，其最前沿的研究成果得以直接应用到昆山的水资源综合管理建设中；同年6月，昆山参与了世界自然基金会“太湖流域昆山区域水综合管理示范预研究”。

正是因为前期持续开展国际合作，昆山不断吸取国外建设理念，开展多样化实践，为后续海绵城市建设的有效推进奠定了坚实基础。

2013年12月，习近平总书记在中央城镇化工作会议讲话中强调在提升城市排水系统时要优先考虑把有限的雨水留下来，优先考虑更多利用自然力量排水，建设自然积存、自然渗透、自然净化的海绵城市。2015年，《国务院办公厅关于推进海绵城市建设的指导意见》中指出，通过海绵城市建设，综合采取“渗、滞、蓄、净、用、排”等措施，最大限度地减少城市开发建设的影响，将70%的降雨就地消纳和利用。昆山市政府积极贯彻海绵城市建设理念和要求，在边走边学、边摸索边实践的过程中积累经验，并结合城市自身特点和未来发展需求提出海绵城市建设“十步走”策略。

第一步：推动海绵技术在不同项目中的应用，在实践中摸索海绵城市建设经验；第二步：持续跟踪完工项目监测数据，支撑海绵城市技术效果评估；第三步：继续深化国际合作交流，研究转化国外先进技术理念；第四步：加强本土团队能力建设，促进海绵技术人才培养；第五步：由点及线建设生态基础设施网络，构建完善的自然生态格局；第六步：由线到面推动圩区基本单元更新，提升海绵城市连片效应；第七步：完善规划建设管控制度，实现海绵城市建设规范管理；第八步：建立海绵城市试点区域，彰显示

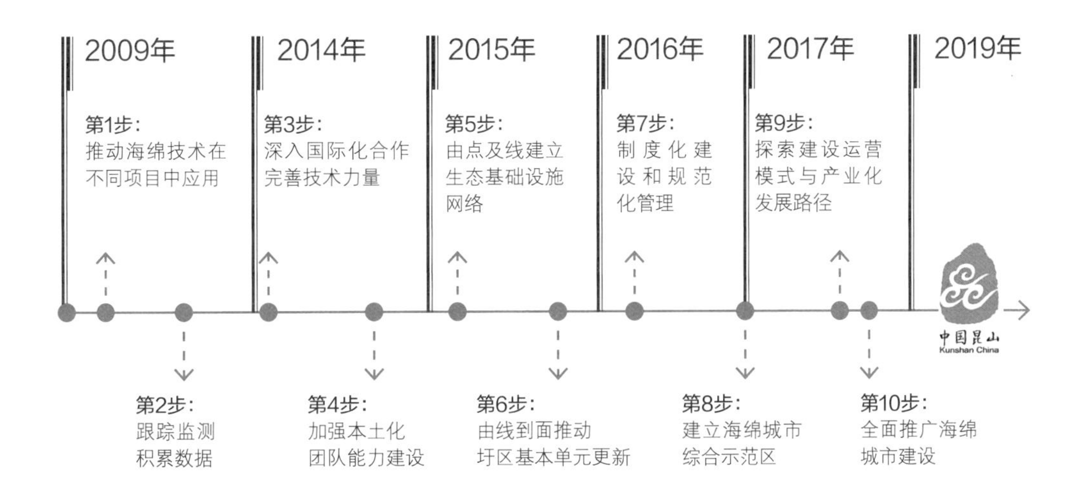

昆山海绵城市建设“十步走”战略

范引领作用；第九步：研究海绵建设运营维护模式，探索海绵产业发展及升级路径；第十步：全域系统化推进海绵城市建设，打造海绵城市“昆山名片”。

在“十步走”战略指引下，2016年4月，昆山市成功入选江苏省海绵城市建设试点城市，划定了22.9km^{2}的海绵城市试点区域集中开展建设。在试点区域建设过程中，昆山市逐步完善组织领导与部门联动机制，加强规划建设管控，注重资金保障，强化行业管理，组织编制海绵城市建设系列技术指南与标准规范，促进技术研究与研发转发，推进信息化管控平台建设。在完善的体制机制建设推动下，一大批具有典型示范意义的工程项目建设实施，试点区域黑臭水体得以消除，片区水环境质量明显提升；防洪排涝能力显著提高，城市韧性持续加强；人居环境质量得以改善，有效提升了市民幸福感，海绵城市建设成效不断彰显。

目前昆山市已经基本完成海绵城市试点片区建设，进入系统化全域推进海绵城市建设阶段。

三、策略与规划

为系统推进海绵城市建设，2017年，昆山市高标准编制了《昆山市海绵城市专项规划》(简称《规划》)，该《规划》入选为全国三个海绵城市专项规划范本之一。《规划》确定了昆山市自然生态格局和建设项目管控指标，并结合昆山特征提出了以全过程径流控制策略及圩区循环策略为核心、统筹四水功能的水系统综合策略，指导水系统方案优化及公共海绵空间利用。

3.1 综合策略

《规划》以提升城市弹性、可持续性和宜居性为目标，重构江南水乡地区水与公共空间价值观，制定海绵城市建设综合策略，包括涵盖源头减排、过程控制、末端调控的全过程径流控制策略；利用公共海绵设施，循环净化圩区河道水质的圩区循环策略；完善污水收集系统、强化尾水深度处理的城市点源污染控制策略；强化再生水和雨水利用的非常规水资源利用策略；实施循环农业，推动生态养殖，实现污染减排、水质净化的农业面源污染控制策略；打造城市骨干生态廊道、重要生态斑块与公共海绵空间相融合的城市生态系统保护修复策略。

全过程径流控制策略和圩区循环策略是昆山海绵城市建设的核心策略。全过程径流控制策略是指在雨期通过“源头减排—过程控制—末端调控”等手段对雨水进行全过程管理，当建设项目通过自身用地范围内源头控制措施难以满足径流控制指标要求时，应利用周边公共空间内的公共海绵设施实现雨水径流的过程控制。在本书第二部分典型实践介绍中，阳澄湖科技园核心区、江南理想小区和康居公园、中环路、博士路等项目均为践行全过程径流控制策略的典型项目，通过将建设项目与周边公共空间统筹设计，利用周边公共空间为建设项目提供雨水径流控制功能。

圩区循环策略是全过程径流控制策略的“末端调控”部分，其实质是圩区内水体综合管理策略，整合了水环境改善、水资源利用、防洪排涝安全和生态廊道建设等多重功能。以圩区为污染控制单元，在源头减排、过程控制的基础上，在非雨期通过动力将河道水体引入公共空间和滨水地块内的公共海绵设施加以循环净化，以实现圩区水质达标的目的。水质改善后的河道水体，可回用作周边非饮用水，避免以往各地块建设蓄水池分散回用、运行维护管理难度大的问题。当遭遇超标降雨，圩内河道水位上涨至超过滨河公共空间内湿地等海绵设施的设计水位时，滨水公共空间可作为弹性调蓄空间，缓解圩区排涝压力，提高圩区排水防涝标准。在本书第二部分典型实践介绍中，江浦圩圩区循环及城市森林公园改造、柏庐路街角公园海绵化改造、城南圩水环境治理、珠泾中心河水生态修复等均为践行圩区循环策略的典型项目，在实现雨水径流控制的同时，为周边河道及圩区水体提供了循环净化功能。

3.2 目标与指标体系

《规划》构建了涵盖水安全、水环境、水资源和水生态四大功能目标，贯穿城市、分区和建设项目三个层级的海绵城市规划指标体系。通过分区建设适宜性分析将城市总体目标自上而下地分解至各个分区，通过最佳可行性分析确定地块、道路等源头建设项目的管控指标，并基于全过程径流控制策略自下而上地对分区指标进行加权校核与反馈。

城市总体目标。在综合评价的基础上，结合城市水系统问题、现状水平和发展需求，因地制宜地确定海绵城市建设总体目标。根据城市特征和海绵城市建设需求，确定昆山市海绵城市建设指标，以年径流总量控制率、年SS总量去除率为主要指标，并综合考虑水生态、水环境、水安全、水资源等方面的功能需求，设立生态护岸比例、圩内水面率、地表水体水质标准、内涝防治标准、雨水管渠设计重现期、雨水利用替代供水比例、污水再生利用率等相关指标。

分区管控目标。以圩区为单元划分海绵城市分区。分区管控指标以城市总体指标为基础，综合考虑各分区下垫面、径流特性、用地潜力、建设密度、地下水水位、土壤渗透性等建设条件以及水系统问题和需求等因素，通过层次分析法进行建设适宜性分析，对年径流总量控制率、年SS总量去除率、生态岸线比例、片区水面率、水环境质量目标等指标进行分解。同时对内涝防治标准、雨水管渠设计重现期、雨水利用替代城市供水比例、污水再生利用率等指标予以落实。

建设项目管控指标。建设项目管控指标的制定应着重考虑海绵城市建设的可实施性，建设项目最佳可行性分析可为建设项目管控指标确定提供科学支撑。昆山地区力推具有低成本、低能耗、低维护特点的“三低”绿色海绵技术，故不同建设项目中附属绿地的占比对年径流总量控制率有重要影响。通过模型模拟分析建设项目不透水面积比

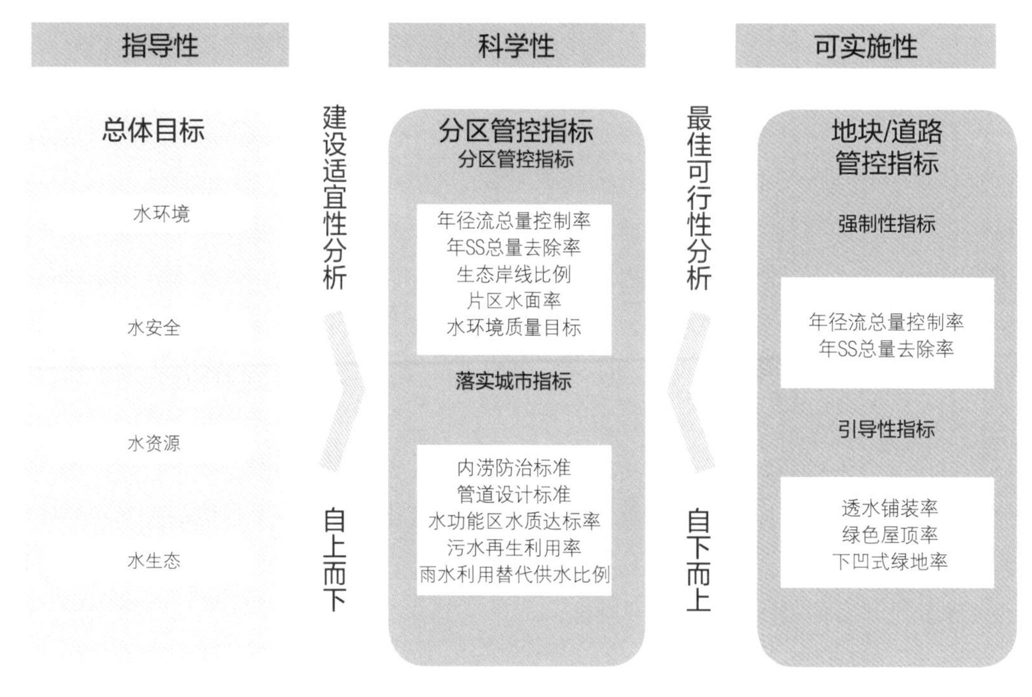

海绵城市建设目标与指标体系

例、海绵设施面积占绿地面积比例与年径流总量控制率的关系，综合考虑海绵设施占比对年径流总量控制率、景观营造等的影响，可得不同建设项目绿地率与最大可能且最优实现的年径流总量控制率的相关关系。

将年径流总量控制率、年SS总量去除率作为建设项目规划管控的强制性指标。将建设用地分为居住用地、公共管理与公共服务设施用地、商业服务业设施用地、工业用地、物流仓储用地、交通设施用地、公用设施用地和绿地广场八大类，对不同用地性质、不同建设年代的新、改建用地，按照海绵城市建设最佳可行性分析成果，差异化确定各类建设项目管控指标。同时，从增强法规依据、保障实施者权益、激励实施效益、推进PPP模式的角度出发，规划拟借鉴国外雨洪管理模式，探索适宜的雨水排水许可制度，推行雨水排放收费、奖惩结合的机制，并提出相应的指标管控方式。

3.3 自然生态空间格局划定与公共空间布局

依托基底要素，构建“七横、四纵、四区、六园”的自然生态空间格局，明确水系、绿地等自然空间的布局、名录、保护范围及要求，建设太仓塘北岸、昆太路沿线、杨林塘等生态修复工程，打造高颜值的绿色生态水岸廊道。

避免生态割裂，打造城市绿环。结合中环海绵型道路改造，有机整合中环路沿线水、绿、路等资源，重构“蓝绿灰”三廊融合的立体生态网络，充分发挥“整体海绵”效应。

精织网络，修复老城核心区公共绿地体系。整合老城区用地，进行存量更新、整

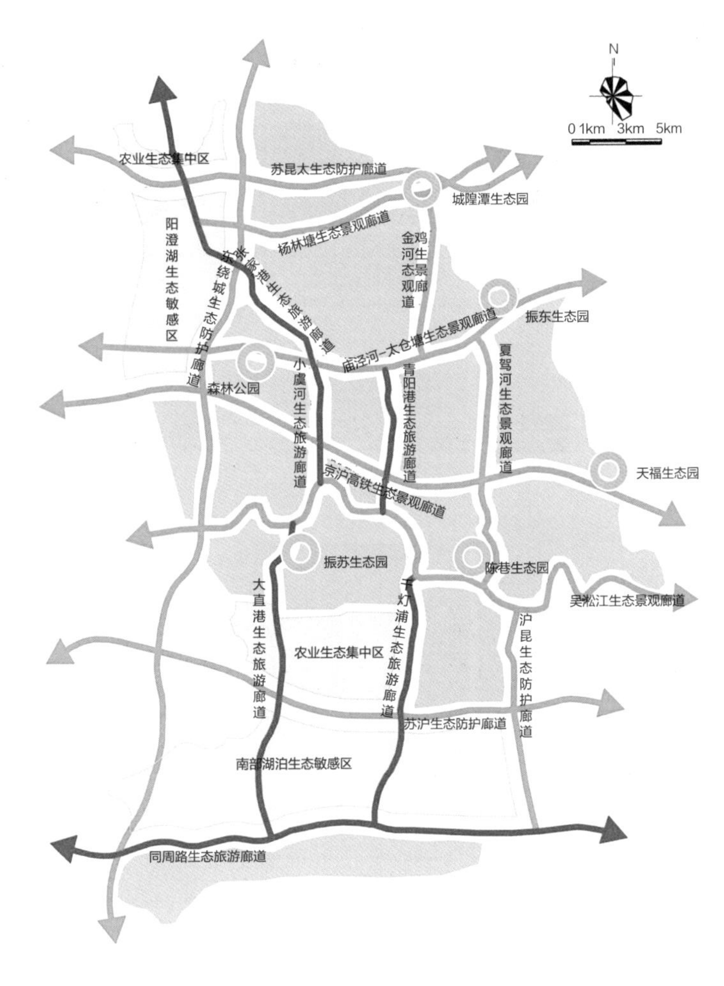

昆山市“山水林田湖”一体化的自然生态空间格局

亭林公园实景图

昆山覆绿工程推进

合拓展，打造更具服务功能的城市公共空间。拆除嘉顿山庄、银桂山庄，使亭林公园山显、水露、绿透，让环城滨水生态文化休闲带再次绽放魅力。

动态挖掘，推进闲置地覆绿扮靓。全面推进全市闲置地覆绿整治工作，将海绵城市建设理念融入其中，建设雨水湿地、下凹式绿地等海绵设施，收集净化周边场地雨水，进一步提升生态环境品质。

3.4 水系统功能综合提升

践行海绵城市建设综合策略，与黑臭水体治理、污水处理提质增效、排水防涝相结合，优化四水系统方案。

综合施策，全面消除黑臭水体。开展城南圩、严家角河等水环境综合整治，在完成控源截污和内源治理的基础上，因地制宜布置雨水湿地和尾水湿地等海绵设施，改善尾水生态性，提升水体净化能力。

系统强化，推进城镇生活污水处理提质增效。严格落实“治水一盘棋”要求，制定雨污水管网普查和修复计划，同步开展污水主干管网完善、合流区域及雨污混接点排查与改造工程，加强控源截污工作。

多措并举，提升城市排水防涝能力。进行易淹易涝片区改造，优化河道、泵站运行调度。进一步挖掘绿色空间的弹性调节能力，将雨水湿地等滨水公共空间作为弹性调蓄，缓解圩区排涝压力。

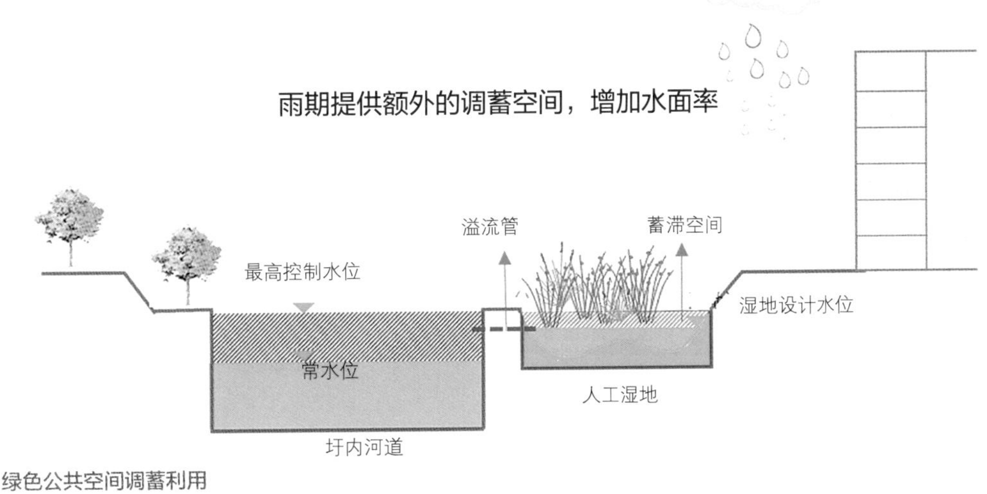

绿色公共空间调蓄利用

四、技术研发与转化

4.1 引进与转化

昆山城投公司2012年引进澳大利亚的生态滞留反应器系统（Bioretention）与雨水处理型人工湿地（Constructed Wetland），在充分吸收理解了其处理原理与设计步骤后，昆山市开展了适用于净化雨水的低成本的本地过滤介质填料及各类型条件下不同处理型植被的搭配组群研究，并在工程项目实施过程中探索合适的施工方法，总结建设经验。

湖滨路海绵城市建设是昆山市引进雨水滞留反应器后首次将其运用到工程实际中的项目，在工程建设过程中，为将国外的规划、设计、工程方法本地化，攻克了种种技术难关，积累了宝贵的设计及工程经验。文化艺术中心的雨水处理型人工湿地的成功应用则为以后打造大尺度的功能型海绵湿地奠定了坚实基础。

为进一步规范以生物滞留池（雨水滞留反应器）、雨水湿地（雨水处理型人工湿地）等常用海绵设施为代表的“低成本、低能耗、低维护”海绵设施的建设，昆山市先后出台了《典型地块适用海绵技术指引》《典型海绵设施设计施工指南》《昆山市生物滞留池施工指南》《昆山海绵城市建设适生植物研究报告》等技术文件，通过实施过程中的优化调整以及后期的监测评估，保障了“三低”海绵设施的建设质量，促进了海绵功能和景观效果融合。

4.2 研发与扩展

为有效强化技术研发，昆山市依托东南大学成立了江苏省东南海绵设施绩效评估有限公司，建设有水质实验室、海绵设施检测实验室、海绵产品研发实验室等，用于技术吸收和验证。建成以来，实验室与研发生产企业合作探索运用新设备，共取得9项已授权的发明和实用新型专利，还有10项专利正在申请授权中，部分已通过实验验证的海绵设施，已择优应用于海绵城市建设项目中；实验室同时具备生物滞留池填料采样分析及质量检测能力，海绵基础数据监测工作也已逐步开展，主要包括跟踪监测地块、圩区水质，出具水质检测报告等。

通过技术转化和研发，目前已衍生了结构土树池、雨水花箱、格栅式生物滞留池等多种类型的生物滞留设施，雨水过滤器、地下调蓄净化设施、岗哨井、雨水链、立体绿化等设施也在积极探索并应用过程中。新技术、新产品不仅丰富了海绵设施技术类型，更促进了昆山海绵城市建设产业的健康发展。

五、规划建设管理

5.1 组织机构保障

2015年昆山市政府印发了《关于成立昆山市海绵城市建设试点工作领导小组的通知》，成立了由市长任组长、分管副市长任副组长的海绵城市建设试点工作领导小组，统筹规划、住建、水利、交运等部门，各成员单位明确职责，按各自职能组织开展海绵城市建设工作。

领导小组下设办公室，具体执行领导小组各项决策，协调各相关单位完成海绵城市建设各项工作。由市住建局局长任办公室主任，市财政局、住建局、规划局、水利局副局长及建设示范区所在的区镇政府分管领导任办公室副主任。办公室设在市住建局，负责海绵城市建设日常工作，办公室由各成员单位抽调技术骨干组成，覆盖城市规划、给水排水、交通运输、园林绿化、水利工程、环境生态等多个专业。

5.2 项目推进机制

为充分保证部门联动与统筹协调，昆山确立了以分管市长为首的海绵城市建设联席会议制度，结合海绵城市建设进展，定期召开海绵城市建设领导小组工作会议。2016年

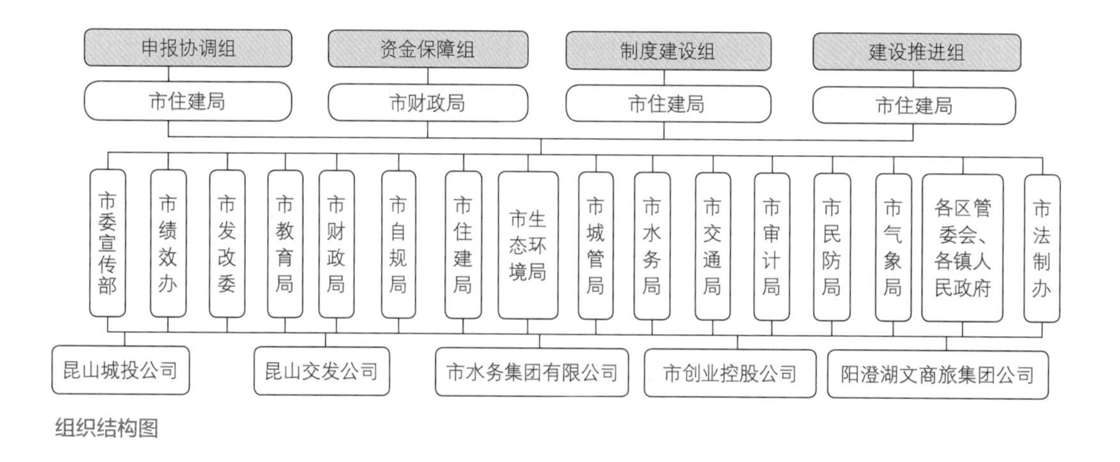

组织结构图

以来，就海绵城市建设协调相关事项共计召开会议30余次，有效推进了海绵城市建设。

同时，将示范区内海绵项目列入昆山重点实事工程项目。项目主要由昆山市住建局、城投集团、交发集团、水务集团等单位实施建设，市海绵办统筹协调项目开展。市重点办定期开展专项督察，及时通报督查结果，提出要求和建议，确保海绵城市重点实事工程稳步推进。

此外，海绵办不定期组织召开海绵城市项目建设专题会议，与建设单位、设计单位、施工单位等共同商讨海绵项目设计方向及建设要点，持续跟踪项目进度，全过程指导项目建设。

5.3 建设要求落实

1. 实施意见

2016年4月，昆山市政府常务会议审议通过了《关于推进海绵城市建设的实施意见（试行）》（简称《实施意见》），要求全面推广海绵城市建设，全市新建、改建项目均需按海绵城市的要求进行建设，各类既有项目也应尽量达到海绵城市建设标准，实现年径流总量控制率达到75%，年SS总量去除率达到60%。

《实施意见》还进一步明确了“2016年底，各区镇完成海绵城市建设实施方案制定工作，建立海绵城市工程项目储备；2018年底，建成2个海绵城市综合示范区；到2020年，建成区20%以上的面积达到海绵城市建设目标要求，70%以上的雨水得到有效控制，面源污染得到有效削减，海绵城市建设走在全省、全国前列；到2030年，建成区80%以上的面积达到海绵城市建设目标要求”的目标任务，并要求实现城市防洪排涝能力综合提升、径流污染有效削减、雨水资源高效利用。

2. 规划建设管理办法

为贯彻落实国家、省海绵城市建设相关要求，昆山市政府出台了《昆山市海绵城市规划建设管理办法（试行）》，要求海绵城市示范区内的新建、改建、扩建工程项目，要统筹考虑建设项目全生命周期，将海绵城市理念贯穿于项目立项、土地出让、方案设计、建设、验收、管理的各个阶段，实现海绵设施与建设项目主体工程同步规划、同步设计、同步施工、同步运营使用。

5.4 专项资金引导

2016年5月，昆山市政府印发了《昆山海绵城市建设专项资金管理办法（试行）》，明确提出对遵循海绵城市建设要求实施、并在2018年底前通过验收的政府及社会资本投资项目进行专项资金奖励，按房地产开发、公建、工矿企业等项目类型分别设置奖励标准。

根据《专项资金管理办法》，2019年3月昆山市启动海绵城市建设达标项目奖补资金申报工作，对2016—2018年竣工通过验收的海绵工程项目、非市级财政资金投资建设的海绵工程项目、已通过主管部门方案和施工图核查并通过绩效评估达标的海绵项目进行奖补，进一步推动了全市海绵城市建设高质量发展。

5.5 技术审批管理

1. 纳入一书两证

2017年3月，昆山市住建局联合规划局、交通局和水利局共同印发了《关于印发在工程项目中运用海绵城市建设技术的审批管理办法（暂行）的通知》，不仅将项目审批管理的范围从海绵城市建设示范区扩展到了昆山全市域，还将年径流总量控制率和年SS总量去除率两个指标作为土地划拨和出让阶段的强制性指标，并进一步明确了各类海绵城市建设工程项目在专项设计方案和施工图设计阶段的具体审批要求。各项目的海绵城市专项设计方案和施工图设计方案必须经过审查，审查未通过的不得颁发建设工程规划许可证、施工许可证。审批流程公正透明，实行“四部门联合审批、专家论证+专人审批结合”的审批方式。

2. 优化审批管理流程

《在工程项目中运用海绵城市建设技术的审批管理办法（暂行）》在实施过程中遇到了许多问题，包括用地性质、项目形式、面积规模和项目阶段界定等实际问题，市海绵办结合工程项目审批实际，不断完善审批管理办法，优化审批管理流程。2017年6月，在审批管理办法试行的基础上，昆山市海绵城市建设领导小组办公室又印发了《关于在工程项目中运用海绵城市建设技术的审批管理办法（暂行）的补充通知》，结合工程项目审批实际，进一步明确了项目报批范围、报批阶段等细则；同时在建设项目海绵城市专项设计方案严格审批的前提下，取消将海绵专项施工图批复作为工程规划许可证的前置条件，既保证了把控海绵城市项目的建设质量，又进一步优化了流程，有效推动了示范区及全市范围内海绵城市建设项目落实。

截至目前，市海绵办共核查通过海绵城市专项方案556个，专项施工图375份，覆盖全市各区镇。联合审批制度的实行，不仅实现了对海绵城市设计成果质量的把控，更推进了行业的进步和提升。

3. 专家评审制度

2020年4月，昆山市住建局印发了《关于征集昆山市勘察设计专家库专家的通知》，征集勘察设计（岩土工程勘察、建筑设计、海绵城市工程设计）相关专家，建立了“昆山市勘察设计专家库”，正式施行专家评审制度。

5.6 施工质量把控

1. 现场施工指导

通过试点建设，昆山市摸索出了一套完整的针对提升海绵城市建设质量的系统流程，在多部门联合审批把控工程设计质量的基础上，不断加强施工过程监管。一是通过施工前

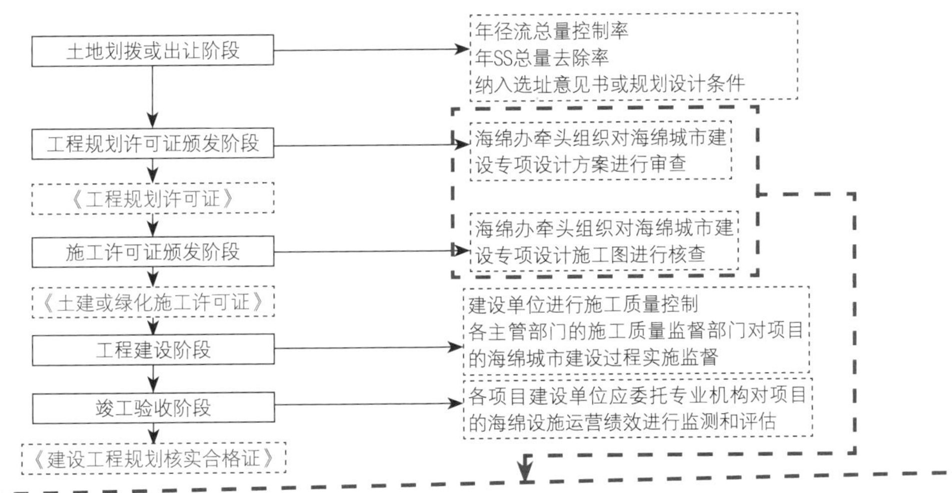

项目工程中涉及海绵技术运用的办事流程图

项目海绵专项方案
专项方案审核备案
收到纸质方案7个工作日
不通过方案审核
重新修改报送
通过方案审核
办理项目规划许可证
项目海绵施工图送审
海绵施工图评审
收到纸质图纸20个工作日
重新修改报送
不通过评审
通过图审
海绵施工图审查意见
办理项目施工许可证

优化后的审批流程

的技术交底，让设计方充分表达设计意图，让施工方充分领会，并针对具体细节形成完善的会商调整结论，记录在册；二是通过施工中的现场踏勘指导，解决现场施工问题，通过动态调整应对施工过程中由现场发生变化所带来的不确定性和不匹配性。自试点以来，市海绵办参与海绵建设工程施工指导与交底共200余次，同步开展工程建设“回头看”的施工跟踪50余次，发放工程联系单19份，有效推进了昆山市海绵城市建设。

2. 施工技术指南

为进一步提升典型海绵设施的施工质量，解决海绵城市施工现场经验不足的问题，结合海绵城市工程建设中遇到的问题及积累的经验，以本地常用的生物滞留池为着手点，昆山市组织编写了《昆山市生物滞留池施工指南（试行）》（简称《施工指南》）。该指南以图文并茂、通俗易懂的形式，展示生物滞留池结构做法，指出各环节施工要点及常见问题（包括竖向衔接、放样、基坑开挖、溢流井建设，防渗层、排水层、过滤层、过渡层铺设，边坡处理、植物栽植、覆盖层铺设等环节），明确生物滞留池建设要领和施工技术细节要点，保障生物滞留池建设质量。

3．竣工验收要求

在总结吸取已完成工程实践经验和相关科研成果的基础上，参考国家、省市现有法规和标准，结合昆山市现有验收管理体系、施工工艺和质量管理水平，市海绵办根据昆山实际需求，与多部门研究探讨，组织编制了《昆山市建设项目海绵城市建设施工及竣工验收要点（试行）》（简称《施工及验收要点》），并于2018年9月正式发布。

《施工及验收要点》不仅注重验收单体设施的建设优劣，规范了昆山市常用单体海绵设施（生物滞留设施、植草沟、下凹式绿地、雨水湿地、透水铺装等）质量验收方法，更重视评判海绵城市建设项目建成后的体系性、完整性，明确项目整体海绵城市建设效果验收方法，包括对海绵城市建设各项指标、排水安全性能、景观呈现效果的定量化评验，使昆山海绵城市在建设管理上真正形成了从规划目标出具到实施效果验证的完整闭环。

5.7 长效运维机制

1．设施运维管理

经市政府常务会议审议通过，昆山市政府印发了《昆山市海绵设施维护、运营、监测与评估办法（暂行）》，明确了包括绿色屋顶、雨水花园、人工湿地、透水路面等在内的海绵设施的运营与维护的实施主体、资源来源、保障制度以及技术支撑，并就海绵设施的监测、评估与考核提出了基本原则和具体要求，有效提高了设施运行效率和使用寿命，保障了城市海绵设施健康运行。

为进一步完善海绵城市建设标准体系，昆山市编制了《昆山市海绵设施运行维护导则》，用以规范和指导昆山市常用海绵设施的运行及维护管理，保障海绵设施长期、有效、稳定运行。

2．开展绩效评估

结合昆山海绵城市建设示范区、建设项目、海绵设施的设计与实施的实际情况，基于昆山海绵城市示范区建设监测方案，昆山市于2017年8月编制了《昆山市海绵城市建设绩效评价方法》，从片区、项目和海绵设施三个尺度，为昆山市海绵城市建设绩效的客观评估提供方法指导。

为进一步探索制定海绵城市建设项目的绩效评估标准，在《施工指南》和《施工及验收要点》等的基础上，2018年，昆山市海绵办组织检测中心对示范区内同进君望花园、森林公园等已建海绵项目进行试评估，通过在不同类型海绵城市建设项目中的实践验证，不断总结并改进评估方法的可行性与科学性，进一步优化各类指标赋值，完善公众满意度、设施可持续运营等评估内容。依据实践经验，出台了省内首个海绵城市建设绩效评估标准，即《地块海绵城市建设绩效评估标准（试行）》，该标准以功能性和景观性融合为导向，为科学评估海绵项目建设成效提供技术支撑，并成为昆山市海绵城市专项资金使用的重要标尺。

六、智慧管控

6.1 数据跟踪监测

自2016年起，昆山市建设工程质量检测中心定期对重点圩区河道水质及部分已建海绵城市工程设施的运行情况进行监测。2017年，以《昆山市海绵城市建设示范区监测方案》为指导，检测中心进一步完善监测布点，优化监测方法，更加科学有效地开展海绵城市监测工作，支撑海绵城市建设效果评估。

市海绵办委托检测中心在示范区范围内布置了首批25个监测点（3个流量+SS监测站点，22个液位监测站点），同时按一月一次的频次对示范区内55条河道的水质、水位进行人工取样监测，并组建了专业的分析团队。

6.2 项目监测管理平台

为综合评估海绵城市建设效果，加强海绵项目建设动态监管，昆山市建立并运行了海绵城市建设监测与项目管理平台。监测管理平台通过合理布置监测点位、整合分析监测数据、建立监测对象的监测数据库，实现项目管理数字化、智慧化、精细化，为海绵城市设施的运行、维护和管理提供科学数据支撑，为试点区内海绵城市建设工作绩效的评估评价提供基础依据，为全市科学推进海绵城市建设提供强有力的保障。

试点区内海绵建设项目包括建筑与小区项目、公园绿地及覆绿项目、道路广场项目、水系项目四大类157项。监测管理平台在项目管理上实现了试点区157个建设项目全面覆盖，项目进展实时更新，实行了包括项目的前期准备、施工过程、竣工验收、维护管理等在内的全生命周期管理。

通过对示范区内项目及其海绵设施的监测，以及对示范区内河道、管网的监测，由点及面，基本构建了示范区海绵城市建设监测体系。监测管理平台用大量的实测数据直观地展示了昆山市海绵城市建设对河道水质、雨水调蓄等方面的积极影响；同时，有丰富的监测数据及项目库作为支撑，通过监测管理平台，可更便捷地对海绵项目进行建设、施工、运行及维护管理；通过分析设施和项目运行的监测数据，可为海绵项目的绩效评估和考核提供数据基础，也为未来的海绵城市建设提供数据支撑。

6.3 海绵大脑

目前昆山正加快“智慧管控平台—海绵大脑”的开发构建，开发分为两期，目前已基本完成一期开发。一期开发主要包括建立数据库、数据展示平台和数据模型计算分析模块。二期开发正在进行中，主要包括实时预测模块、优化和智能决策支持模块的开发以及后期数据处理模块和展示平台升级，海绵绩效评估模块开发、调试和优化等。海绵大脑的开发能够为海绵城市建设管控智慧化、智能化提供支撑。

海绵大脑的打造将直接指导圩区内涝防治管理，为圩区的水质管理和水质改善措施优化提供科学依据，并指导海绵城市的政策与决策、规划与设计、施工与运维，实现真正意义上的以圩区为单元，包括雨水、饮用水和污水在内的综合性城市水资源智能化、精细化管理。海绵大脑将使整个城市治水系统发生颠覆性的革命，是未来智慧城市基础设施的重要组成部分。

通过建立海绵大脑，实现“三指导、三评估、五降低和四提高”的目标，“三指导”是指导海绵基础设施运行、指导圩区排涝设施运行和指导水质改善设施运行，“三评估”是评估内涝减灾措施、评估水质改善方案和评估海绵建设绩效，“五降低”是降低内涝灾害、降低黑臭和蓝藻发生概率、降低基础设施建设投入、降低基础设施运营成本和降低监测投入成本，“四提高”是提高水资源利用率、提高圩区水环境质量、提高圩区管理效能和提高决策水平。

七、建设成效

7.1 连片示范效应逐步凸显，全域推进格局基本形成

2016年昆山成功申报江苏省海绵城市建设试点城市，划定西部高新区22.9km²的区域开展试点建设，试点区海绵项目包括建筑小区、公园绿地、道路广场、水系统等类型共157个项目。2017年，在试点区域建设的基础上，昆山又在东部开发区划定了15.6km²的海绵城市建设示范区，形成了昆山“一体两翼”的海绵城市建设格局，海绵城市建设连片示范效应逐渐凸显。

以试点区域建设为契机，昆山通过精细化设计、精细化施工、精细化管理，打造了一批具有典型示范意义的海绵项目。试点片区的先行先试为昆山海绵城市建设积累了丰富的经验，增强了全面深入推进海绵城市建设的信心和决心，对加快海绵城市建设进程具有重要意义。截至目前，全市已建成海绵项目超过400个，覆盖全市各区镇，涉及各种用地类型，基本形成了系统化全域推进海绵城市建设的格局。

7.2 规划引领精细实施，成功打造“昆山样板”

昆山高标准编制的《昆山市海绵城市专项规划》，入选为全国海绵城市专项规划范本。通过构建自然生态空间格局，科学划定蓝、绿线，明确规划管控指标，加强公共空间利用，制定水系统策略，形成“蓝、绿、灰”三网统筹的海绵城市建设体系，为指导昆山海绵城市规划建设管理，系统性推进全市域海绵城市建设及水系统提升工作，提高城市生态性和宜居性，发挥了重要的规划引领和统筹协调作用。

昆山充分吸收澳大利亚水敏型城市（WSUD）、美国低影响开发的理念，率先探索海绵城市建设理念并实施了一批海绵城市建设项目，其中昆山杜克大学、江南理想和康居公园、中环快速路3个项目入选全国《海绵城市建设典型案例》。

注重示范项目的培育，涌现出一批有特色的典型项目。在苏州市级层面，昆山市共

有9个项目成功入选2020年度苏州市海绵城市建设示范项目名单；在昆山市级层面，在已建成运行的海绵城市建设项目中，昆山市共选择了22个典型案例，在实践探索的基础上不断总结提升，为更好地指导引领昆山海绵项目建设、系统化全域推进海绵城市建设贡献力量。

此外，作为江苏省与澳大利亚维多利亚州的合作落地项目，“江苏省—维多利亚州海绵城市创新示范基地”已经建成，通过引进、孵化、应用澳大利亚水敏型城市领域最前沿的治水理念、科研成果和技术产品，以解决水问题为出发点，保护和恢复自然生态系统，构建湿地循环系统、道路海绵系统、停车场海绵系统、黑臭水体治理系统、污水资源化利用系统和建筑海绵系统，探索、优化海绵城市技术及技术组合30余项，充分发挥海绵设施综合功能，体现多重效果，综合示范效应显著。

7.3 强化技术研发转化，海绵产业蓬勃发展

经过近年国际视野的开阔及本地项目的实践积累，昆山逐渐摸索并形成了符合本地特色的海绵城市建设之路，将水文、水质等功能植入景观工程，通过创新型的规划设计，系统打造多功能生态型景观，以彻底解决城市发展与环境保护的矛盾。昆山城投公司2012年引进澳大利亚的生态滞留反应器系统与雨水处理型人工湿地，通过技术研究和转化，形成了以生物滞留池和雨水湿地为核心的“三低”海绵城市技术。

昆山市与高校合作成立海绵设施实验室，持续开展技术吸收、设施监测、产品研发工作，先后完成了昆山土壤基底情况调查、雨水滞留系统的填料试验、海绵城市建设及水体生态修复适生植物筛选、海绵设施的本土化试验等，产出了多项专利和论文，并将产学研用相结合，推进海绵技术本土化、填料产业化。在实践总结的基础上不断延伸创新，积极应用地下调蓄净化设施（MSRI）、恩维斯岗哨井等新技术，海绵城市产品不断丰富，更带动了以昆山市建设工程质量监测中心、昆山通海建材科技有限公司和昆山润之源环保技术有限公司等单位为代表的、以海绵城市产研一体为特色的本土企业发展。

7.4 多措并举提升能力，本土团队日益壮大

昆山市充分借助行业专家的力量，成立了海绵城市建设专家库，并建立了专家论证制度，进一步加强了对海绵城市建设项目方案设计和施工图设计的审查管控，强化了对项目建设质量的管控。

昆山市共举办了近20次技术交流与培训工作，包括2016—2018年连续三年的中澳海绵交流会议，以及海绵办组织的关于建设管理、项目设计与施工、工程验收、模型运用、标准宣贯等多方面的培训，惠及1500余人次，提升了大量海绵城市设计、施工、管理人员的水平，培育了百余家参与昆山海绵城市建设的规划设计和施工单位。

市住建局下属的工程质量检测中心于2016年9月建立了江苏省首个海绵城市实验室，并于2018年5月被江苏省科技厅正式授牌“江苏省海绵城市建设材料与绩效检测工程技术研究中心”。多年来共获省部级科技进步奖3项、市厅级科技进步奖2项，已授权发明

专利21项、实用新型专利35项，主编参编各类规范、标准12部，在各类核心期刊发表科技论文178篇。2020年4月，根据《江苏省社会检测机构环境监测业务能力登记管理办法（试行）》的规定，经江苏省环境监测协会现场核查，准予登记环境监测能力（涉及水和废水的36个监测指标），有力加强了水环境监测能力建设，以更好地服务于水环境治理工作。

7.5 建设成效广受好评，综合影响不断扩大

住房和城乡建设部与江苏省住房和城乡建设厅相关领导多次来昆山指导海绵城市建设工作，对昆山在海绵城市建设先行先试的探索和实践等工作给予了高度评价。在新发展理念的指引下，昆山以敢为人先的精神，积极打造“绿色、生态、宜居”的海绵城市，吸引了省内外众多城市前来考察，2016—2020年每年接待其他城市学习考察30余次。昆山海绵城市建设于2017年获得澳大利亚创新卓越奖，2016年和2018年两次应邀参加国际水大会，向世界展示昆山市海绵城市建设成果，与国际水领域前沿单位进行交流与探讨。

同时，昆山高度重视海绵城市建设的宣传工作，采取多种形式开展海绵城市建设宣贯；并积极开展“海绵城市进校园、进社区”等系列活动，组织学生、居民参观海绵城市示范项目，了解海绵城市建设理念，成立了“昆山市海绵城市建设小海绵社团”，设计了“小海绵在呼吸”特色课程，将海绵城市理念融入日常教学活动中，让生态文明理念根植于群众心中，获得了社会各界高度认可。

八、主要经验

8.1 践行以保护修复为重点的绿色发展理念，促进城市空间优化和功能完善

昆山践行生态优先发展理念，以构建“七横、四纵、四区、六园”的自然生态空间格局为目标，分年度推进打造高颜值的绿色生态综合水岸廊道，逐步完善自然生态格局的完整性和连通性。以中环路海绵化改造为示范，为高架道路大规模雨水生态化处理提供借鉴，构建立体生态网络、发挥系统海绵效应。建设完成柏庐路街角公园、琅环公园、萧林路小学街角公园等29个城市公园绿地项目，给公共空间融入更多的海绵、生态功能，为市民提供了优美的水环境、水生态景观，居民休闲游憩的活动空间大幅增加，人居环境显著改善，城市宜居品质得到提升。

以江苏省美丽宜居城市建设试点为契机，统筹推进海绵城市建设与社区功能完善，实施“昆小薇·共享鹿城”专项行动，从小微处入手，突出城市公共空间品质提升。通过“针灸式”改造，对街头转角、小街小巷、老旧小区、围墙等公共空间开展美化行动，通过微更新，精致小微环境，增加服务功能，提升空间品质。让城市空间发生精致变化，增强老百姓的感受度、满意度，建设有温度的城市、有温度的社区。

8.2 适用江南水乡圩区特征的建设策略，实现雨水全过程控制和水系统综合治理

面对城市水环境不佳、水安全隐患、水资源错配和水生态不显等问题，昆山坚持转型升级和创新绿色发展，以提升城市韧性、可持续性和宜居性为目标，开展了水系统管理策略研究，构建了基于圩区特征的海绵城市建设综合策略。策略包括全过程径流控制策略、圩区循环策略、城市点源污染控制策略、非常规水资源利用策略、农业面源污染控制策略、城市生态系统保护修复策略。通过海绵城市建设综合策略，实现全过程雨水管理、全时段污染削减、多尺度策略实施、多功能目标实现。

打造具有多重复合功能的公共空间是高度城镇化地区解决水系统问题的有效途径。针对当前昆山高度城镇化的特点，结合当地实践探索，践行全径流控制策略和圩区循环策略，打造森林公园、康居公园、文化艺术中心等一批具有多重复合功能的公共海绵空间，实现径流控制和污染削减的双重目标。

坚持系统融合，注重海绵城市建设与城市黑臭水体治理、排水防涝、污水处理提质增效等涉水重点工作统筹协同推进。结合海绵城市理念对易淹易涝片区进行综合整治，进一步挖掘绿色空间的调节能力，增加动态调蓄空间，降低片区内涝风险。将海绵城市理念融入水环境综合整治方案，“地毯式”探测排查市政、小区雨污水管网，逐步改造雨污混接点，加大对城市河道的综合整治，在完成控源截污和内源治理的基础上，因地制宜布置雨水湿地等海绵设施，践行圩区循环策略，既提升了水体的环境质量，也实现了与景观的良好融合，为周边居民提供了“鱼翔浅底、青草郁郁”的休闲胜地。

8.3 覆盖全生命周期的闭环管理模式，保障海绵城市建设全域推进和建设质量

昆山市建立了健全的海绵城市建设管控制度，先后出台了《昆山市海绵城市建设规划建设管理办法（试行）》《关于印发在工程项目中运用海绵城市建设技术的审批管理办法（暂行）的通知》《昆山市建设项目海绵城市专项设计方案编制大纲及审查要点》《昆山市建设项目海绵城市施工图核查要点》《昆山市海绵项目施工质量检测规程（试行）》《昆山市建设项目海绵城市建设施工及竣工验收要点（试行）》等一系列政策制度文件，并完善相应的技术标准，海绵城市建设实现了“土地出让—技术审核—过程管理—竣工验收—绩效评估”的全生命周期闭环管理模式，并通过“海绵大脑”和“项目管理系统”等信息化管控平台实现数字化、智慧化、精细化管理，切实保障了昆山海绵城市建设的推进和顺利实施。

8.4 遵循景观与功能并重的融合思维，打造适用技术集成和精品示范项目

为保障海绵城市建设实施效果并便于推广，需高度重视景观与功能的融合。针对昆

山常用的生物滞留池、人工湿地等海绵设施，在国外引进、前期探索实践的基础上，昆山市开展了多项技术研究，并通过实施过程中的优化调整以及后期的监测评估，在海绵设施布局、植物配置、与周边环境的衔接处理等方面形成特色经验做法，进一步促进海绵功能和景观效果融合。同时依托实验室研发出可应用于不同场景的生物滞留池设施，丰富了昆山海绵设施技术类型，打造了适用于江南水乡的技术集成。

海绵城市是一项系统工程，良好的实施效果离不开多专业协同设计、精细化施工管理、高标准竣工验收、综合性绩效评估，昆山市在建立海绵城市建设管控制度和技术标准时，尤其注重通过强化管理来确保海绵城市建设的综合效果。如在出台的《昆山市建设项目海绵城市建设施工及竣工验收要点（试行）》中，将海绵配套设施建设观感、海绵设施与周边景观融合程度、植物栽植效果等项目外观质量纳入项目建设的核心类控制指标，要求海绵城市项目除达到功能性指标外，在外观上也应具有良好的景观效果。在《地块海绵城市建设绩效评估标准（试行）》中，进一步明确了评估办法，不仅要求海绵设施与周边场地自然衔接、植物选型合理和搭配适当，更提出植物景观美感的高标准，要求植物种类多样、在秋冬季节仍能形成多彩的自然景观。

通过将景观与功能并重的融合思维纳入海绵城市规划建设管理全过程，有效保障了海绵城市建设实施效果，打造了一批精品示范项目，使全市海绵城市建设项目景观打造和生态涵养相互促进、相得益彰，不仅赋予城市“弹性适应”环境变化与自然灾害的能力，而且大大提升了城市的功能品质，实现了生态效益和社会效益“双赢”，促进了对海绵城市理念的广泛认同。

8.5 贯穿产业链条各要素的能力建设，助力海绵城市建设行业提升和产业发展

国际国内经验交流合作与人才培养对于海绵城市建设和行业能力提升至关重要，昆山积极开展国际交流合作，坚持以开放的姿态欢迎国内外专业单位参与海绵城市建设；同时也制定了“始于学、点带面、散开花”的人才培养计划，最终形成了能够为昆山海绵城市建设聚力支撑的高水平团队。

昆山在海绵城市建设进程中深入探寻海绵城市的建设内涵，由吸收引进转向实践创造，扎根工程建设实际开展技术研究，逐步建立了一套适宜本地特点的技术标准规范，涵盖了规划设计、施工、竣工验收、运行维护和绩效评价等项目建设全过程，为海绵城市建设提供了有效的技术支撑。

海绵城市建设行业的健康发展离不开产业链上下游所有单位的共同努力，昆山也在不断从政策引导和资金奖补等方面推动海绵产业的发展，丰富海绵城市建设适用产品，不断培育集科技创新、研发生产、方案设计、施工及售后服务功能于一体的海绵城市产业链的服务商。

典型实践

一、公共建筑及公用设施类

二、居住小区类

三、城市道路类

四、公园绿地类

五、水环境治理类

一、公共建筑及公用设施类

公共建筑及公用设施类主要包括用地类型为公共管理与公共服务用地、商业服务业设施用地、公共交通设施用地和公用设施用地等的海绵城市建设项目。该类型项目较为丰富，建设条件差异较大，应结合项目的具体目标定位和实际需求，因地制宜选取和布局海绵设施，运用的主要海绵设施有生物滞留池、下凹式绿地、透水铺装、生态停车位、植草沟、蓄水池、立体绿化、雨水湿地等。本书从已完成的公共建筑及公用设施类项目中选取了 5 个具有代表性的案例。

01

昆山杜克大学海绵城市建设

基本概况

所在圩区： 庙泾圩

用地类型： 教育科研用地

建设类型： 新建项目

项目地址： 昆山高新区武汉大学路东侧、传是路南侧、杜克大道北侧

项目规模： 占地面积约14.7hm^2

建成时间： 2015年10月

海绵投资： 约577万元

1 项目特色

（1）以中心水池为调节主体建立末端集中调蓄空间和生态化的水循环处理系统，结合分散的附属绿地设置分散型处理设施，通过集中与分散相结合、景观与功能相结合，实现多样化的海绵设计、生态化的水处理、高效的动态景观，使校园成为如“海绵”般能够调节水资源、调节空间、调节景观的大系统。

（2）在实施过程中，项目建设团队建立了严格的质量管控体系，如监理团队由20多名专业人员组成，在施工过程中累计提出3000多项整改意见，要求逐项整改并反馈整改成果，为工程建设质量提供了重要支撑。

（3）昆山杜克大学校园设计将生态与低碳更深层次的文化内涵注入学校建设，与海绵城市理念高度契合。2016年，昆山杜克大学获得了美国绿色建筑委员会（USGBC）的绿色建筑认证，获得两项LEED金奖和三项LEED银奖，成为全国首个通过美国“绿色能源与环境设计先锋奖”（LEED）整体园区项目认证的大学校园，同时也获得了国内绿色建筑二星认证。2017年，昆山杜克大学成功入选国家《海绵城市建设典型案例集》。

2 方案设计

2.1 设计目标与策略

1）设计目标

项目按照美国绿色建筑认证LEED（Leadership in Energy and Environmental Design）标准进行设计施工，LEED V3.0中关于雨水设计的要求是其可持续场地指标中的一部分，主要对应雨水水量控制和雨水水质控制两部分，具体设计目标要求如下：

雨水水量：当开发前场地不透水面积所占比例不大于50%时，实施雨水管理方案，在应对一年一遇和两年一遇24h的降雨时，确保开发后排放的雨水峰值流量和径流总量不超过开发前。

雨水水质：实施雨水管理方案，减少不透水铺装，促进渗透，利用适宜的低影响开发措施收集处理90%年均降雨所产生的径流，去除项目开发后90%的年平均径流中80%的总悬浮固体。

2）设计策略

按照场地竖向设计、功能布局、建筑设计及径流污染情况，将校园总体分为A、B两大排水分区。根据LEED雨水管理相关目标，结合区域土方平衡及景观效果营造，并根据各自分区特点，分别采用集中型和分散型处理方式开展海绵建设（图1）。

A区采用集中型处理方式，在场地的中心位置设计打造景观水池，将中心水池作为调蓄雨水的调蓄池，收集中心水池周边建筑屋面及场地雨水，并以中心水池为调节主体建立雨水循环处理系统，打造如“海绵”般可调节水体、调节空间、调节景观、最小化外排雨水的海绵系统。

B区采用分散型处理方式，主要利用绿色屋顶、透水铺装、生物滞留池等源头削减措施来降低路面、停车场区域的径流量，削减径流污染。

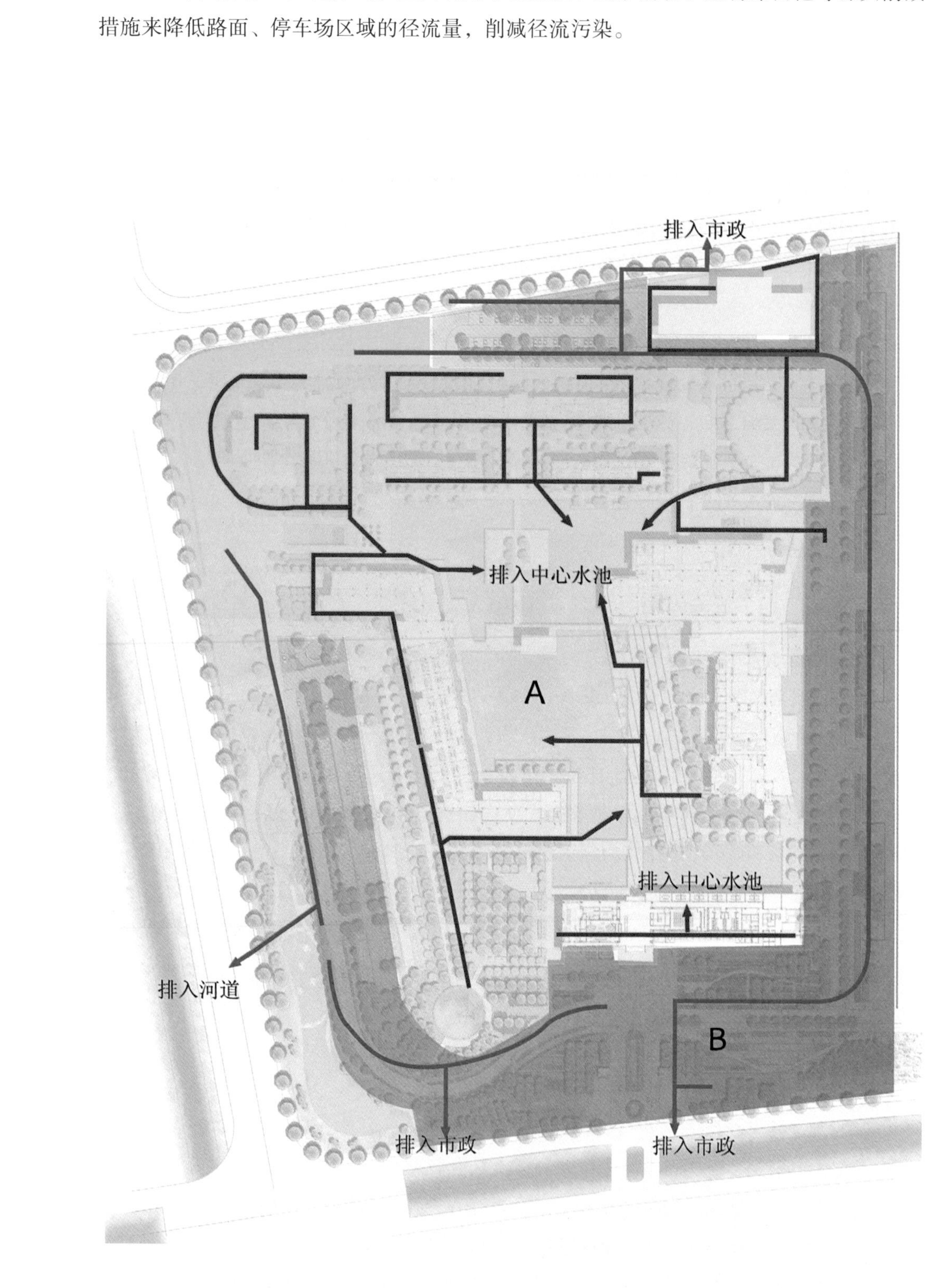

图1　昆山杜克大学校区排水分区图

2.2 设施选择与设计

1）设施选择及运行流程

（1）A区雨水系统运行流程

A区雨水经过绿色屋顶和生物滞留池净化，经雨水井和弃流井后进入中心水池，再由雨水处理系统循环净化后作为校园内绿化灌溉和中心水池用水（图2）。

（2）B区雨水系统运行流程

B区主要为沥青路面及停车场区域，径流污染较为严重，通过生物滞留池处理后排入市政雨水管道（图3）。

2）节点设计

（1）集中型雨水处理系统

杜克大学校区雨水处理系统由中心水池、沉淀池、曝气池、水生植物塘、地下渗滤系统和清水消毒池组成。地表雨水径流进入中心水池，经重力流进入场地西侧的湿塘，通过沉淀、曝气、植物吸收等处理环节后，最终进入以微生物为媒介基础的地下渗滤系统，经地下渗滤系统进一步处理后，雨水以流水瀑布的形式进入清水花园，可供人观赏和接触，最后再流入中心水池（图4）。

经过水量平衡计算，令收集的雨水在系统中反复循环，在控制水质的同时，做到系统高效节能。整个水处理系统近3万m^3的水池，仅需要60m^3/h的循环流量即可确保中心水池的水质达到地表水Ⅳ类标准，循环系统的运行功率仅为8～17kW。

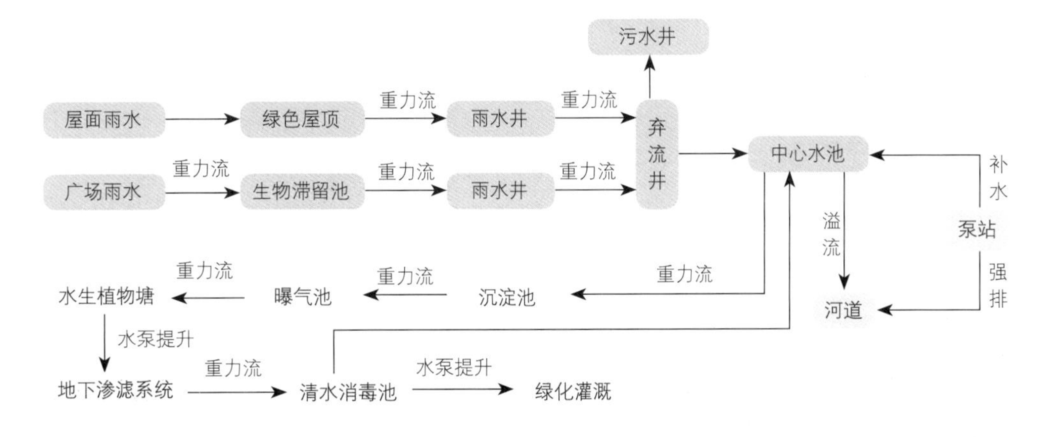

图2 A区雨水径流控制流程图

图3 B区雨水径流控制流程图

①中心水池

中心水池为杜克大学最主要的雨水收集处理构筑物，景观设计模拟了自然的潮汐变化，平均水深在1.0～1.5m之间变化（图5）。通过水位变化来收集储存雨水，通过自身及水处理系统进行净化，能去除掉所收集雨水的大部分污染物（图6、图7）。

②雨水处理系统

雨水处理系统根据各环节的水文环境特点种植了大量的水生植物，并投入了有利于整个生态系统平衡的水生动物，形成了稳定的生态系统。通过生物和物理处理方式对雨水进行处理，实现了雨水生态化处理的目的。

沉淀池（前置塘）水力停留时间约1.8d，主要作用是将来水中颗粒较大的污染物质沉淀下来，减轻后续水处理设施的压力。

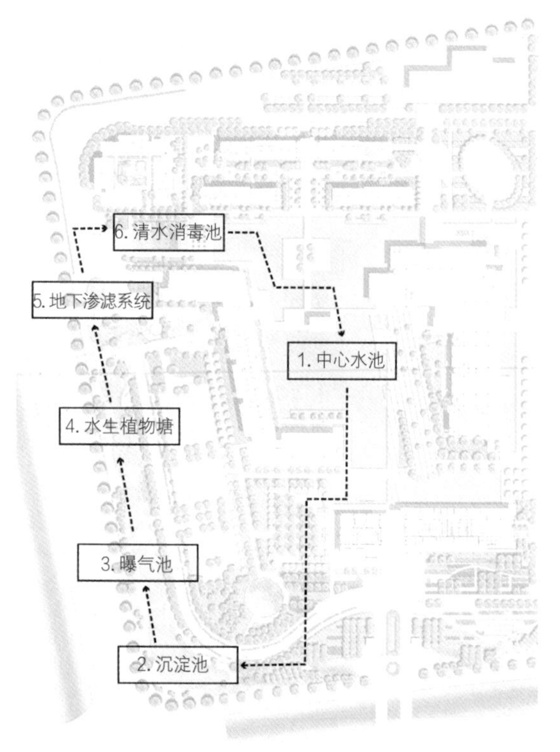

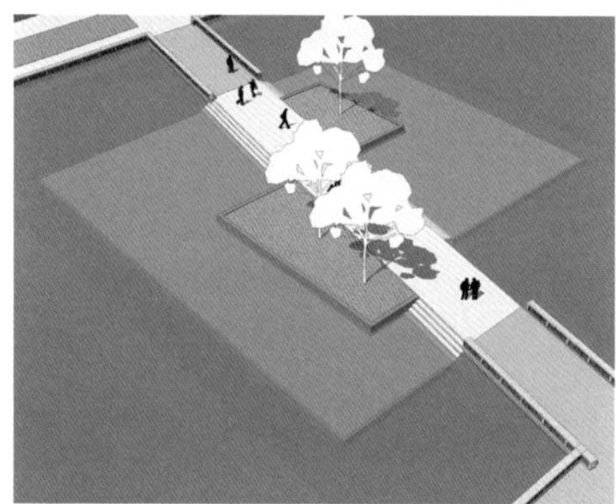

图4　雨水处理系统流程示意图

图5　中心水池水位变化示意图

图6　中心水池鸟瞰图

图7　中心水池实景图

曝气池设计水力停留时间12h，设置各类喷泉充氧，使水体的含氧量增加，有利于污染物的氧化分解。

水生植物塘设计水力停留时间2d，塘内种植沉水植物和挺水植物，通过植物吸收、微生物分解等作用去除掉一部分污染物质。

地下渗滤系统（垂直流人工湿地）底部铺设防水土工布，中间铺设特殊配比的填料，填料上覆土0.2m，其上种植草坪。通过地下渗滤系统的物理、生化等共同作用去除绝大部分污染物质。

清水消毒池水力停留时间约12min，内设浸入式紫外线消毒器GWT150两套，提升泵三台，一台供灌溉系统，另两台供水循环，主要起杀菌和雨水回用的提升作用。

③植物配置

水生植物塘、中心水池水生植物种植采用了苦草、马来眼子菜、轮叶黑藻等沉水植物，以及千屈菜、旱伞草、再力花等挺水植物和荷花、睡莲等浮水植物（图8、图9）。

图8　沉水植物种植图

马来眼子菜

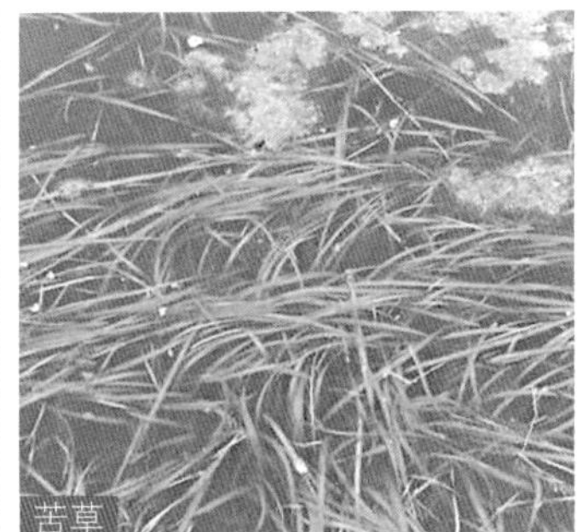
苦草

黑藻

图9　挺水植物种植图

千屈菜

旱伞草

黄花鸢尾＋再力花

荷花＋睡莲

芦苇

再力花＋水葱＋旱伞草

（2）生物滞留池

生物滞留池自上而下分别为景观植被层（蓄水层）、覆盖层、种植土壤层、砂层、无纺布和砾石层，砾石层设置排水盲管，底层敷设防渗土工膜（图10、图11）。

生物滞留池植物种植选用半水生植物，如旱伞草、千屈菜、矮蒲苇等（图12）。

（3）绿色屋顶

绿色屋顶植物种植选用景天类植物，如三七景天、胭脂红景天等（图13）。

溢流管

覆盖层（80mm厚砾石）

砂层（100mm厚中粗砂）

排水盲管

素土夯实（夯实率90%以上）

蓄水层

种植土壤层
（大于800mm厚，30%砂，70%种植土）

无纺布

砾石层（250mm厚碎石垫层）

图10 生物滞留池断面图

图11 生物滞留设施实景图

图12 生物滞留池植物种植图

图13 绿色屋顶植物种植图

2.3 设施布局与规模

1）设施布局与径流组织

将灰色基础设施（雨水管道、雨水泵站）与绿色基础设施（生物滞留池、绿色屋顶、可渗透铺装、植物过滤等）相衔接，雨水经过绿色屋顶、渗透铺装、生物滞留池等源头减排措施，超出设计降雨量时，通过溢流口进入雨水管道系统，之后一部分排入中心水池调蓄，一部分进入市政管网。

中心水池设计水位高于外围河道水位，在暴雨过程中，当超过水池最高水位时可溢流至外围河道，保障校园排水安全（图14）。

2）设施规模

A区采用集中型处理方式，主要通过中心水池调蓄，并结合校园绿地建设雨水处理系统。中心水池水面面积1.94hm^2，设计水深范围为1.0～1.5m，设计调蓄深度达到0.5m，径流控制量为9700m^3。

B区采用分散型处理方式，分为4个汇水分区，综合考虑汇水分区特征、面积及设施布局等因素，确定生物滞留池面积为5319m^2，径流控制量1169m^3（图15）。

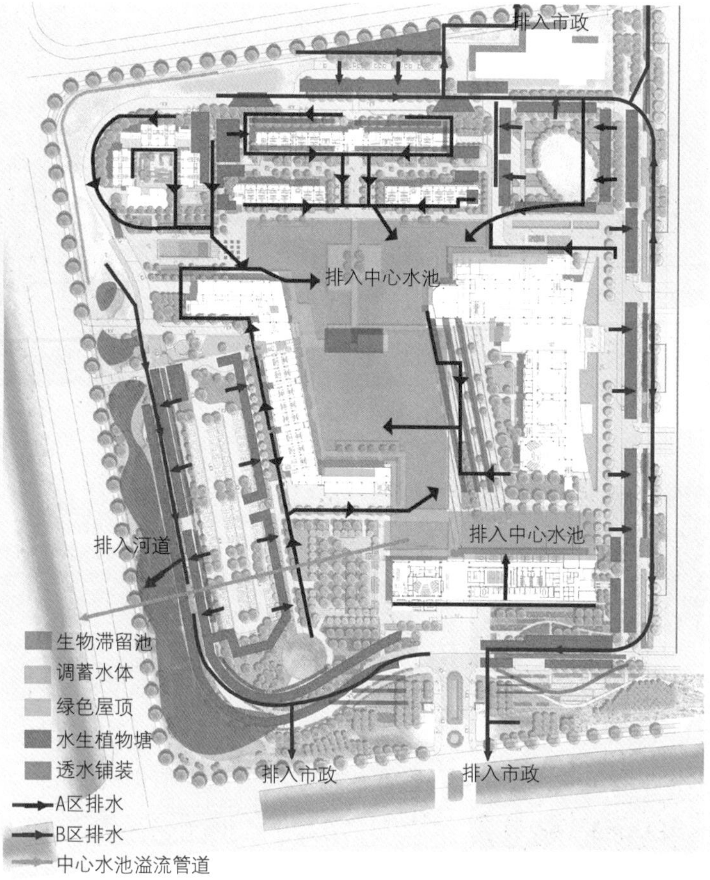

排入市政
排入中心水池
排入中心水池
排入河道
排入市政
排入市政
生物滞留池
调蓄水体
绿色屋顶
水生植物塘
透水铺装
A区排水
B区排水
中心水池溢流管道

图14 校园雨水径流组织示意图

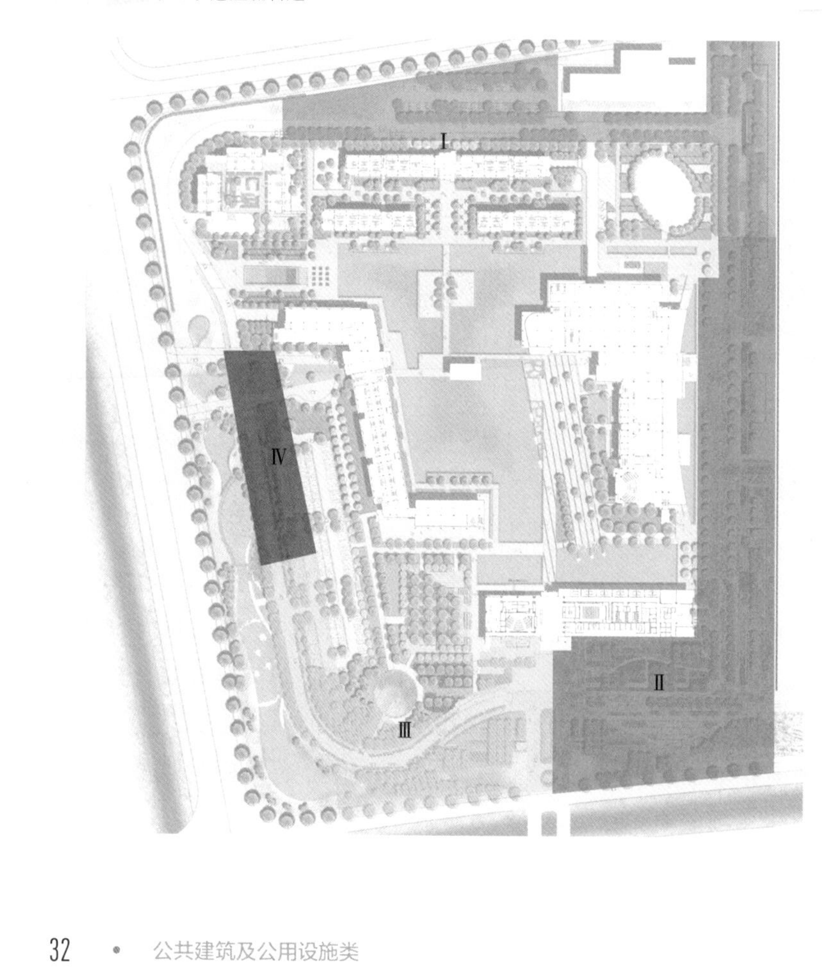

图15 B区域汇水分区图

3 工程实施

3.1 绿色屋顶

应选用防根穿的防水材料，找坡层选用轻质材料，减轻屋面荷载，轻质土混合料搅拌均匀。轻质土回填前做好排水沟及虹吸口覆盖保护，防止土及其他东西落入排水沟及虹吸口，造成管道堵塞。

3.2 生物滞留池

沟槽开挖的截面形状尽量采用倒梯形，以便于快速收集雨水；混合料要经过多次搅拌，保证混合均匀，拌合好后进行回填，混合填料在回填前做蓄水和滤水实验，确保既能起到滤水作用又能起到蓄水滞留作用。

3.3 沉淀池、水生植物塘

沉淀池、曝气池及水生植物塘是一个整体，沉淀池的底标高要低于曝气池和水生植物塘的底标高50 ~ 100cm。

清理杂质时注意不要留有芦苇根，防止对防水层造成破坏；在回填土时不能采用机械回填，需采用人工回填，防止对防水层造成破坏；在地下水位较高时，防水层应设置溢流管，防止地下水位高时将防水层拱起。防水施工过程中，注意天气预报，施工尽量避开雨天。

4 运行维护

海绵设施由学校进行日常的运行维护和管理，相关海绵设施的运行维护要求详见政策文件E。

5 工程造价

与传统景观室外工程相比，昆山杜克大学实施一系列海绵设施之后，工程总投资共新增577万元，折合单位用地面积新增工程投资约为40元/m^2。

在传统景观工程投资基础上，主要海绵设施单位面积增加的造价为：屋顶花园263元/m^2，中心水池114元/m^2，生物滞留池257元/m^2，水生植物塘70元/m^2，渗滤系统657元/m^2。

以生物滞留池为例，杜克大学绿化景观单位面积造价约为180元/m^2，采用生物滞留池后的单位面积造价约为437元/m^2，折合单位面积造价增加257元/m^2。

6 效果评估

6.1 目标评估

运用SWMM模型模拟校园海绵城市建设前后的流量变化，在一年一遇、两年一遇降雨条件下，场地径流峰值均未增大，年径流总量控制率大于92%，采用的海绵设施总悬浮固体去除率均超过80%，较好地满足了LEED V3.0标准可持续场地指标中对雨水水量控制和雨水水质控制的要求（图16）。

6.2 监测评估

昆山杜克大学通过校园内绿色屋顶、生物滞留池以及雨水处理系统、中心水池对降雨进行滞蓄及循环处理净化，经过1～2年的调试运行，保证了稳定的去除效果。

对项目进行了跟踪运行监测，3处采样点（图17）位于A区中心水池，经过监测分析，昆山杜克大学采样点数据均达到并优于地表水Ⅳ类水水质标准，且大部分指标均已达到Ⅲ类水水质标准（表1）。

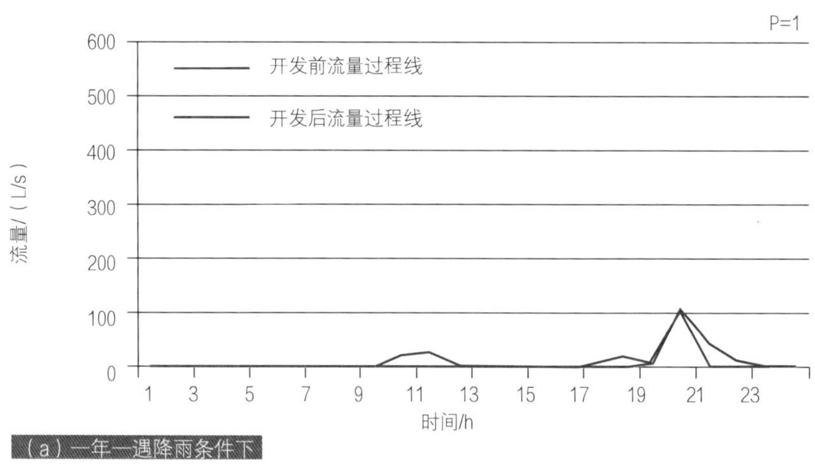

（a）一年一遇降雨条件下

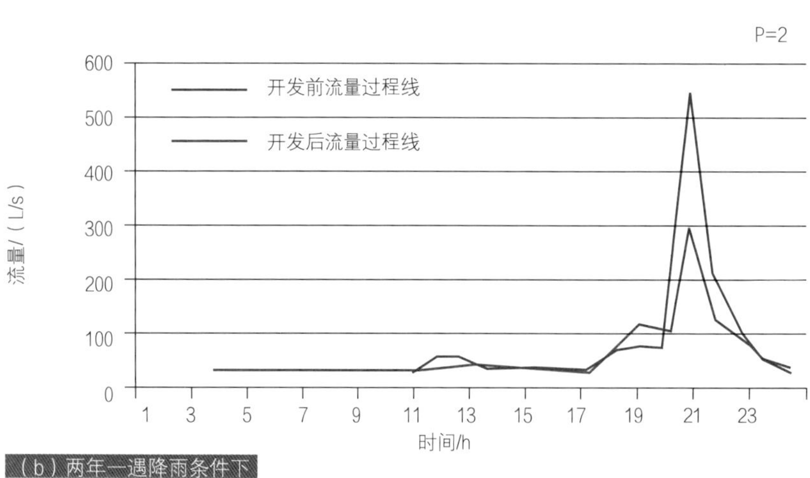

（b）两年一遇降雨条件下

图16　开发前后一年一遇（a）和两年一遇（b）降雨流量过程线对比图

图17 项目运行监测点分布图

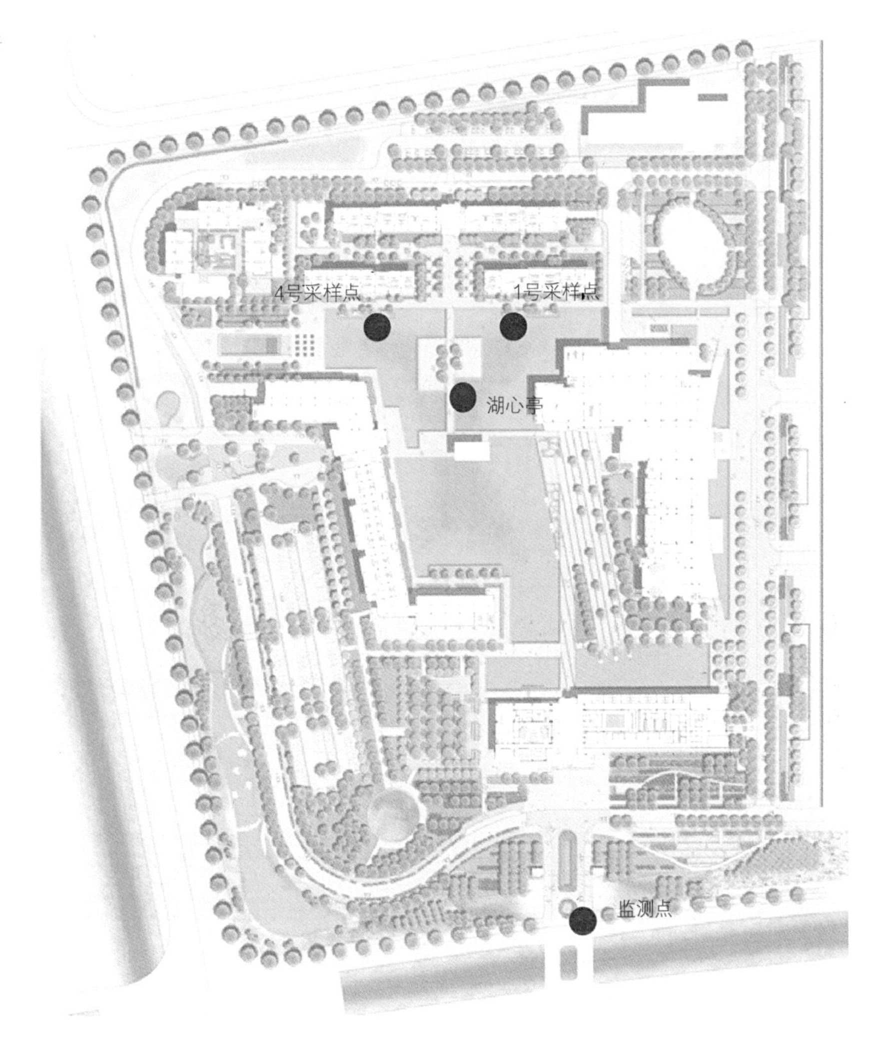

监测结果部分数据一览表 单位：mg/L 表1

位置	NH_3-N	TN	TP	COD_{Mn}
湖心亭	0.128	0.312	0.03	3.0
4号采样点	0.069	0.332	0.01	2.5
1号采样点	0.105	0.252	0.01	2.6

6.3 效益评估

建成的杜克大学校园是昆山庙泾圩中一个巨大的海绵体，在整个区域中成为改善水质、缓解雨水径流的生态细胞。2015年昆山杜克大学校园正式建成启用，其海绵技术结合景观的设计得到中外师生和参观者的赞赏，成为这个高规格大学品牌和特色的一部分（图18）。

图18　杜克大学海绵技术结合景观鸟瞰实景图

经济效益：通过海绵城市建设，减轻了周边管网、河道的负担，为整个地区环境品质的提升提供了无形的经济价值；以较低的成本实现雨水回用，年节约灌溉用水3.5万t，折合自来水费用12.25万元，创造了雨水的经济价值。

生态效益：项目最终实现了年径流总量控制率目标，实现了近乎优于开发前的雨水径流控制；通过系列措施保持地区地下水位稳定与良性循环；为鸟类、两栖类、小型哺乳类等野生动物提供了良好的栖息环境。

环境效益：通过海绵城市技术措施的组合运用，形成了错落有致的滨水景观，美化了校园；通过生物滞留池、雨水处理系统等技术有效控制雨水径流污染，实现了降雨净化，保障了中心水池良好的水质，为在校师生提供了安全舒适的环境。

社会效益：昆山杜克大学通过政府全方位的宣传，达到了让昆山市民了解海绵城市、认知海绵城市、认同海绵城市的效果，推动了昆山一批海绵城市设施的建设实施，起到了良好的示范作用，引起了强烈的社会反响（图19）。

图19 杜克大学社会活动图

建 设 单 位：昆山阳澄湖科技园有限公司

设 计 单 位：未来都市设计有限公司

苏州合展设计营造有限公司

技术支持单位：美国兰德设计

江苏省城市规划设计研究院

案例编写人员：曹万春、范晓玲、冯博、王世群、赵伟峰

02

司徒街幼儿园海绵化改造

基本概况

所在圩区：城南圩

用地类型：服务设施用地

建设类型：改建项目

项目地址：玉山镇后塘村西侧

项目规模：占地面积约1700m^2

建成时间：2018年10月

海绵投资：约139.8万元

1 项目特色

（1）针对幼儿园绿化率较低、不透水面积占比较高、施工周期较短等特点，因地制宜地采取下凹式绿地、透水铺装、雨水罐、立体绿化等多样化的海绵措施。结合海绵设施打造科普教育园地，创造性地将青菜、小麦、西瓜等蔬菜和农作物作为下凹式绿地的种植植物，采用寓教于乐的设计手法，让师生深入了解海绵设施的功能和作用。

（2）考虑幼儿园学生年龄较小，在聚氨酯透水铺装面层增设防滑、防摔、无毒、无味的悬浮地板，在下凹式绿地周边增加木护栏，实现海绵功能的同时，提升校园安全保障水平。

2 方案设计

2.1 设计目标与策略

1）设计目标

本项目位于昆山市海绵城市建设试点区域范围内，为改建项目。根据《昆山市海绵城市专项规划》的要求，结合幼儿园现状实际条件和建设需求，确定建设目标如下：年径流总量控制率75%，年SS总量去除率60%。

2）设计策略

屋面雨水通过雨落管断接进入下凹式绿地或接入雨水罐回收利用；铺装雨水经过全透水路面源头减排后，通过地表汇流进入下凹式绿地。超出设计降雨量时，雨水溢流进入校园雨水管网，最终进入市政排水系统（图1）。

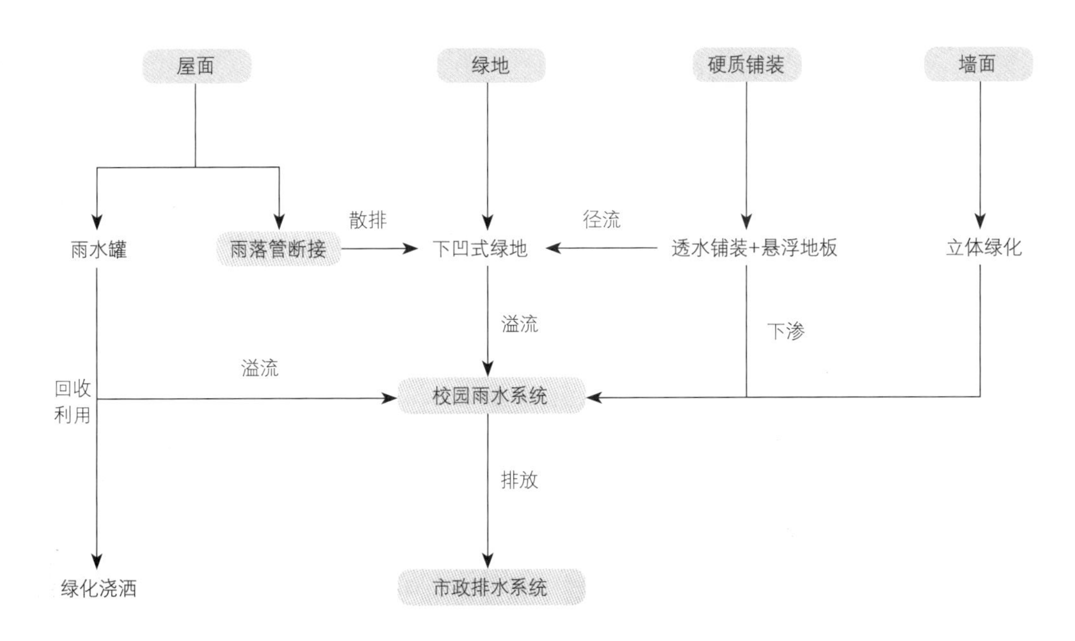

图1　雨水径流控制流程图

2.2 设施选择与设计

1）设施选择

根据区域和项目的问题及需求分析，以雨水径流控制和径流污染削减为主要目标，考虑到幼儿园绿化率较低、不透水面积占比较高等特点，宜采用下凹式绿地、透水铺装等具有净化功能和滞蓄功能的海绵设施。雨落管附近无绿地时，增设成品雨水罐，净化后储存的雨水可回用于打扫卫生、浇灌绿化、教育园地内用水等。同时在校园东侧墙面增加立体绿化，降低室内温度，增加空气湿度。

2）节点设计

（1）下凹式绿地

下凹式绿地是本项目中关键的海绵设施，包括简易式及蓄滞式两种形式（图2、图3）。在下凹式绿地周边增加木护栏等，防止学生踏入其中。

简易式下凹式绿地从上至下结构层分别为：超高层100mm、滞留层100mm、种植土层300mm。

相对于简易式下凹式绿地，蓄滞式下凹式绿地滞留调蓄能力更强，包括预埋生态多孔纤维棉和成品浅层调蓄设施两种。采用生态多孔纤维棉的蓄滞式下凹式绿地从上至下的结构层分别为：200mm种植土；50mm粗砂；500mm生态多孔纤维棉；50mm粗砂；底部素土夯实，夯实度不小于90%。

采用成品浅层调蓄设施的下凹式绿地从上至下的结构层分别为：300mm种植土；100mm原沟槽土回填；100mm粒径小于50mm级配砾石；300g/m^{2}透水土工布；475mm中砂、粗砂、碎石屑、级配砾石组合砂垫层；200mm中砂、粗砂组合砂垫层，压实度不小于95%；100mm中砂、粗砂组合砂垫层，压实度不小于95%。浅层调蓄设施蓄水容积2m^3，缓释流量0.2m^3/h，配套无动力缓释器，蓄滞净化渠进水口连接两根进水管、两根溢流管，污水通过排泥井进入污水管网（图4、图5）。

图2　简易式下凹式绿地实景图

图3　蓄滞式下凹式绿地（含预埋生态多孔纤维棉）实景图

图4　下凹式绿地（含浅层调蓄设施）实景图

图5　浅层调蓄设施雨水落水管安装示意图

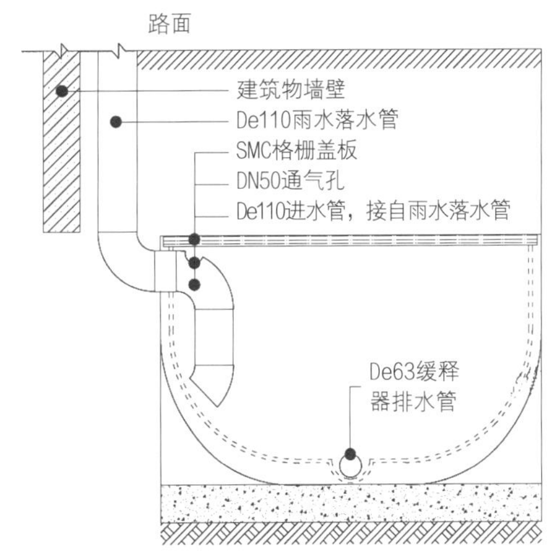

图6　下凹式绿地植物种植图

选用根系发达、茎叶繁茂、净化能力强、既耐涝又抗旱、观赏性能好的植物品种，如金边黄杨、毛鹃、花叶蒲苇、小兔子狼尾草等。同时注重苗木的品种搭配，以增加校园景观的丰富性（图6）。

（2）透水铺装

考虑幼儿园学生年龄较小，采用在聚氨酯透水铺装面层增设防滑、防摔、无毒、无味的悬浮地板，从上至下结构层分别为：15mm高强度聚丙烯悬浮地板，20mm混合料粒径3～5mm聚氨酯透水面层；150mm骨料粒径15～20mm的C25无砂混凝土层；300mm碎石粒径8～13mm级配碎石层压实，碎石排水层中铺埋De110mm UPVC穿孔排水管，底部素土夯实，夯实度不小于91%（图7）。

（3）立体绿化

校园东侧墙面设置立体绿化，具有降低辐射热、减少眩光、增加空气湿度和滞尘隔噪，占地少、见效快、覆盖率高等优点。

立体绿化龙骨架由主要支撑骨架和次要固定骨架组成，主要支撑骨架由几个小的骨架拼接而成，主要支撑骨架为5cm×5cm的镀锌角铁，次要固定骨架为3cm×3cm镀锌角铁，花盆尺寸为250mm×110mm×120mm，花盆之间采用插销连接，每6行花盆为1组，每组花盆与搭建的水平骨架通过螺纹杆固定，灌溉采用手动灌溉方式，每5行花盆布置一根灌溉支管，灌溉支管上每隔250mm打孔，孔径为2mm，通过孔隙对植物进行灌溉（图8）。

立体绿化植物选择了生长旺盛、枝叶茂密、开花观果的攀缘和藤本植物，如佛甲草、花叶蔓长春、常春藤、合果芋、波斯顿蕨、碧玉花等（图9）。

图7　透水铺装实景图

图8　立体绿化设计大样图及实景图

图9　立体绿化植物种植图

（4）雨水罐

在雨落管附近无绿地的区域，选用带有净化功能、材质为PP或PE的成品雨水罐；雨水罐有效容积为0.6m^3，并设有溢流设施。经过净化后储存的雨水可回用于打扫卫生、浇灌绿化、教育园地内用水等（图10）。

图10　雨水罐实景图

2.3 设施布局与规模

1）设施布局和径流组织

为了保证设计的各类海绵设施高效发挥控制作用，根据幼儿园内下垫面条件、竖向现状、雨落管、室外雨水管网分析，结合现场踏勘情况、幼儿园功能分区及径流特征等，将场地划分为5个汇水分区（图11）。

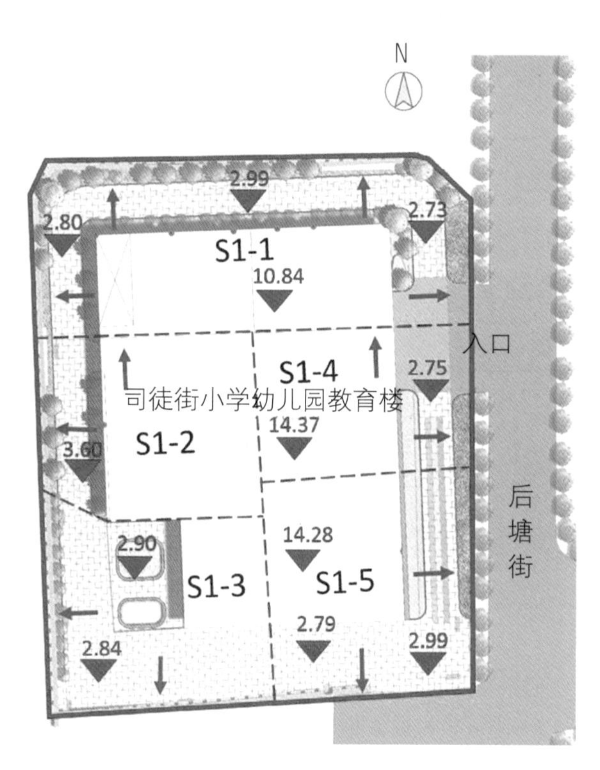

图11　司徒街幼儿园汇水分区及径流组织示意图

根据各个分区海绵设施布局，明确设施进水口和溢流口的位置，通过竖向设计保障设施服务范围内雨水均可顺利汇流进入设施，且溢流雨水可通过溢流口有组织地排出。

综合考虑汇水分区内的地形竖向、植物组团、景观布局及雨水回用方式，合理布局海绵设施的类型与位置。

2）设施规模

根据雨水径流控制目标，确定各分区海绵设施规模（表1）。

司徒街幼儿园海绵设施规模汇总表　　表1

汇水分区编号	简易式下沉式绿地/m²	蓄滞式下沉式绿地/m²	透水铺装/m²	立体绿化/m²	雨水罐/个
S1-1	51.9	45.19	152.59	—	1
S1-2	9.63	14.25	46.12	—	1
S1-3	7.66	—	146.55	—	—
S1-4	—	15.06	141.09	19.6	—
S1-5	—	23.38	46.86	45.9	—
合计	69.19	97.88	533.21	65.50	2

3 工程实施

海绵城市建设施工不同于传统市政项目施工，需统筹竖向、排水、园林等专业，严格按照设计控制学校场地、铺装、海绵设施、溢流口以及雨水管网等竖向关系，要求精细化施工，确保海绵设施功能有效发挥，同时实现良好的景观效果。

3.1 下凹式绿地

机械开挖时基坑底部应预留200～300mm土层，由人工挖至设计高程，同时由人工平整场地，将四周的石块、树根、混凝土块、塑料等清理干净。

回填种植土壤时，种植土壤应根据材料配比要求搅拌均匀后再进行回填，回填完成一层后应洒水使其饱和，再回填下一层，种植土壤层不应夯实。回填种植土壤后的存水空间应预留土壤覆盖层铺设空间，土壤覆盖层应铺设均匀、完整。

设计的下凹式绿地宽度较小，施工中机械难以开挖，且与透水铺装直接衔接，为防止开挖土壤堵塞透水铺装孔隙，要求施工过程中严格控制施工组织顺序，按部就班操作，不得随意更换工序。

3.2 透水铺装

聚氨酯面层铺设时应色彩颗粒均匀，不得出现开裂、黏性不足、颗粒脱落等现象。面层上铺悬浮地板，坡面应平整，不得有鼓包、不相连等现象。聚氨酯等材料使用前应进行相应的检测，如经检测得到抗压强度、透水系数、抗折强度等参数，同时应有由权威机构出具的黏合剂性能检测报告等。

本项目的透水铺装在施工结束后要铺设悬浮地板，对铺装平整度要求较高，且道路宽度较窄，因此在施工过程中，考虑区域面积较小，摊铺过程要快速，整体摊铺，确保铺装平整度。

3.3 立体绿化

立体绿化应用的所有安装材料都应进行预制加工，并保证在安装时按设计要求安装在相应位置，安装完成后应进行调试，确保安全、稳定使用（图12）。施工过程中应注意墙体的稳定性，并保证预留一部分空间，以满足对后续管理的需求。

安装预埋件

花盆放置

植物配置完成

图12　立体绿化现场施工图

4 运行维护

司徒街幼儿园海绵改造工程验收交付后，目前由幼儿园进行维护管理。相关海绵设施的运行维护要求详见政策文件E。其中，立体绿化运行维护要点主要包括：①松土除草。为防止杂草横生，对未郁闭的植物，生长期每月松土、除杂草两次，已郁闭的每月清除寄生植物2～3次，养护面松土除杂草一次；5—8月各修边一次，修边宽度20～30cm，修边一定要整齐划一，富有美感。②修剪整形。控制植物在0.4～0.5m的高度，上面平整，边角整齐，新梢长到10cm以上及时修剪，一般生长季4—10月每月修剪整形2～3次。每月要清理乱枝、过密枝、干枯枝，并进行人工牵引引导，使其达到美化效果。③水肥管理。每月追复合肥1次15～20g/m^2，结合雨天进行；每年根据其长势和覆盖情况，在早春和初秋施基肥各一次，数量为0.5～1kg/m^2，并覆土，施肥后需加强浇水。夏天每天早上须浇水一次。④苗木补植。对缺株、死株，出现植物断层的，须及时补回原来的种类，尽量用盆苗使其尽快密闭。⑤质量控制。要保证长势良好，无断层、无缺株，上面平整，棱角分明，有艺术美感；无杂草，无寄生植物，无垃圾和枯枝落叶。⑥病虫害防治。以“预防为主、综合治理”为原则，通过积极观察和掌握病虫害的发生规律，预测预报病虫害，“治早、治小、治了”，保证植物的美观效果。

5 工程造价

本项目海绵化改造工程总投资约139.8万元。

海绵设施投资单价情况：透水铺装约1000元/m^2，简易式下沉式绿地约500元/m^2，蓄滞式下沉式绿地约2000元/m^2，雨水罐约15000元/个，立体绿化约800元/m^2。因蓄滞式下沉式绿地内含浅层调蓄设施或生态多孔纤维棉，单价较简易式下沉式绿地略高。

6 效果评估

6.1 定量评估

经过指标校核，项目区域年径流总量控制率达到93%，年SS总量去除率为79%，达到了设计要求。

6.2 定性评估

1）经济效益

海绵项目的建设以较低的净增成本，综合减少水环境污染治理、防洪排涝设施建设和运行费用。下沉式绿地、透水铺装可削减面源污染，减轻城市排水压力。立体绿化可调节建筑内温度，减少能源消耗。雨水收集利用设施将收集的雨水用于绿化，节约灌溉用水量。

2）环境效益

司徒街幼儿园的海绵化改造，对减少城市面源污染，尤其是初期雨水径流污染、削减地表径流中SS、COD、TN、TP等污染物具有显著的效果，同时也优化了校园生态空间，提高了雨水滞蓄能力，削减了径流峰值，缓解了区域排涝压力。

3）社会效益

幼儿园改造后，每一位师生都可以参与到雨水控制利用的过程中来，学生在娱乐的同时，接受节约水资源的教育，增强惜水、节水和利用雨水的意识（图13）。

图13 幼儿园开展节约水资源的教育

建 设 单 位：昆山市琨澄海绵城市开发建设有限公司
设 计 单 位：苏州科技大学设计研究院有限公司
施 工 单 位：苏州苏园古建园林有限公司
照 片 提 供：苏州科技大学设计研究院有限公司
司徒街幼儿园
技术支持单位：苏州同科工程咨询有限公司
案例编写人员：刘寒寒、李沛容、曹强

03

锦溪污水处理厂海绵城市建设

基本概况

所在圩区: 锦溪圩

用地类型: 公用设施用地

建设类型: 一期改建、二期扩建

项目地址: 昆山市锦溪镇

项目规模: 占地面积约4.49hm^2

建成时间: 2018年5月

海绵投资: 约60万元

1 项目特色

（1）遵循集中与分散相结合的原则，因地制宜采用了绿色屋顶、立体绿化、雨水链、植草沟、生物滞留池、雨水湿地等多种海绵设施，构建了覆盖“源头—过程—末端”全过程的雨水径流控制系统。

（2）加强海绵城市建设的同时，通过“新型潜流湿地+深度涵养湖泊”的分级生态修复系统技术深度处理尾水，多技术融合、多方面着手，有效提升了厂区内外水环境质量，打造了生态的、绿色的、可持续的污水处理厂建设样板。

（3）针对污水处理厂特点，雨水湿地在接纳地表径流雨水的同时，同步接收厂区尾水，既补充湿地水源又形成水体循环，提升海绵设施的综合效益。

2 方案设计

2.1 设计目标与策略

1）设计目标

（1）海绵城市建设目标

根据《昆山市海绵城市专项规划》建设要求，结合污水处理厂特点，融合生态海绵理念，确定了以削减雨水径流污染为重点，同时兼具控制雨水径流量和营造生态多样性等功能的设计目标。其中，年径流总量控制率目标75%，年SS总量去除率60%。

（2）尾水湿地净化目标

以厂区内外水环境质量提升为目标，以锦溪污水处理厂一级A出水作为设计进水标准，进一步改善尾水出水的生态活性。

2）设计策略

（1）海绵城市

屋面、路面、铺装、绿地等场地雨水通过地表汇流，或通过转输型植草沟收集，汇入生物滞留池、雨水湿地，滞蓄净化后进入雨水管网。其中厂区尾水回用补充雨水湿地，经雨水湿地调蓄及进一步净化后的尾水回用于厂区绿化浇灌（图1）。

（2）尾水深度处理

污水处理厂尾水首先进入超微曝气池预处理，降低水体中的氨氮含量；然后进入新型潜流湿地，依靠重力形成自流水体，纵向上水流呈垂直越流模式，增加其水流路径，强化净化效果；最后进入深度涵养湖泊，进一步深度净化湿地出水（图2）。

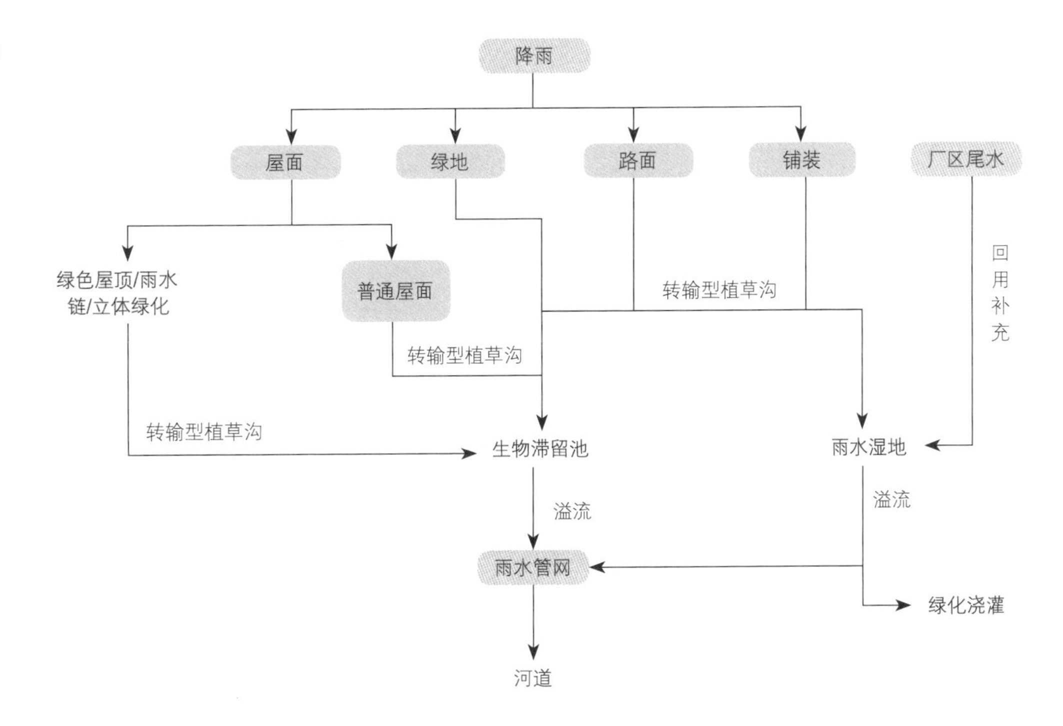

图1 雨水径流控制流程图

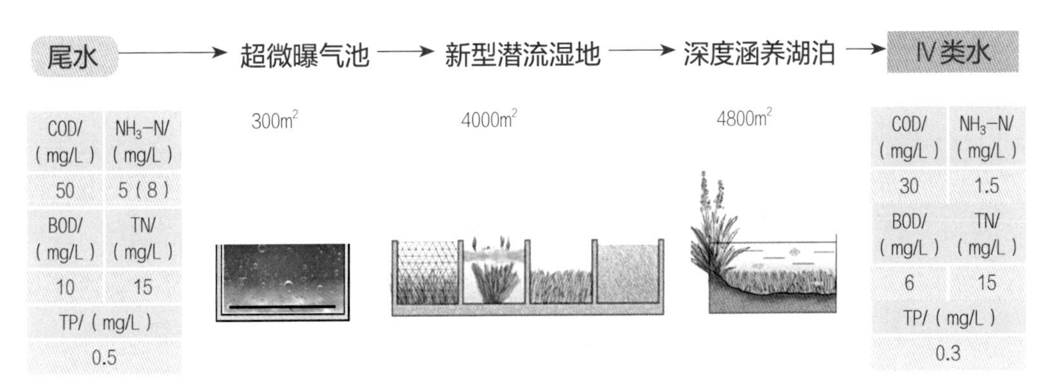

图2 污水处理厂尾水深度处理设计流程图

2.2 设施选择与设计

1）设施选择

（1）海绵设施

根据区域和项目的问题及需求分析，以雨水径流控制和径流污染削减为主要目标，综合考虑污水处理厂区建筑多低矮、绿化率高等特点，合理选择源头（绿色屋顶、立体绿化）、过程（转输型植草沟、生物滞留池）及末端处理设施（雨水湿地），构建覆盖“源头—过程—末端”全过程的海绵系统，建设具有净化水环境、修复水生态、利用水资源、提升水景观等多功能的海绵型污水处理厂。

（2）尾水深度处理生态设施

以厂区内外水环境质量提升为主要目标，采用“食藻虫引导水体生态系统构建技术”，构建“食藻虫—沉水植物—水生动物—微生物群落”的共生生态系统，形成以“超微曝气池—新型潜流湿地—深度涵养湖泊”为主体的尾水深度处理生态设施，改善水质及景观效果，提升区域综合水环境质量。

2）节点设计

（1）海绵设施

针对不同下垫面类型，因地制宜选择海绵技术，详细做法如下。

①绿色屋顶

综合考虑屋顶结构荷载、屋面坡度以及景观效果，选取厂区北大门入口处加药间为绿色屋顶示范点，设计规模10m×18m，加药间高7.6m（含女儿墙）。该绿色屋顶为不上人屋面，选取以植草毯+生态多孔纤维棉为主要形式的结构层，具有轻质、保水性好、养分充足、清洁无毒及耐久性好等优点；植物品种为本土驯化佛甲草，佛甲草属景天类地被植物，种植土层厚度要求低，适应性好，抗逆性强，维护周期长，是极佳的轻质绿色屋顶植物（图3）。

②雨水链及立体绿化

对加药间落水管及墙面进行绿化处理，采用艺术化形式的雨水链对落水管进行改造，使其兼具装饰、蓄水及引流的作用，末端设置碎石缓冲，引流至转输型植草沟；墙面固定PVC菱形勾花网作植物载体，地栽攀爬植物为五叶地锦（图4）。

③生物滞留池

生物滞留池主要通过滤料及植物根系微生物群对雨水进行净化处理，主要有两种设计结构。Ⅰ型生物滞留池主要包括超高层、滞水层、覆盖层、过滤层、过渡层、排水层，植物配置以多年生常绿品种为主，包括千屈菜、花叶芦竹、黄菖蒲及花叶美人蕉等（图5、图6）。与Ⅰ型生物滞留池相比，Ⅱ型生物滞留池在排水层和过渡层之间增加了一层400mm厚保水层（图7、图8），强化了生物滞留池的脱氮效果。

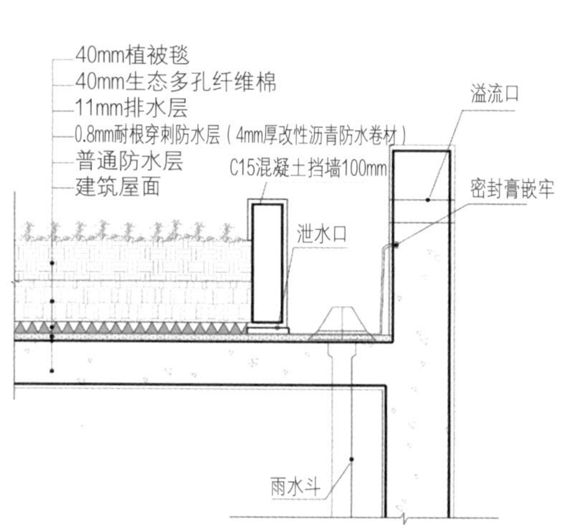

图3　绿色屋顶结构大样图及实景图

图4　雨水链及立体绿化实景图

图5　Ⅰ型生物滞留池结构大样图

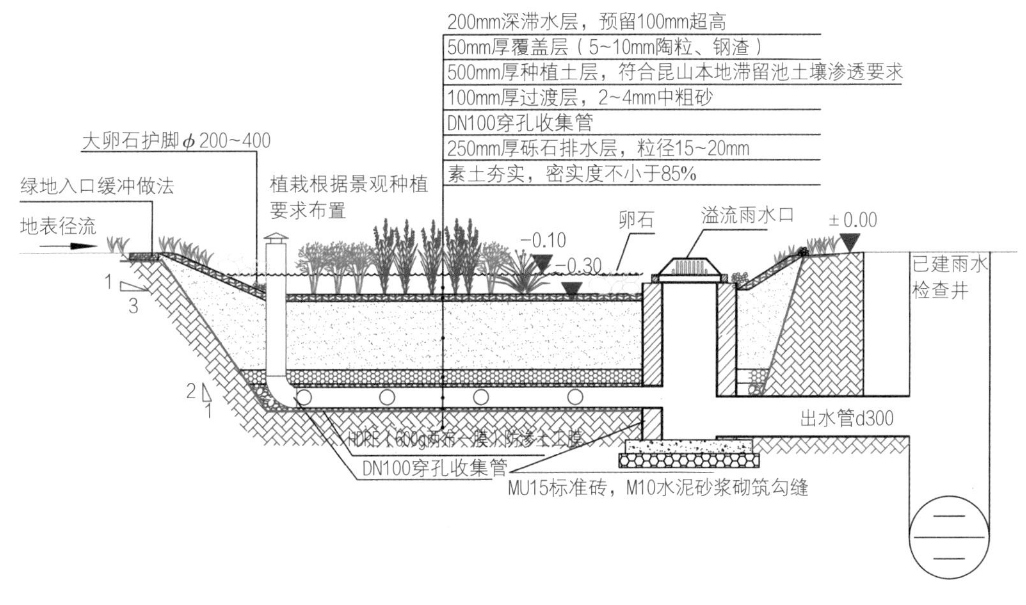

图6　Ⅰ型生物滞留池实景图

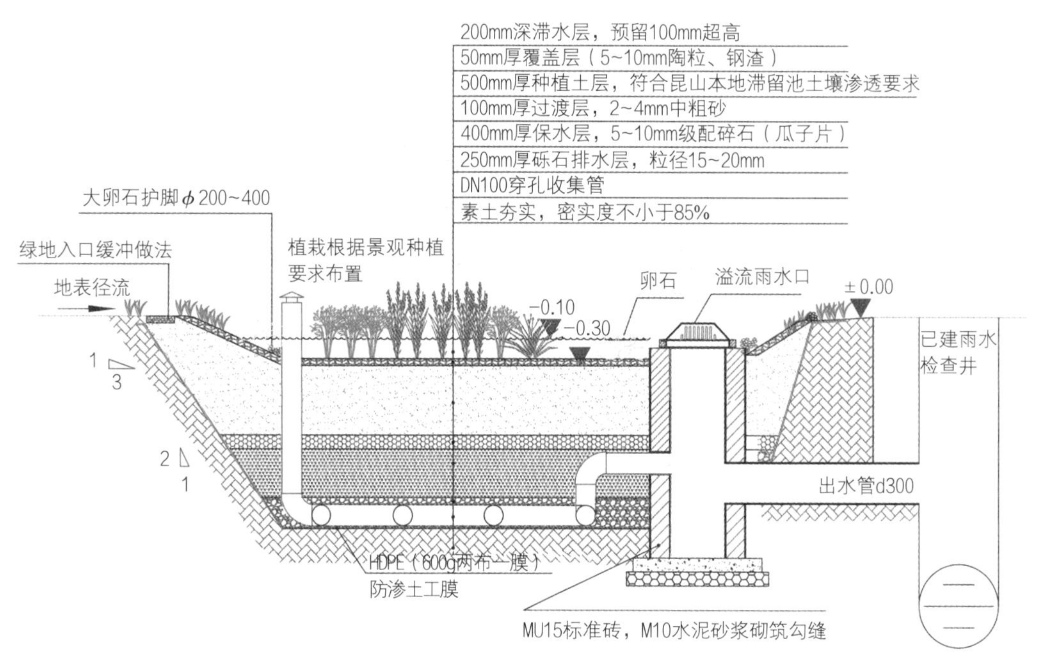

图7　Ⅱ型生物滞留池结构大样图

图8　Ⅱ型生物滞留池实景图

④雨水湿地

综合考虑道路现状横纵坡向及绿地分布特点，基于厂区内西南角大片空地，构造集中型处理设施雨水湿地，处理来自临近路面侧石开口、卵石沟导流收集的地表雨水径流以及部分厂区尾水。雨水湿地设置两处溢流雨水口及一处叠石进水缓冲口（图9、图10）。

植物在雨水湿地系统中扮演着重要的角色，湿地内部主选处理型水生植物及景观型草花地被搭配，丰富了厂区景观效果，主要有苦草、狐尾藻、荷花、再力花、风车草、黄菖蒲、千屈菜、花叶芦竹、紫芋及花叶美人蕉等（图11）。

图9　雨水湿地断面图

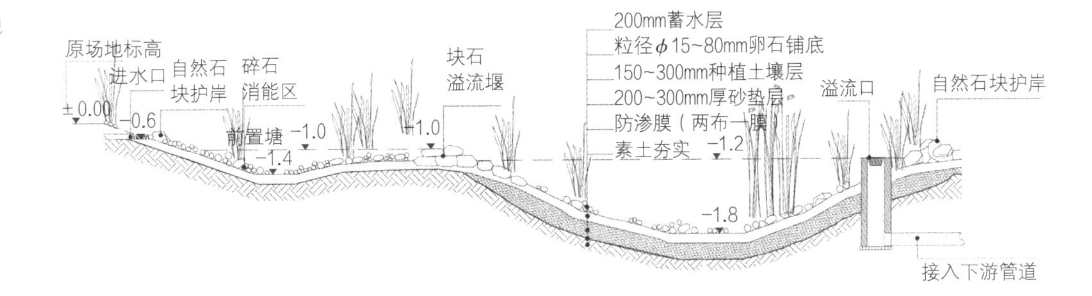

图10　雨水湿地平面设计图及实景图

图11　雨水湿地部分植物种植图

（2）尾水深度处理生态设施

项目中应用的“超微曝气池—新型潜流湿地—深度涵养湖泊”，详细做法如下。

①超微曝气池

超微曝气池主要通过鼓风机曝气增氧和添加硝化细菌，降低水体中氨氮含量，减轻氨氮对水生植物的毒害作用。超微曝气池硝化细菌投加量约20mm/m^2，种植人工水草300株（图12、图13）。

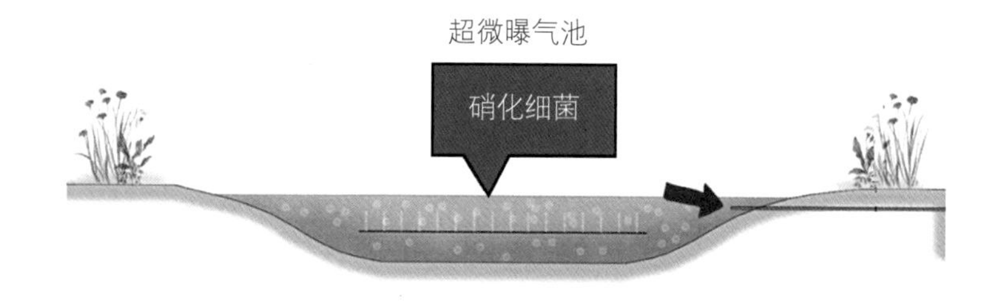

图12 超微曝气池功能示意图

图13 超微曝气池实景图

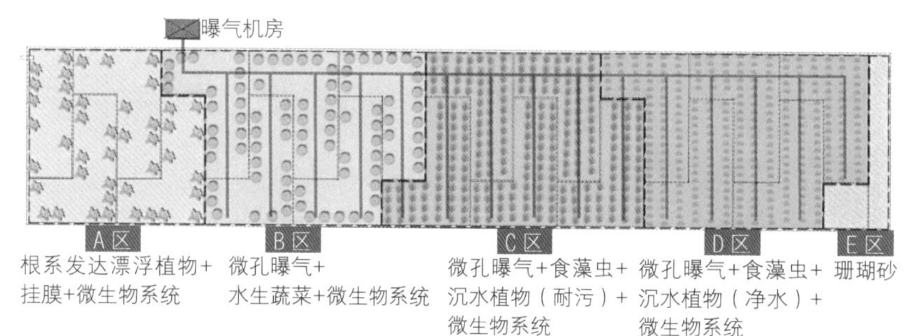

图14 新型潜流湿地构建流程图

②新型潜流湿地

新型潜流湿地占地面积4000m^2，采用2个子系统并联，每个子系统由5个小系统串联，水深1.2m。该系统可以完成“硝化—反硝化”的过程，使系统高效脱氮。此外，该系统也可有效地氧化还原性物质，改变水体氧化还原电位，促进水体中磷的去除（主要依赖于植物的吸收和磷的固定）（图14、图15）。

为了增加水体流经路径，强化净化效果，每隔5m设置一个半封闭式挡墙隔板。利用场地高程优势，设计0.05m的逐级落差，依靠重力形成自流水体。纵向上，水流呈垂直越流模式，增加其水流路径，强化净化效果（图16）。

图15　新型潜流湿地实景图

图16　新型潜流湿地水流平面控制图

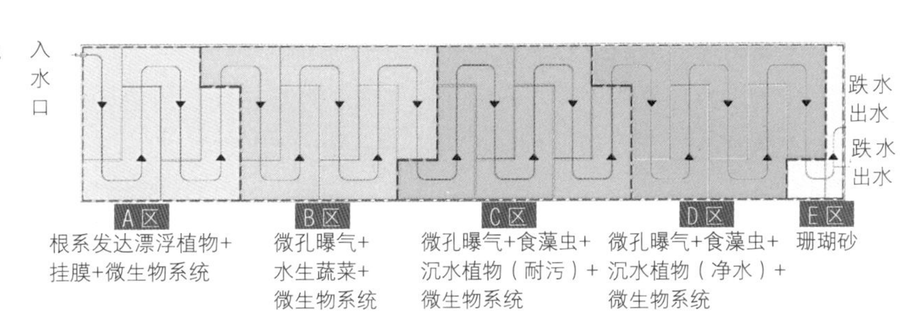

图17　深度涵养湖泊实景图

③深度涵养湖泊

深度涵养湖泊设计水深2m，配置水生植物和动物，形成完整的食物链和健康的生态系统，深度净化水体（图17）。

植物：优选四季常绿的沉水植物，净化效果稳定，主要选用四季常绿矮型苦草、小茨藻、水兰。

鱼类：选择肉食性鱼类，控制杂食性鱼类，防止鱼类拱食导致的底泥再悬浮。

螺类：主要为铜锈环棱螺，滤食水体，辅助净化。

2.3 设施布局与规模

1）设施布局

（1）海绵设施

为了保证设计的各类海绵设施高效发挥控制作用，根据项目场地下垫面、竖向、雨落管、室外雨水管网等进行分析，结合现场踏勘情况，将场地划分为20个汇水分区。综合考虑汇水分区内的地形竖向、植物组团、景观布局，合理布局海绵设施的类型、位置（图18）。

（2）尾水深度处理生态设施

综合考虑污水处理厂及周边的地形竖向、景观布局、河道走向，合理布局尾水深度处理生态设施（图19）。

2）设施规模

根据雨水径流控制和水环境质量提升目标，确定海绵设施和尾水湿地规模。其中：生物滞留池493m^2，雨水湿地430m^2，绿色屋顶180m^2，立体绿化1300m^2，超微曝气池300m^2，新型潜流湿地4000m^2，深度涵养湖泊4800m^2。

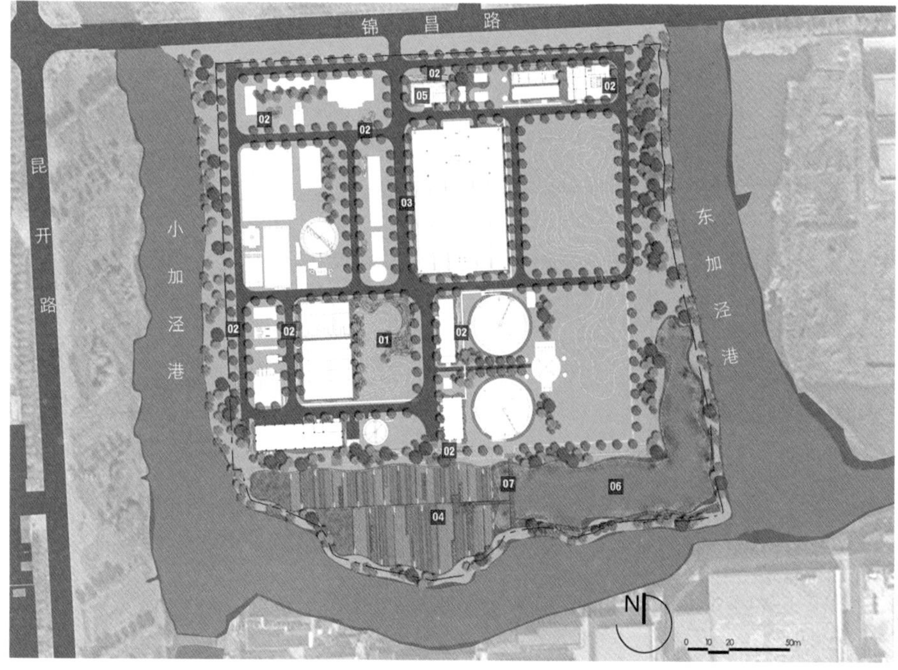

图18　海绵设施总体布局图

图19　尾水深度处理生态设施总体布局图

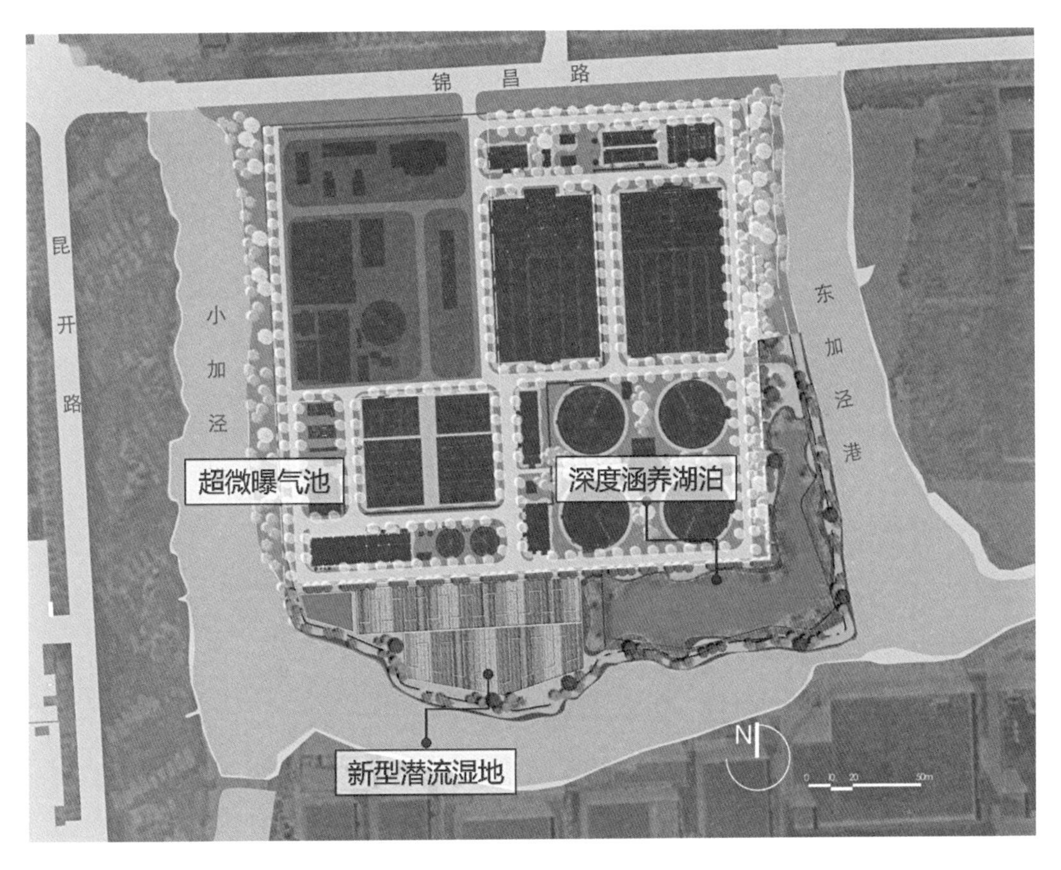

2.4 竖向设计与径流组织

1）海绵设施

根据各个分区的海绵设施布局，明确设施进水口和溢流口的位置，通过竖向设计保障服务范围内雨水均可顺利汇流进入设施，且溢流雨水可通过溢流口有组织地排出。当汇流距离较远或单靠竖向难以保证有效汇流时，可通过植草沟等导流设施将地表径流导流至海绵设施。

以S3分区为例。首先，对建筑屋面进行绿化改造，选用“轻质植草毯+生态多孔纤维棉”结构形式的绿色屋顶，对屋面雨水进行源头控制及污染削减；在绿地中布置生物滞留池，同时收集屋面及路面的径流雨水，通过侧石开口、植草沟导流等方式收水；增设景观化的雨水链以提升景观效果；最终该汇水分区内全部雨水均汇入海绵设施。通过将竖向设计和导流设施相结合，实现对雨水径流的有效收集。

2）尾水深度处理生态设施

通过竖向设计，保障污水处理厂尾水顺利进入设施，依靠重力形成自流水体，整体呈现由西自东的水流方向（图20）。

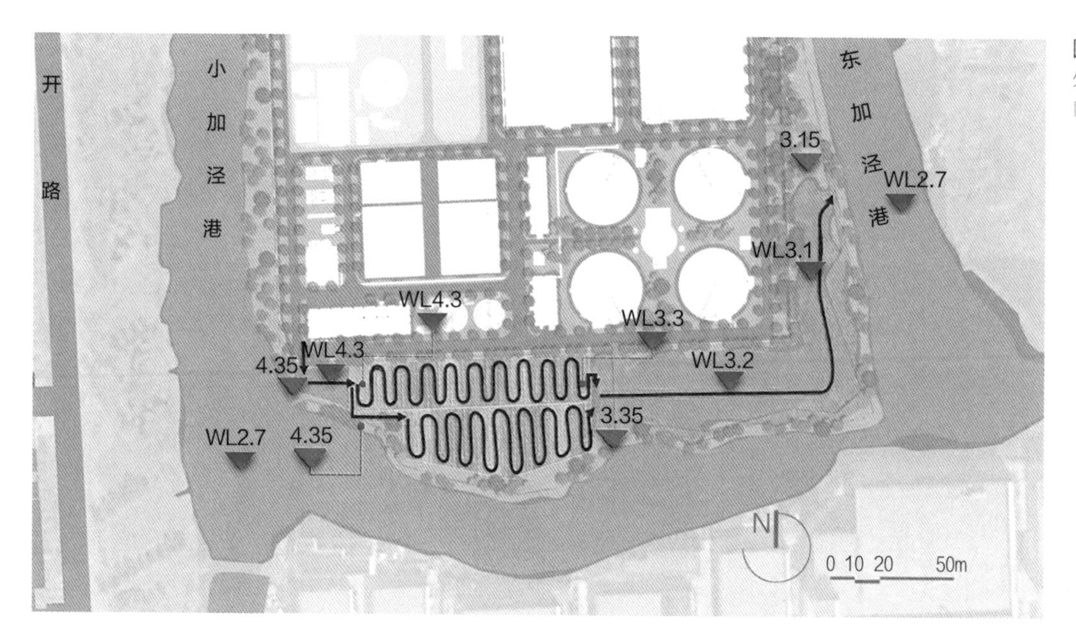

图20 尾水深度处理生态设施竖向设计图

3 工程实施

海绵城市建设施工不同于传统市政施工项目，需统筹竖向、排水、园林等专业，严格按照设计控制污水处理厂场地、铺装、海绵设施、溢流口以及雨水管网等竖向关系，精细化施工，确保海绵设施功能有效发挥，同时实现良好的景观效果。

1）绿色屋顶

优选耐根穿刺防水层的材料，注重检验屋顶防水层的防水能力，同时还要选择既能蓄水又能缓释供水的基质棉块。施工过程中要保护好排水沟及虹吸口，防止杂物堵塞管道；前期提高对绿色屋顶的植物的养护频率，保证存活率。

2）生物滞留池

开挖时注意场地是否有管线，放样现场是否有其他障碍物；沟槽开挖后须进行人工修坡以保证沟形自然；施工现场保证回填介质不造成次生污染；溢流管线须顺接下游管线，以防设施底部长期积水，影响处理效果；植物种植密度须满足景观效果，是常规种植密度的2～3倍。

3）雨水湿地

严格控制进水口、常水位及溢流水位标高，保证设施流水畅通；地形坡度按设计实施，防止出现死角积水现象；人工回填，切勿机械回填，防止破坏防水层；溢流雨水井内须设置截污挂篮，防止落叶杂物堵塞管道。

4 运行维护

锦溪污水处理厂海绵设施第一年由绿化公司进行维护管理，主要负责对设施内外的植物、土壤及附属构筑物（如井体）等进行维护；第二年满足工程要求后移交污水公司，由其自行维护管理。相关海绵设施的运行维护要求详见政策文件E。

尾水深度处理生态设施主要维护管理要点包括：①应每日观察透明度和水色，定期进行水质检测，并做好记录；②调控水位，满足沉水植物生长要求；③根据植物生长情况补种水草；④控制鱼类结构和数量；⑤定期清理岸边垃圾和水草；⑥对于水质突然恶化事件，及时进行应急处理。

5 工程造价

锦溪污水处理厂有限公司改扩建工程总投资5800万元，其中海绵投资约60万元，尾水深度处理生态设施约366万元。

主要海绵设施单项造价：Ⅰ型生物滞留池约800元/m^2，Ⅱ型生物滞留池约1000元/m^2，转输型植草沟约60元/m^2，雨水湿地约800元/m^2，导流沟约180元/m^2，绿色屋顶约600元/m^2，雨水链约1000元/套。

尾水深度处理生态设施造价：超微曝气池4万元，新型潜流湿地72.3万元，深度涵养湖泊72万元，基础建设217.8万元。

6 效果评估

6.1 海绵城市建设

1）定量评估

根据《海绵城市建设技术指南——低影响开发雨水系统构建（试行）》进行校核，得出项目实际年径流总量控制率为82.6%，对应设计降雨量为29mm，年SS总量去除率约为66.1%。

2）定性评估

锦溪污水处理厂海绵城市建设不仅实现了径流总量控制和面源污染削减，同时提升了景观环境品质，丰富了植物品种，兼具海绵、景观和生态功能。

部分海绵设施实施运行早期（1个月）、中期（1年）实景效果如下（图21）。

项目运行1个月左右

项目运行1年左右

项目运行1个月左右

项目运行1年左右

项目运行1个月左右

项目运行1年左右

项目运行1个月左右

项目运行1年左右

项目运行1个月左右

项目运行1年左右

项目运行1个月左右

项目运行1年左右

图21　锦溪污水处理厂海绵设施运行早期、中期实景效果对比图

6.2 尾水深度处理

1）定量评估

尾水湿地以污水处理厂尾水为进水来源，按设计工艺参数运行，实际出水水质为TN不大于10mg/L、NH_3-N不大于1.5mg/L、TP不大于0.3mg/L。

2）定性评估

新型潜流湿地、深度涵养湖泊不仅进一步减少了尾水中的污染物，同时提升了污水处理厂的整体美感，为鸟类、两栖类及昆虫等水、陆动物提供了良好的栖息环境，提升了景观品质（图22）。

图22 尾水深度处理生态设施运行实景图

建 设 单 位：昆山市锦溪污水处理厂有限公司

设 计 单 位：江苏省城市规划设计研究院

施 工 单 位：昆山敏杰市政工程有限公司

昆山市红叶景观园林工程有限公司

技术支持单位：昆山市琨澄水利水务工程建设管理有限公司

案例编写人员：施卫红、龚希博、蔡博、阙杰、李梦星

04

朝阳西路公交停保场海绵化改造

基本概况

所在圩区：吴淞圩

用地类型：公共交通设施用地

建设类型：改建项目

项目地址：昆山市娄江以南，市场路以北，昆山柏庐批发市场西侧

项目规模：占地面积2.6hm^2

建成时间：2019年6月

海绵投资：90.6万元

1 项目特色

（1）以问题和需求为导向，针对公交停保场雨水径流大、径流污染较重、雨水回用需求高的特点，通过联合使用多种海绵措施，实现了海绵城市的多重功能和综合目标，对于停车场、公交场站类项目具有借鉴和示范意义。

（2）通过优化径流组织和设施布局，避免对大面积停车场地造成破坏，降低工程施工对公交停保场日常运行的影响，实现了海绵城市建设方案的可实施性和经济性。

2 方案设计

2.1 设计目标与策略

1）设计目标

本项目位于昆山市海绵城市建设试点区域范围内，为改建项目。根据昆山市海绵城市建设要求，结合公交停保场现状条件和建设需求，确定建设目标如下：年径流总量控制率67%，年SS总量去除率60%。

2）设计策略

雨天，部分屋面雨水通过立管进入雨水回用箱，其余屋面雨水和地表径流通过场地内排水管、明沟收集，利用管网末端设置的截留井进入海绵设施，通过蓄水池与雨水湿地的双重作用，削减峰值径流量和污染物浓度，缓解市政雨水管网的压力，提高区域水环境质量。当径流量超过海绵设施处理能力时，地表径流通过溢流堰溢流至场外市政雨水管网，排至河道（图1）。

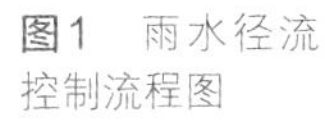

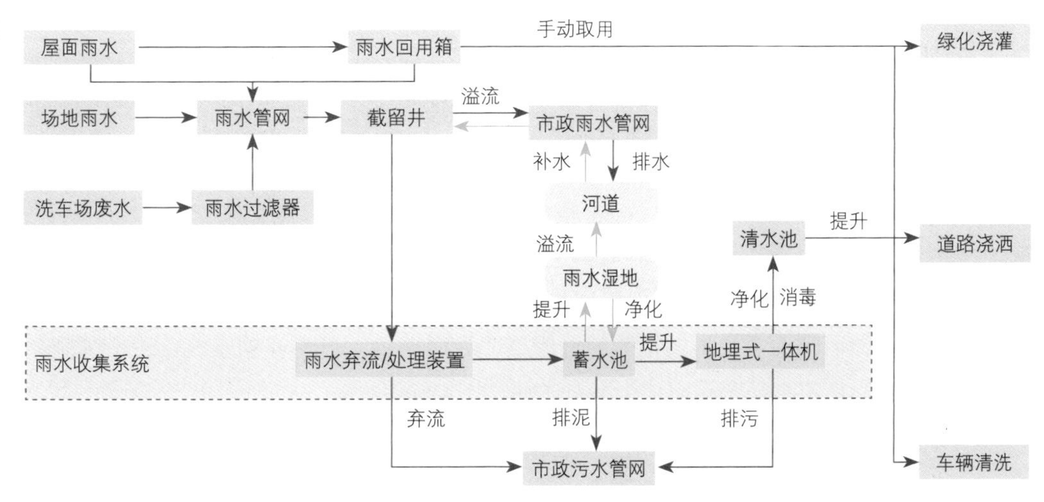

图1 雨水径流控制流程图

晴天，利用蓄水池内的循环水泵，将拦截在池内的雨水通过雨水湿地进行循环处理，进一步降低池内雨水中污染物的浓度，从而减轻地埋式一体机深度处理雨水的压力，提高处理效率，改进处理效果。当雨水回用箱、蓄水池和雨水湿地水量不足时，打开溢流堰板，将河水引入海绵设施，在净化河道水质的同时，保证了雨水湿地的景观效果。同时，循环净化后的雨水储存于清水池，为场地的车辆清洗、道路浇洒、绿化浇灌提供可靠的回用水源。

2.2 设施选择与设计

1）设施选择

根据项目建设需求和实际情况，以雨水径流控制和径流污染控制为主要目标，同时考虑到场地源头海绵化改造条件较差，采用了雨水湿地、蓄水池等具有净化功能和调蓄功能的末端海绵设施。基于公交停保场有较大规模的洗车、绿化浇洒、道路冲洗等用水需求，结合屋面雨落管，合理布置雨水回用箱，储存净化后的雨水供场地使用。考虑到洗车废水含有大量泥沙、轮胎磨损碎屑、汽油、润滑油等，设置雨水过滤器，地面径流经过滤后排入雨水管网。

2）节点设计

项目中应用的雨水湿地、蓄水池、雨水回用箱、雨水过滤器等海绵设施，其详细做法如下。

（1）雨水湿地

雨水湿地是一个综合的生态系统，它应用了生态系统中物种共生、物质循环再生原理，削减雨水径流污染。本项目雨水湿地为表面流人工湿地，种植再力花、黄花鸢尾、菖蒲、千屈菜、梭鱼草等水生植物净化水质（图2）。

（2）蓄水池

本工程蓄水池容积为60m^3，蓄水池内模块的材质为PPB（改性聚丙烯），承重达30t/m^{2}以上，模块孔隙率不小于95%。预处理单元的雨水弃流/处理装置、主处理单元的地埋式一体机和蓄水池三个部分共同构成了雨水收集系统。预处理单元的主要作用是去除雨水中的固体杂质并均匀水质；主处理单元用来深度净化水质，以达到中水冲厕、洗车、景观补水的水质要求。

（3）雨水回用箱

屋面雨水通过落水管收集，经过立式雨水过滤器净化后排入雨水回用箱上部花坛。雨水经过花坛净化后排入下方雨水回用箱备用。暴雨时，雨水通过溢流口排入雨水管网。雨水过滤器内部为多道不锈钢纱网过滤层，纱网放置于可拆卸抽屉内，便于倾倒杂质。单个雨水回用箱有效蓄水容积为1m^3（图3、图4）。

（4）雨水过滤器

洗车废水含有大量泥沙、轮胎磨损碎屑、汽油润滑油、部件磨损碎屑等，须经过雨

图2　雨水湿地实景图

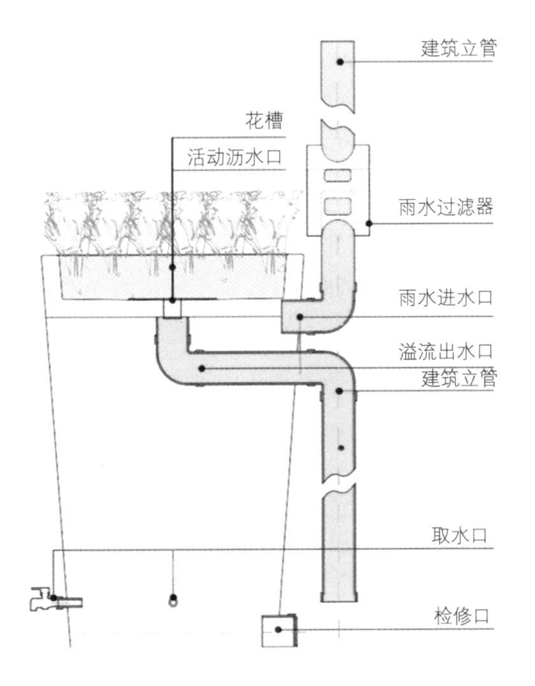

图3　雨水回用箱安装示意图

图4　雨水回用箱实景图

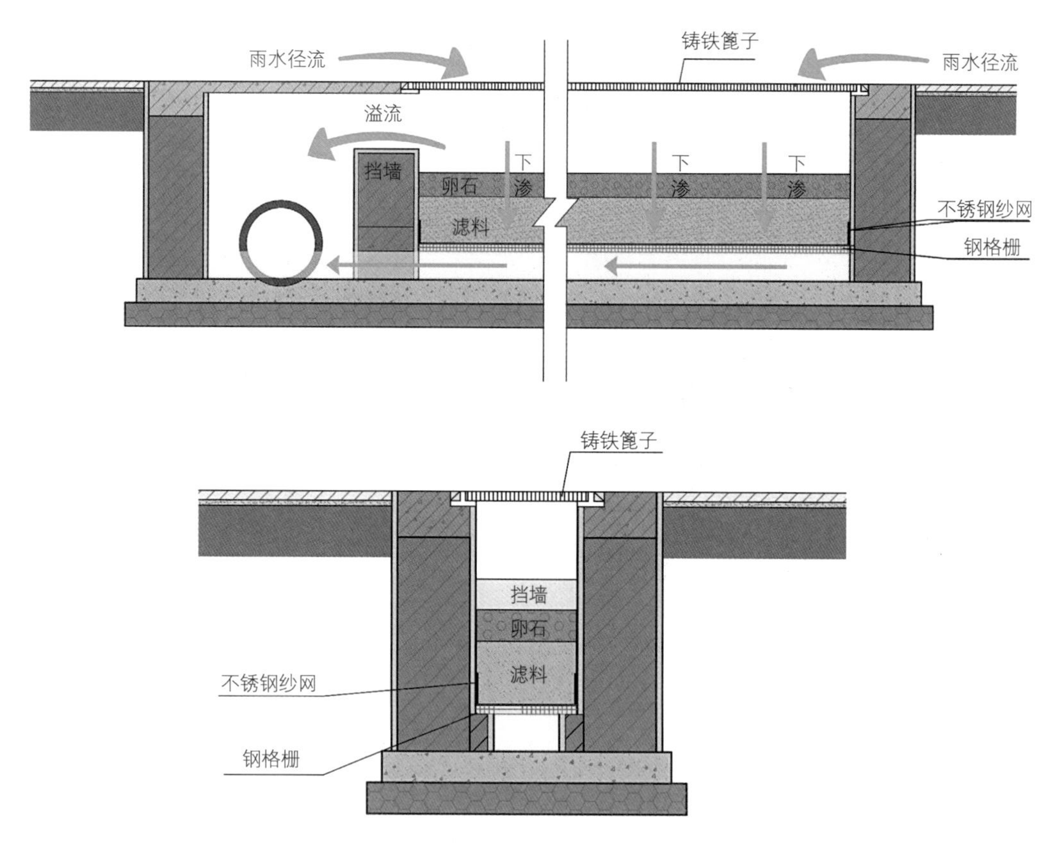

图5 雨水过滤器断面图

水过滤器过滤后排入雨水管网。雨水过滤器由原有排水边沟改造而成，保留外侧砖砌挡墙，中间砌挡墙分为两仓，前舱内从上至下依次为10cm粒径3～5cm的卵石和20cm的中粗砂，下部设钢制格栅（铺透水土工布）隔离砂石，底部设排水沟，雨水排入后仓经过雨水口连接管进入场地雨水管网（图5）。

2.3 设施布局与规模

1）设施布局

公交停保场地面高程整体平缓，平均高程2.5m；西侧有较高堆土，高程2.7～3.7m；南侧河岸边地势较低，高程2.1～2.2m。综合分析场地竖向条件，一共分为5个汇水分区（图6）。

公交停保场内地面暂不具备改造条件，场地西侧绿地有堆土。综合考虑汇水分区内的场地竖向、植物组团、景观布局，合理布局海绵设施（图7）。

2）设施规模

根据雨水径流控制目标及总控制容积，确定各分区海绵设施规模。本项目海绵设施规模如下：雨水回用箱6座，模块化蓄水池100m^3，雨水湿地565m^2，雨水过滤器6.5m^2。

图6 公交停保场场地汇水分区图

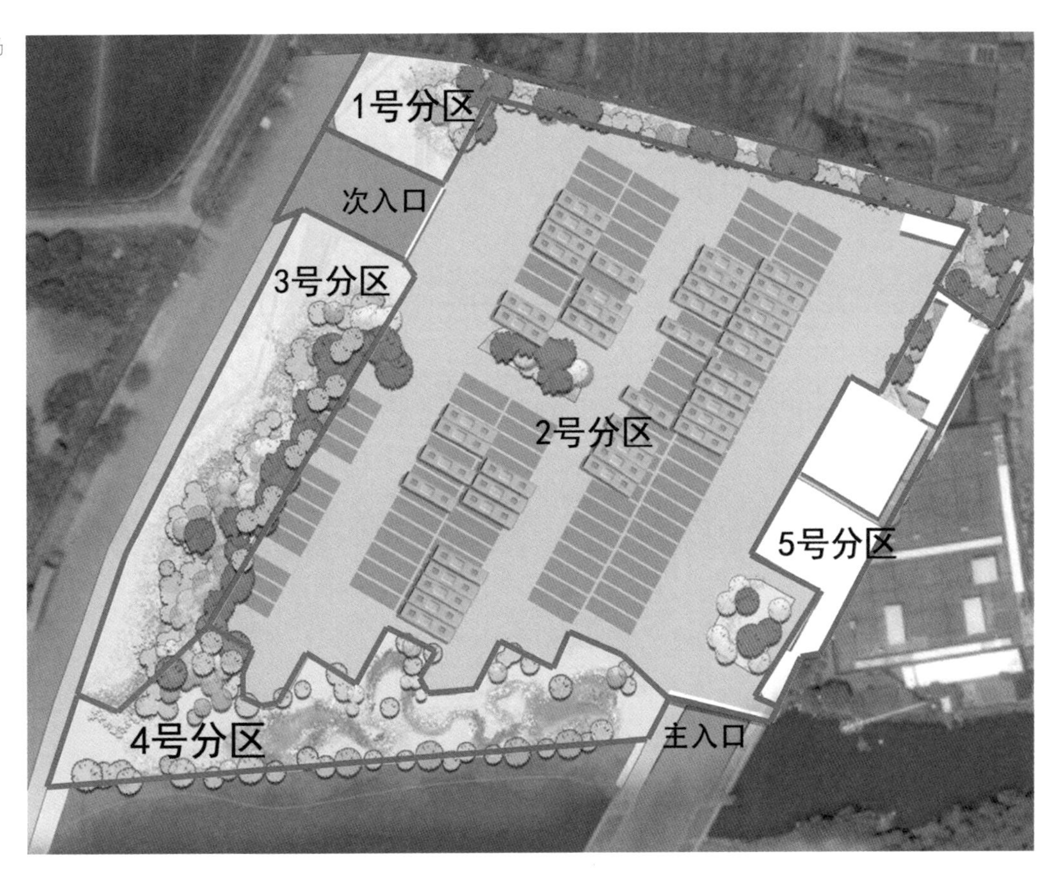

图7 公交停保场海绵设施总体布局图

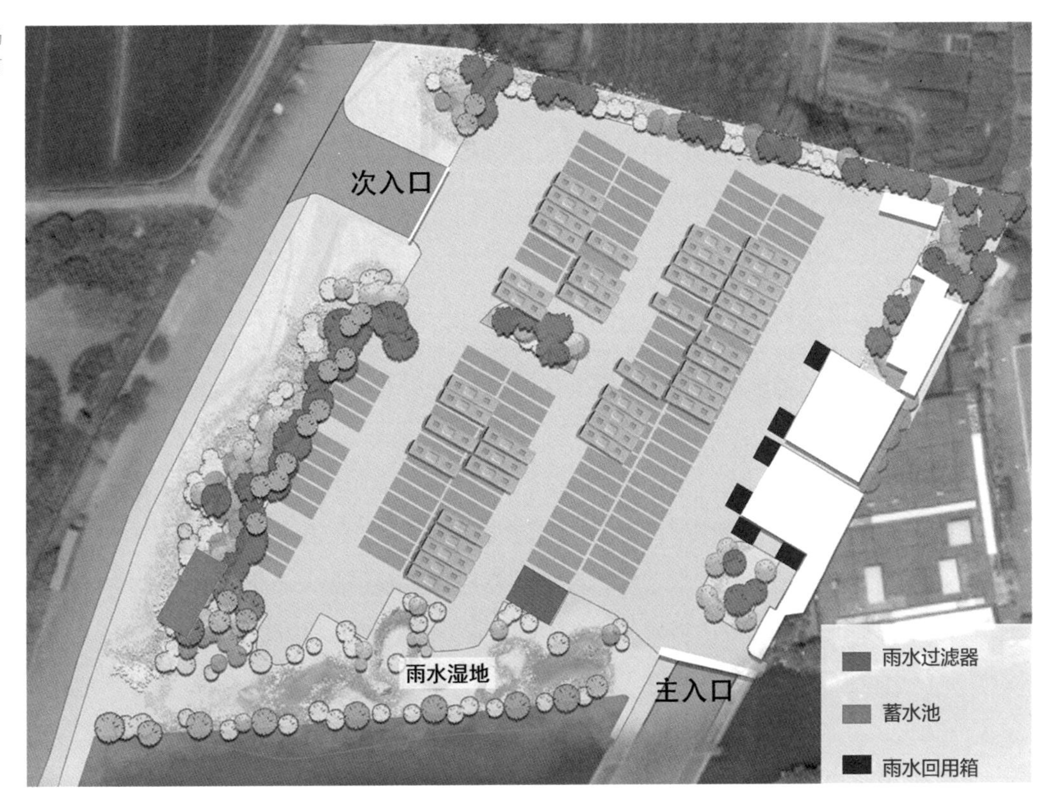

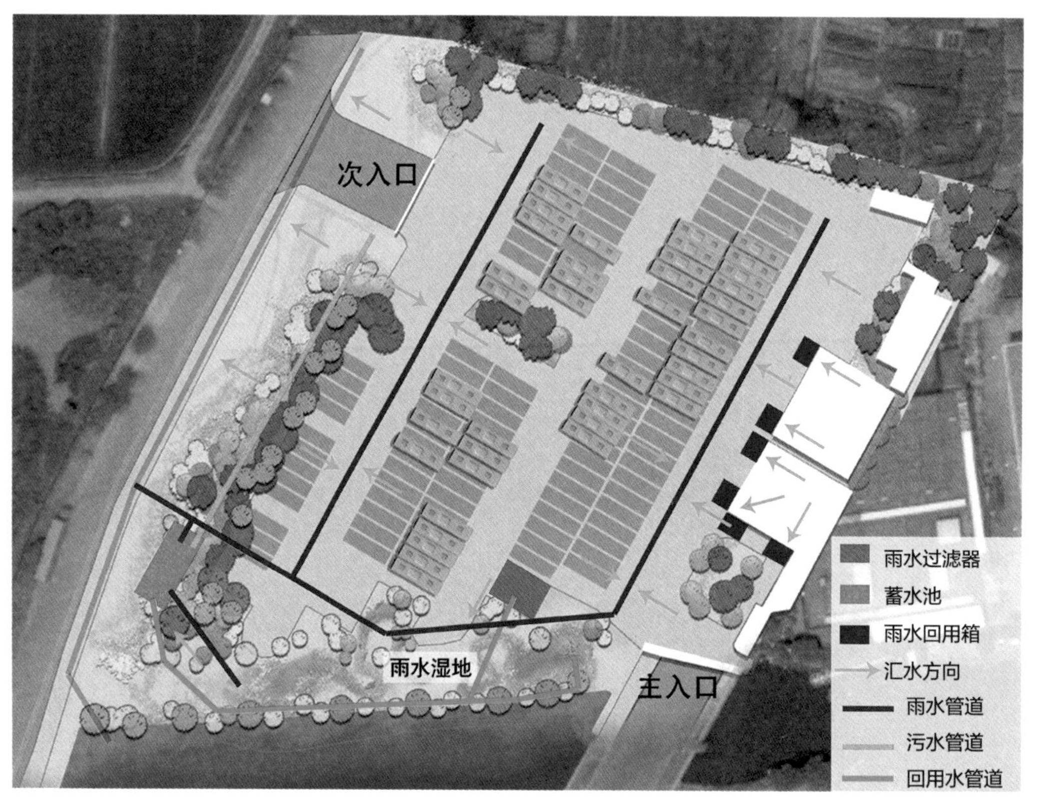

图8 公交停保场径流组织示意图

2.4 竖向设计与径流组织

根据各汇水分区海绵设施布局，地表径流通过场地内排水管、明沟收集，利用管网末端设置截留井，使收集的雨水进入末端模块化蓄水池和雨水湿地循环净水系统，洗车废水及弃流雨水排入污水管道。当径流量超过海绵设施处理能力，地表径流通过溢流堰溢流至场外市政雨水管网，排至河道（图8）。

3 工程实施

本项目主要海绵设施施工注意事项如下。

3.1 雨水湿地

雨水湿地施工前要注意清理表层土，换填种植土，以利于水生植物生长。施工中要注意高程控制，防止出现倒坡现象。现场卵石堆放要有层次，疏密结合，大块景石点缀，进出水口要堆积卵石防止水流冲刷坡岸，坡岸要缓，防止塌方。

3.2 蓄水池

土方开挖采用机械挖掘，挖掘工作从地面向下进行，表面用铁锨等器具剥除，清除剥落的砂土。模块基坑开挖预留超出模块0.8 ~ 1.5m的安装空间。开挖后为保护底面应立即铺砂，采用人工铺设的方式，砂铺好后用脚轻轻踏实，在底板上铺设不透水土工膜。模块的铺设和安装从最下层开始，逐层向上进行。在安装底层模块时，同时安装水池出水管。井室模块使用连接件连成整体。不透水土工膜采用双道焊缝接缝的方式，搭接宽度不小于100mm，要杜绝拼缝弯曲、重叠、焊接不牢或烫穿焊缝的情况。

4 运行维护

停保场海绵设施由昆山交通发展控股集团有限公司下属公交公司维护管理，相关海绵设施的运行维护要求详见政策文件E。

5 工程造价

朝阳西路公交停保场海绵化改造工程总投资为199.91万元，其中海绵城市建设投资90.6万元，折合单位用地面积海绵设施工程投资约35.06元/m^2。

主要海绵设施单价：蓄水池2000元/m^3，雨水回用箱2000元/m^3，雨水湿地500元/m^2，雨水过滤器4500元/m^2。

6 效果评估

6.1 效益评估

蓄水池等雨水回用设施投入使用后，公交停保场月平均用水量较改造前减少927m^3，按昆山市非居民用水4.11元/m^3计算，月节约资金约3810元。

海绵化改造工程造价相比传统景观工程没有明显提高，但年节约水资源约1.1万m^3，年节约水费4.6万元，环境和经济效益明显。

6.2 定量评估

根据校核，海绵化改造完成后，场地年径流总量控制率67%，年SS总量去除率60%，均已达到建设目标要求。

6.3 定性评估

本项目通过地形改造、植物配置，将公交停保场闲置区域改造为景观绿地和雨水湿地，植物季相变化丰富，形成具备多元空间层次的特色植被生态空间，为工人、周边学生和居民提供了环境优美的游憩场所。提升景观的同时，塑造了公交停保场良好的形象和风貌，周边市民对公交公司和停保场环境状况的满意度大幅度提升（图9）。

图9 场地施工前后对比图

建 设 单 位：昆山交通发展控股集团有限公司

设 计 单 位：浙江西城工程设计有限公司

施 工 单 位：昆山市交通工程集团有限公司

照 片 提 供：昆山交通发展控股集团有限公司

案例编写人员：赵伟锋、马天翔、赵海凤、潘鑫垵、沈慧丽

05

阳澄湖科技园核心区海绵城市建设

基本概况

所在圩区：镇东圩

用地类型：商业服务业设施用地

建设类型：新建项目

项目地址：昆山阳澄湖科技园

项目规模：占地面积约10hm^2

建成时间：2018年5月

海绵投资：约350万元

1 项目特色

（1）针对不同用地的空间特点和景观布局，通过集中与分散相结合，因地制宜地运用了生物滞留池、干式植草沟、雨水湿地、透水铺装、蓄水池等多种海绵设施。

（2）通过径流组织加强开发地块与公共空间之间的衔接，一方面利用公共空间内设置的湿地为开发地块提供径流控制服务，另一方面利用地块内海绵设施同时处理场地及沿线公共道路雨水，统筹构建片区海绵系统。

2 方案设计

2.1 设计目标与策略

1）设计目标

根据《昆山市海绵城市专项规划》和《昆山市海绵城市规划设计导则（试行）》的要求，新建项目应尽可能保持场地开发前后水文状态不变化，减小对周边环境的影响，项目设计目标为：年径流总量控制率达84%以上，面源污染削减率达67%以上。

2）设计策略

阳澄湖科技园核心区包括海创大厦、财富广场两块商业办公用地及道路、绿地等公共空间（图1）。

（1）开发地块

海创大厦和财富广场作为商务办公开发地块，尽可能利用有限空间，采用分散式源头处理、蓄水池收集处理及雨水湿地集中处理等方式，控制雨水径流，削减面源污染（图2、图3）。

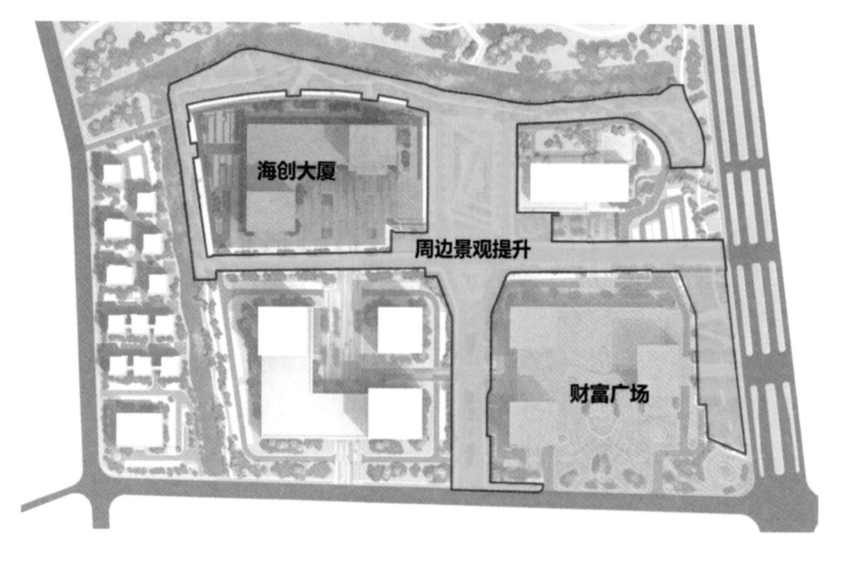

图1　项目总平面分区图

分散式源头处理区：路面、铺装、绿地雨水径流主要经干式植草沟或边沟收集转输后，进入生物滞留池（过量雨水溢流进入市政雨水管道），经净化处理后，通过雨水管道排入河道（图4）。

图2　海创大厦设计策略分区示意图

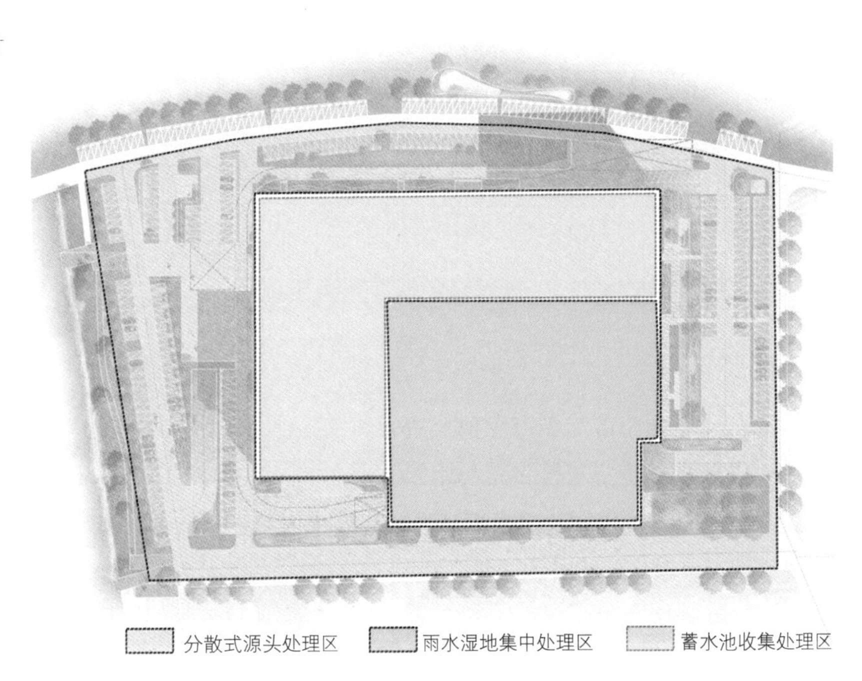

图3　财富广场设计策略分区示意图

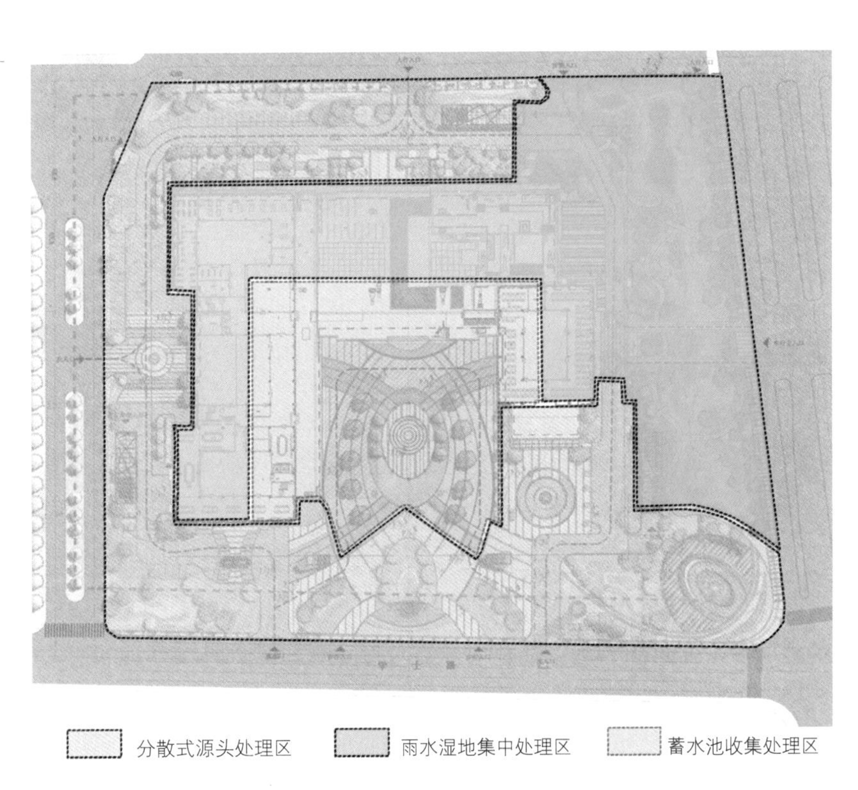

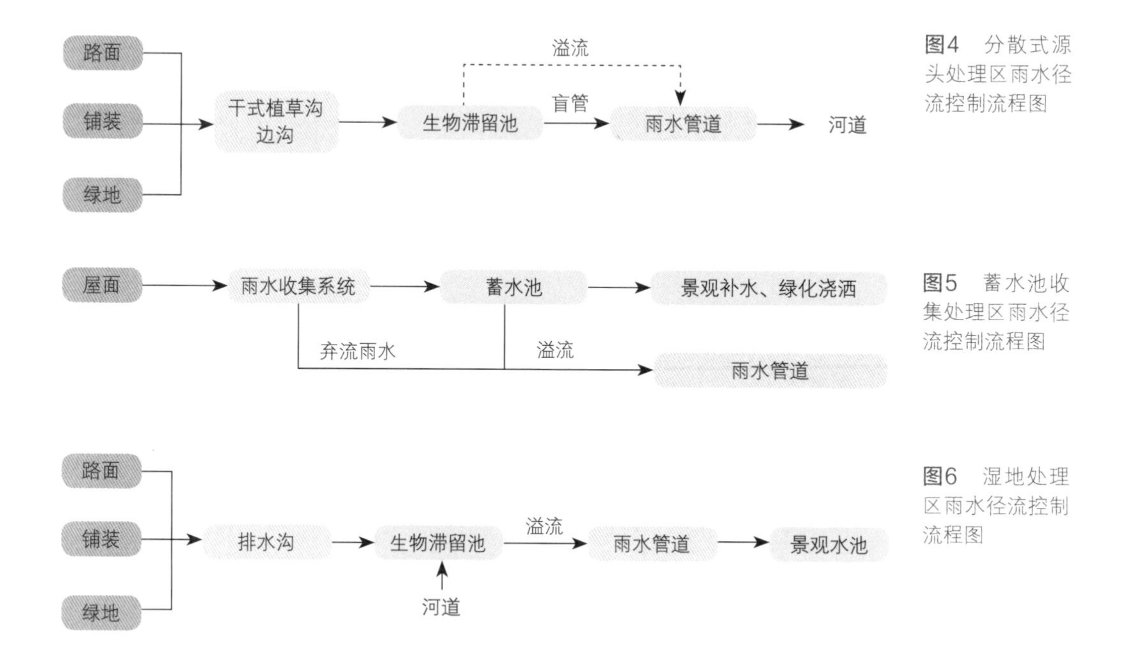

图4　分散式源头处理区雨水径流控制流程图

图5　蓄水池收集处理区雨水径流控制流程图

图6　湿地处理区雨水径流控制流程图

蓄水池收集处理区：屋面雨水进行初期雨水弃流后收集进入蓄水池，经过净化处理后进行储存，以供景观补水及绿化浇洒（图5）。

湿地处理区：部分道路和硬质地面雨水经排水沟收集进入雨水湿地，经过净化后收集进入景观水池以供利用（图6）。

（2）公共空间

按照场地竖向设计、功能布局、建筑设计及径流污染情况，将公共空间区域总体分为分散式源头处理区、下沉广场集中处理区、植被缓冲区三大分区（图7）。

分散式源头处理区：路面、铺装、绿地雨水经干式植草沟或边沟收集转输后进入生物滞留池（过量雨水溢流进入市政雨水管道），经过净化处理后，通过雨水管道排入河道（图8）。

下沉广场集中处理区：公共空间中心广场设置为下沉广场，收集周边雨水，初期雨水弃流后收集进入生物滞留池过滤净化，然后进入蓄水池，经过净化处理后进行储存，用于景观补水及绿化浇洒（图9）。

植被缓冲区：项目位于庙泾圩河滨水区，属于水源保护地，不得进行大规模开发建设，在滨水区加强植物种植，通过建设植被缓冲带减小雨水径流对河道水体水质的冲击。

（3）区域协调

基于区域统筹理念建设海绵街区，加强开发地块与公共空间之间的衔接，主要包括两个方面：①湿地集中处理统筹区域：充分发挥公共海绵空间为周边服务的作用，公共空间除满足自身目标要求外，利用干式植草沟、暗沟等导流设施将财富广场无法消纳的雨水导入设置于公共空间内的湿地进行处理。②分散式协调区：海创大厦、财富广场与公共空间区域道路相邻处，利用地块海绵设施，同时处理地块场地及沿线道路雨水（图10）。

图7　公共空间设计策略分区示意图

图8　分散式源头处理区雨水径流控制流程图

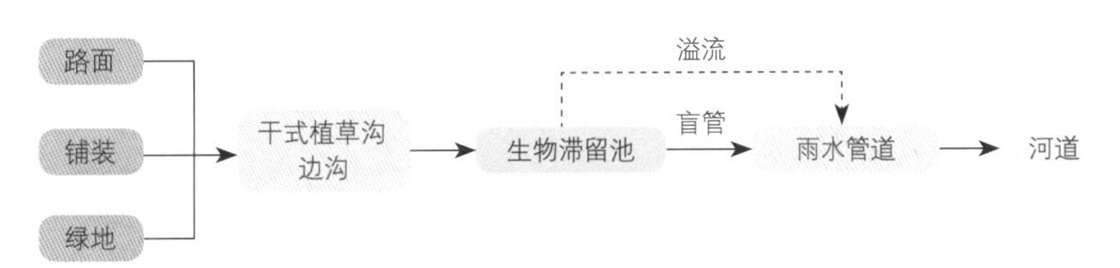

图9　下沉广场集中处理区雨水径流控制流程图

图10　海绵城市建设区域协调示意图

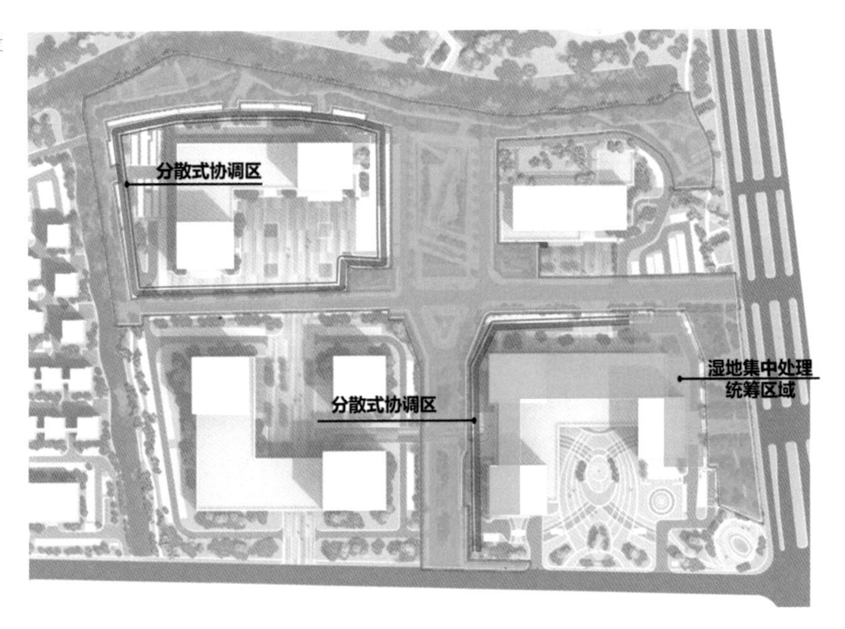

2.2 设施选择与设计

1）设施选择

根据设计目标和策略，结合空间特点和景观布局，因地制宜地运用了生物滞留池、干式植草沟、雨水湿地、透水铺装、蓄水池等多种海绵设施。

2）节点设计

（1）下沉广场

下沉广场低于周边场地约1.05m，设置生物滞留池、蓄水池、干式植草沟等海绵设施，并通过场地竖向、雨水管道实现径流组织，对滞蓄雨水进行净化处理和利用（图11、图12）。下沉广场内设置生物滞留池，对滞蓄雨水进行过滤净化（图13）。

（2）生物滞留池

生物滞留池是本项目广泛应用的设施，通常建设在地势较低的区域，通过植物、土壤和微生物系统蓄渗、净化径流雨水。

生物滞留池主要选取了木本植物（水松、中山杉）、禾本植物（花叶芦竹）、草本植物（玉蝉花、金叶苔草、粉黛乱子草、萱草）和水生植物（旱伞草、溪荪、黄菖蒲、香蒲、水生鸢尾、水生美人蕉）等（图14）。

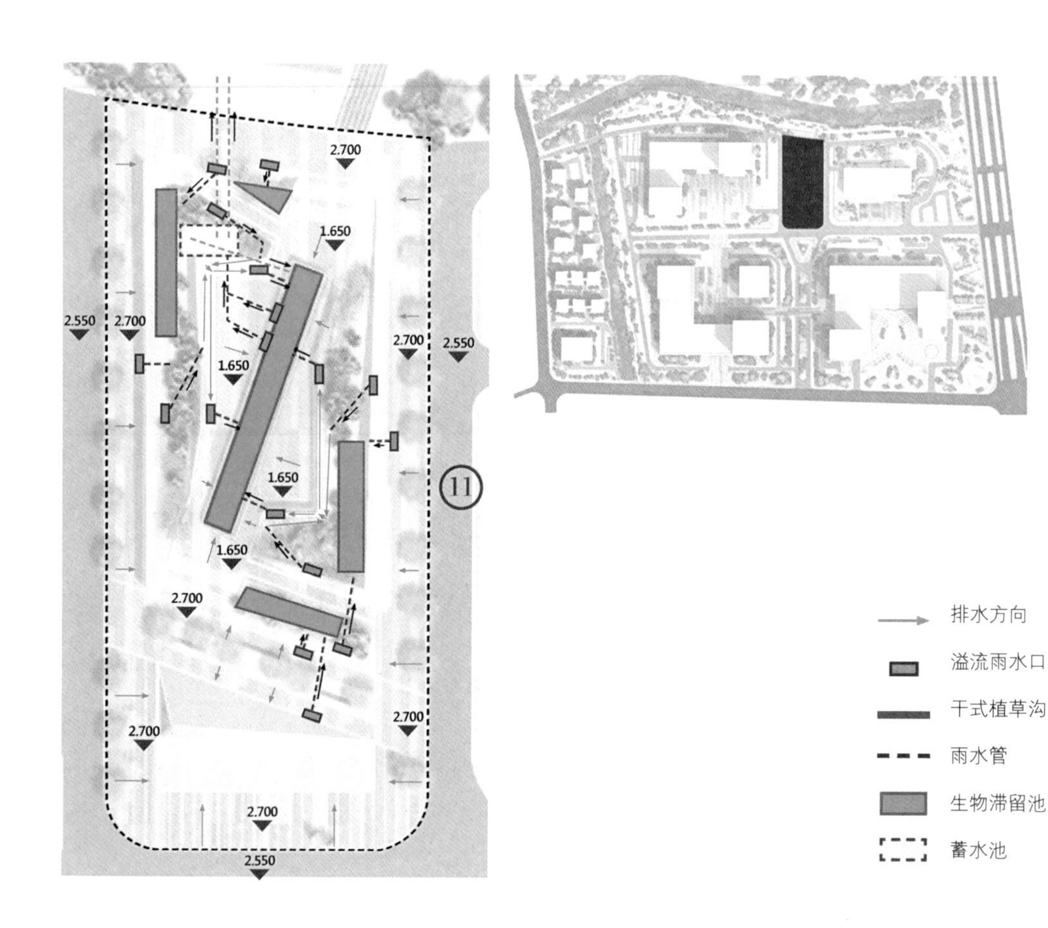

图11　下沉广场海绵设施布局及径流组织示意图

图12　下沉广场实景图

图13　下沉广场生物滞留池实景图

图14　生物滞留池实景图

（3）雨水湿地

海创大厦楼前原设计为大面积硬质铺装广场，在海绵城市方案中，在广场设置了雨水湿地，在控制广场雨水径流和削减污染的同时，美化了广场空间景观。

雨水湿地由进水区、处理区、出水区等功能区组成。进水区采用干式植草沟导流进水形式，去除广场雨水径流中尺寸较大的泥砂颗粒。湿地处理区依靠不同类型的水生植物处理水体中各类污染物。根据水深及植物种类不同，湿地处理区分为浅沼泽区、沼泽区、深沼泽区三个沼泽区（图15）。

湿地水力停留时间一般为24h，湿地出水结合出水池采用竖管出口或孔板出口，保证水在湿地内有稳定的停留时间（图16）。

雨水湿地内长期有水，在选择湿地植物时主要比选其净化水质的潜力，并在不同区域考量光照对其生长的影响（图17）。

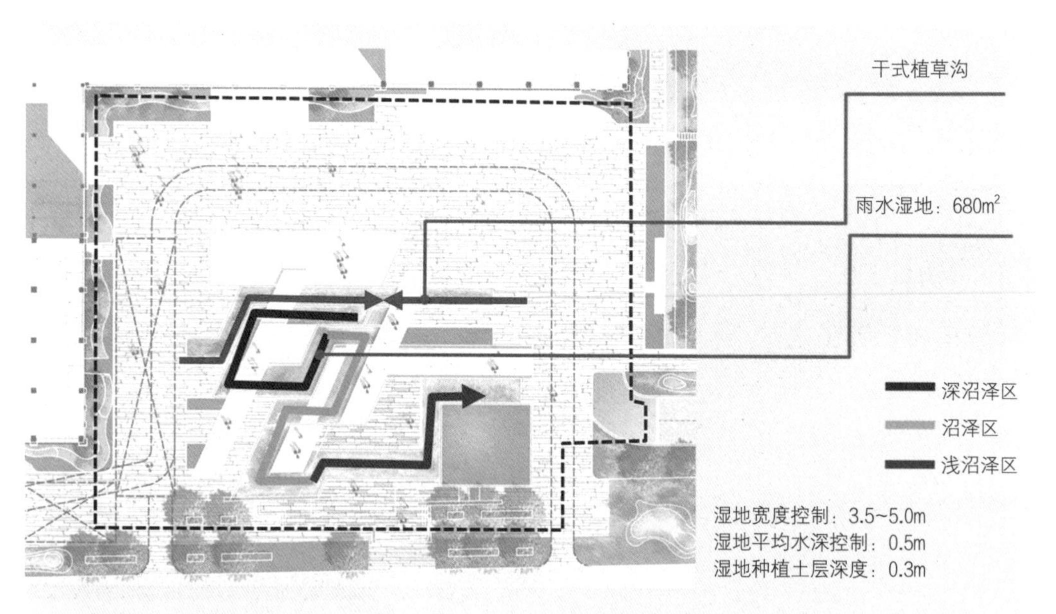

图15　雨水湿地平面及竖向示意图

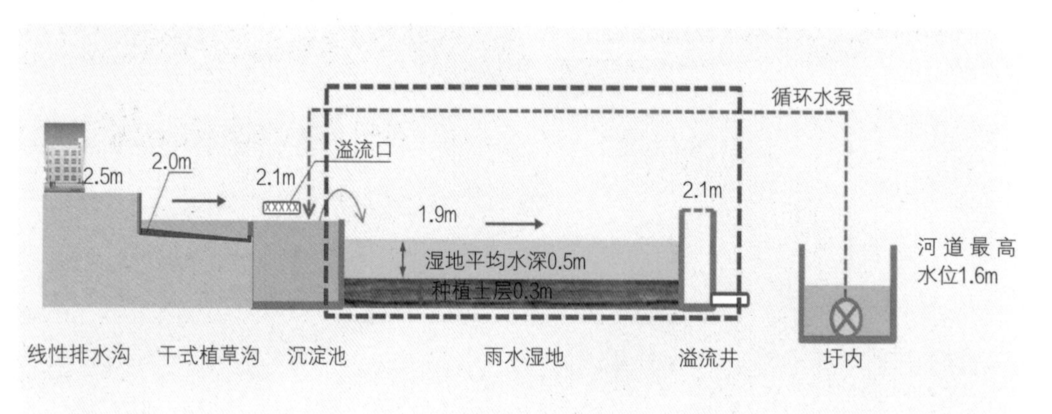

图16　雨水湿地工艺流程示意图

图17 海创大厦雨水湿地实景图

图18 干式植草沟实景图

（4）干式植草沟

结合道路周边绿地建设干式植草沟，将路面及周边场地雨水转输至生物滞留池进行处理。干式植草沟主要配置了灌木类植物（南天竹、毛鹃、紫鹃）和草本植物（狼尾草、蒲苇、鼠尾草）(图18)。

2.3 设施布局与径流组织

1）场地设施布局与径流组织

综合分析区域建设总体方案，依据地形标高及排水设计、道路分割、建筑屋面分水线等条件，划分汇水分区。根据海绵分区进行详细设计，合理布局海绵设施，优化径流组织方式（图19～图21）。

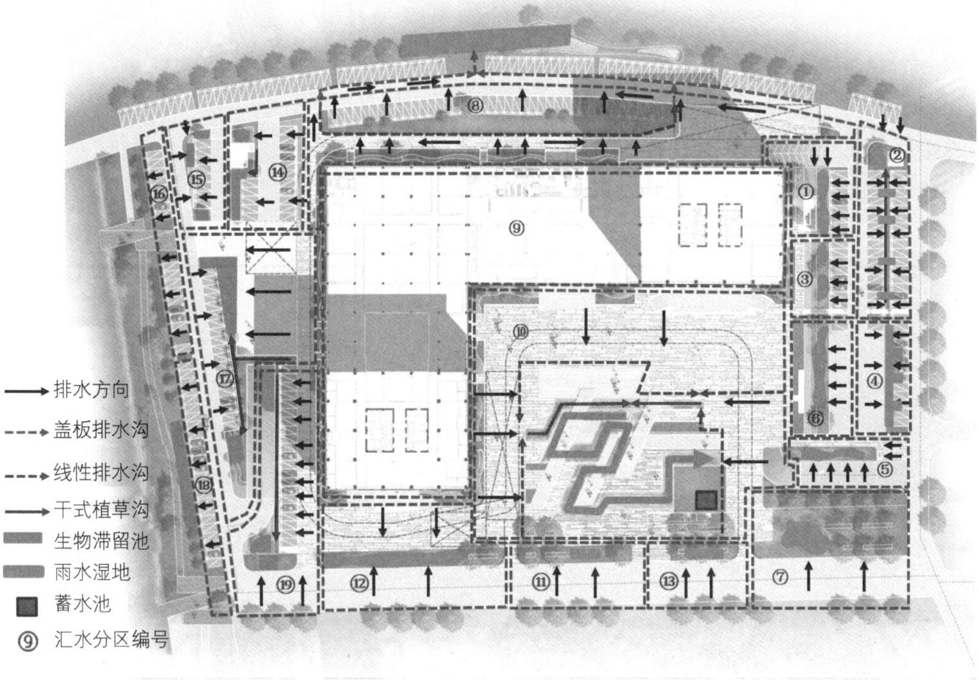

排水方向
盖板排水沟
线性排水沟
干式植草沟
生物滞留池
雨水湿地
蓄水池
⑨ 汇水分区编号

图19 海创大厦海绵设施布局及径流组织示意图

排水方向
线性排水沟
雨水管道
补水管道
生物滞留池
生态塘
雨水湿地
蓄水池
⑨ 汇水分区编号

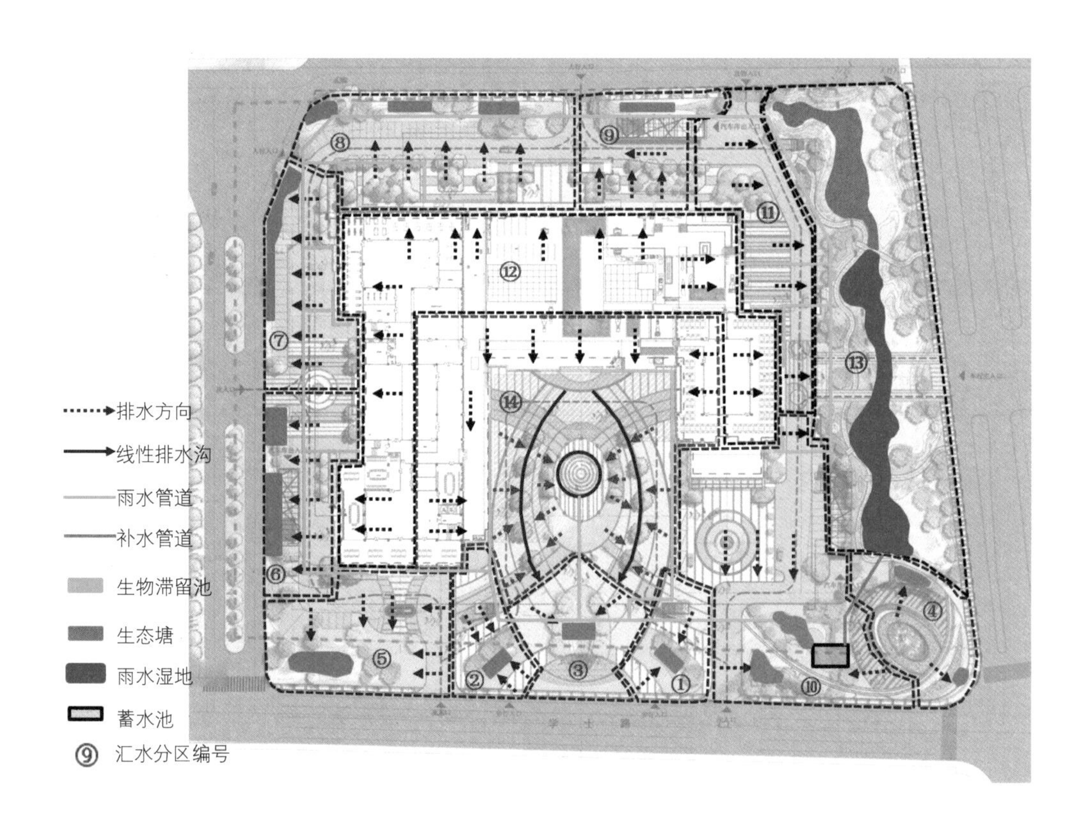

图20 财富广场海绵设施布局及径流组织示意图

图21 公共空间海绵设施布局及径流组织示意图

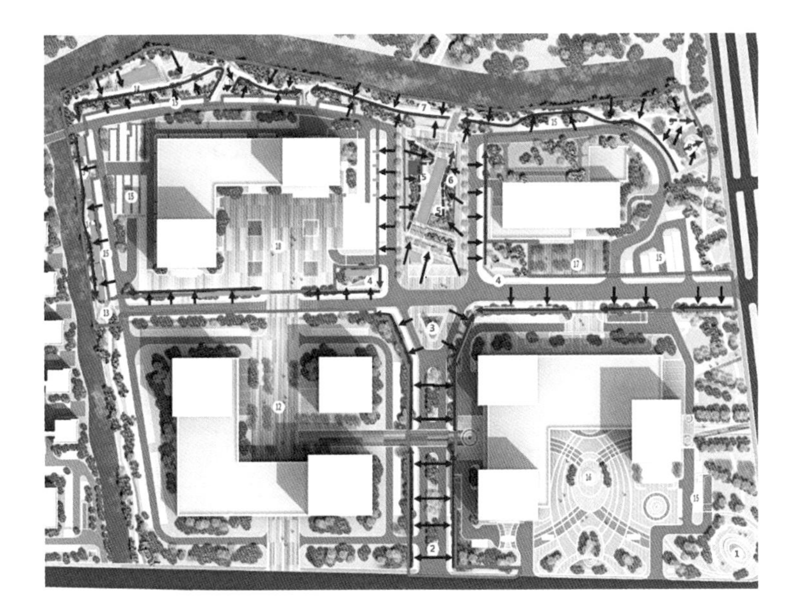

排水方向
线性排水沟
干式植草沟
生物滞留池
蓄水池

2）协调区设施布局与径流组织

（1）湿地集中处理统筹区域

由于财富广场内部绿地空间不足，所以将财富广场屋面雨水导入公共空间区域内的雨水湿地系统进行收集处理（图22）。

（2）分散式协调区

利用开发地块广场及道路之间绿地建设干式植草沟和生物滞留池，同步处理道路及场地雨水（图23、图24）。

图22 湿地集中处理统筹区域径流组织示意图

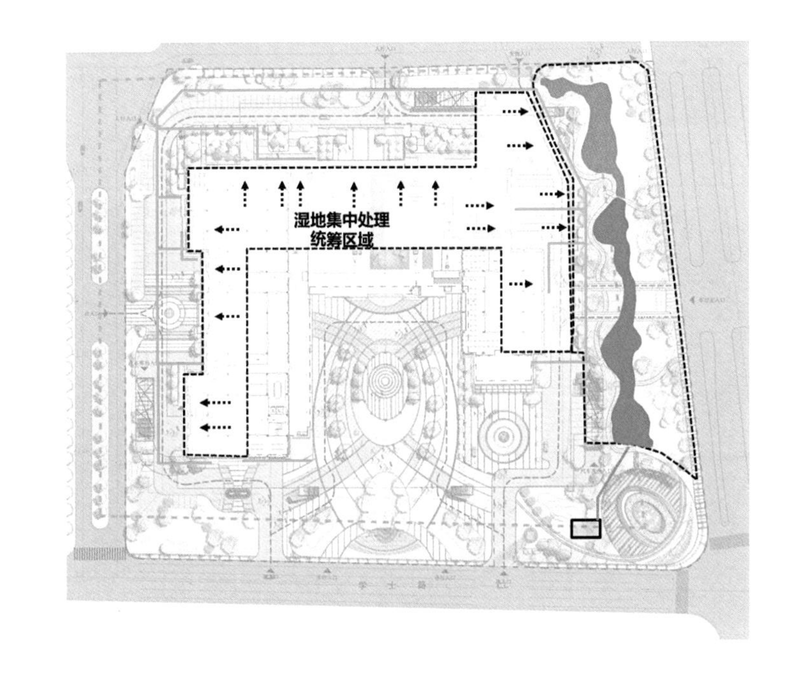

排水方向
雨水管道
补水管道
生物滞留池
生态塘
雨水湿地
蓄水池

2.600 2.500

2.600 2.500

2.600 2.500

2.300 2.300

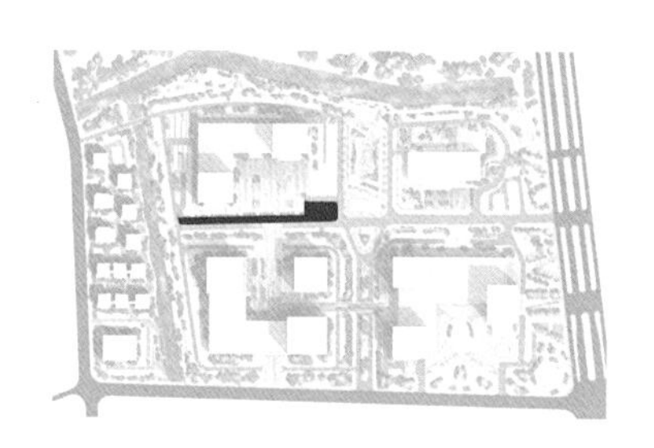

生物滞留池：67m²

生物滞留池：33m²

生物滞留池：44m²

生物滞留池：105m²

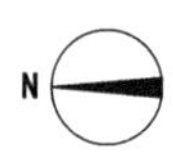

图23 分散式协调区海绵设施布局及径流组织示意图

图24 海创大厦南侧分散式协调区海绵设施实景图

3 工程实施

3.1 生物滞留池

生物滞留池沟槽开挖的截面形状尽量采用倒梯形，便于快速收集雨水。混合填料要经过多次搅拌，保证混合均匀，在回填前做蓄水和滤水实验，确保既能起到滤水作用又能起到蓄水滞留作用。生物滞留池周边景观堆石应结合景观效果和主要汇水点设置，具有消能、防冲刷作用（图25）。

图25 生物滞留池实景图

图26　海创大厦雨水湿地施工过程实景图（湿地植物种植前）

3.2 雨水湿地

注重雨水湿地各功能区的竖向控制，构建完整的雨水湿地系统。在施工过程中注重防水层保护，防止对防水层造成破坏；在回填土时不能采用机械回填，需人工回填，防止对防水层造成破坏。防水施工过程中，注意天气预报，施工尽量避开雨天（图26）。

4 运行维护

财富广场和海创大厦内海绵设施由业主单位进行维护管理，公共空间内海绵设施由园林主管部门委托相关单位进行维护。相关海绵设施的运行维护要求详见政策文件E。

5 工程造价

与传统景观室外工程相比，该片区实施一系列海绵设施之后，工程总投资共新增349.15万元，折合单位用地面积新增投资约34.9元/m^2。

主要海绵设施单价为：生物滞留池800元/m^2，雨水湿地300元/m^2，干式植草沟50元/m，蓄水池1500元/m^3。

6 实施效果

通过片区统筹推进海绵城市建设，实现了海绵城市建设连片示范效应，有效改善了庙泾河及镇东圩圩区内涝等问题，丰富了城市景观形态和风貌，取得了良好的综合效益（图27、图28）。

图27 阳澄湖科技园核心区实景图

图28 财富广场实景图

建 设 单 位：昆山创业控股集团有限公司
　　　　　　昆山高新集团有限公司

设 计 单 位：江苏省城市规划设计研究院
　　　　　　苏州园林设计院有限公司

施 工 单 位：昆山市风景绿化美化有限公司

技术支持单位：江苏省城市规划设计研究院

案例编写人员：朱建国　冯博　谢坤　张雷　黄咏洲

二、居住小区类

居住小区类是指用地类型为居住用地的海绵项目。一般而言，新建、扩建的居住小区的绿地率相对较高，但该类项目对景观品质也要求较高，植物选配需符合海绵设施功能且能与周边景观充分融合；改建小区应结合老旧小区改造、雨污分流改造和积水点整治等工程同步实施，系统提升小区的综合品质。运用的主要海绵设施有生物滞留池、下凹式绿地、透水铺装、生态停车位、植草沟、蓄水池等。本书从已完成的居住小区类项目中选取了5个具有代表性的案例。

06

江南理想小区和康居公园区域建设

基本概况

所在圩区： 镇东圩

用地类型： 居住用地

建设类型： 新建项目

项目地址： 昆山高新区前进西路和祖冲之路交叉口东北角

项目规模： 占地面积10.4hm^2

建成时间： 2018年5月

海绵投资： 约460万元

1 项目特色

（1）以康居公园改造为契机，采用系统化的雨水管理策略，对公园、住宅小区的雨水系统进行了统一规划和管理，充分利用公园作为公共海绵空间服务周边区块，在不同功能片区间系统打造了社区海绵网络。

（2）项目启动于2013年，在规划设计前期引入了与海绵城市理念高度契合的水敏性城市设计理念，充分发挥海绵设施的雨水调蓄净化、景观效果丰富、生物多样性提升等系统效能，本项目已入选全国《海绵城市建设典型案例》。

（3）康居公园与江南理想作为人流量较大的公园和高品质住宅区域，具有绿地和水景规模大、绿地浇洒和水景补水需求高的特征，所以项目有针对性地设置了雨水收集利用系统，通过管道将海绵设施净化后的雨水收集至蓄水池，加强了对雨水的资源化利用。

2 方案设计

2.1 设计目标与策略

1）设计目标

本项目位于昆山市海绵城市建设试点区域范围内，为新建项目。项目实施时尚未开展编制《昆山市海绵城市专项规划》，但项目于规划设计前期引入了与海绵城市建设理念高度契合的水敏性城市设计理念，结合“绿色、宜居”的建设要求，拟通过雨水系统整体设计，削减雨水径流污染，实现雨水资源化利用，降低项目开发对水文和水环境的影响。主要包括：

（1）赋予公园内公共空间及小区内绿地景观更多生态系统服务功能，有效降低雨水径流污染，面源污染削减率达65%。

（2）通过雨水径流的系统设计，社区年径流总量控制率达75%。

（3）通过雨水净化及循环处理利用，水量满足水景补水及绿地浇洒用水要求，水质达到《建筑与小区雨水利用工程技术规范》GB 50400中关于雨水回用的要求。

2）设计策略

统筹考虑康居公园及江南理想小区二期的竖向及绿地布局，利用康居公园地势低洼的特点，将江南理想二期部分雨水输送至康居公园北侧雨水湿地进行集中净化处理。其他区域雨水根据分区形成相对独立的雨水径流控制系统（图1）。

雨天时，屋顶、路面、绿化等场地雨水经转输型植草沟或排水边沟收集转输汇入雨水湿地或生物滞留池，净化处理后的雨水收集后进入蓄水池进行调蓄，供应水景补水及绿地浇洒用水。超过雨水湿地、生物滞留池、蓄水池设计降雨量对应的径流雨水通过溢流口排入市政雨水管网。

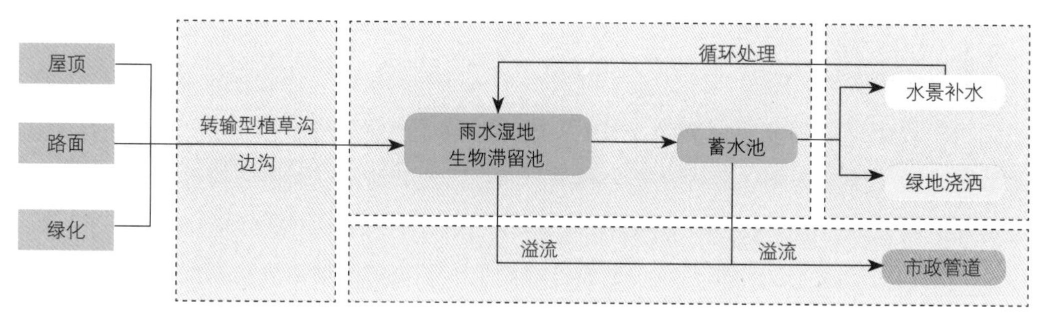

图1　雨水径流控制流程图

非雨期时，通过水泵将蓄水池、水景内水体输送至雨水湿地、生物滞留池进行循环净化处理以保障水质。

2.2 设施选择与设计

1）设施选择

根据区域及项目的问题及需求分析，以削减径流污染和雨水资源利用为主要目标，应选择雨水湿地、生物滞留池、蓄水池等具有净化功能和调蓄功能的技术。

根据项目建设条件分析，项目所在区域土壤渗透性较差，地下水位高，原土自然下渗难度较大，应通过介质层填料配比优化措施加强雨水的渗透。考虑居住小区地下车库的覆土限制，在地下车库所在区域应注意海绵城市技术对介质层深度的要求，优先选择利用植物水平净化的雨水湿地技术。

综合以上因素，本项目主要采用转输型植草沟、雨水湿地、生物滞留池和蓄水池等海绵措施。采用转输型植草沟进行雨水的收集和转输，采用雨水湿地和生物滞留池进行雨水的滞蓄、净化处理，采用蓄水池进行雨水的储蓄与资源化利用。

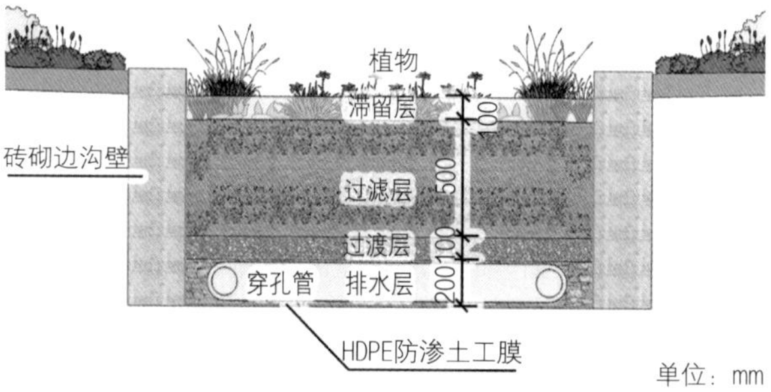

图2　Ⅰ型生物滞留池断面图

2）节点设计

（1）生物滞留池

生物滞留池主要通过滤料及植物根系微生物群对雨水进行净化处理，主要有两种设计，与Ⅰ型生物滞留池（图2）相比，Ⅱ型生物滞留池（图3）在排水层和过渡层之间增加了一层保水层，其

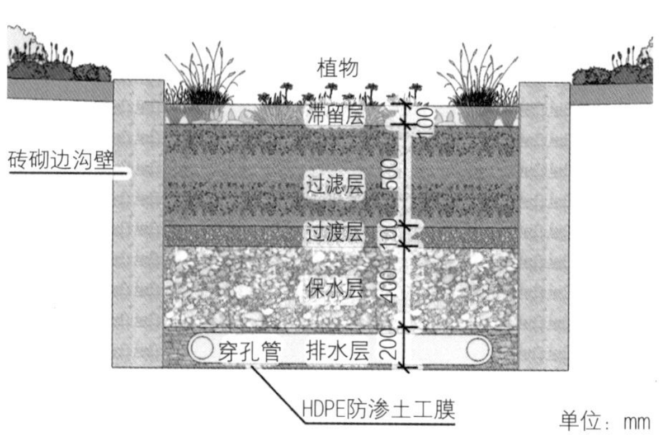

图3　Ⅱ型生物滞留池断面图

主要作用为提高氮的去除率。

生物滞留池植物应选择耐淹又耐旱且根系发达的植物，主要用于维系土壤渗透率，处理和吸收雨水中的氮、磷、重金属等污染物，可优先选择景观视觉效果较好的植物（图4）。经过比选得出符合要求的植物配选（表1）。

图4 康居公园生物滞留池实景图

生物滞留池植物选择一览表 表1

种类	植物配选
乔木	水松
地被	千屈菜、风车草、白茅茅根、二形鳞苔草
花	大波斯菊、大花金鸡菊

（2）雨水湿地

雨水湿地主要通过植物茎叶上的微生物对雨水进行净化处理。本项目湿地滞留层高12cm，日常湿地积水10cm，种植土层25cm。种植土下部铺设防渗土工膜，保持湿地水位（图5）。

图5 雨水湿地断面图

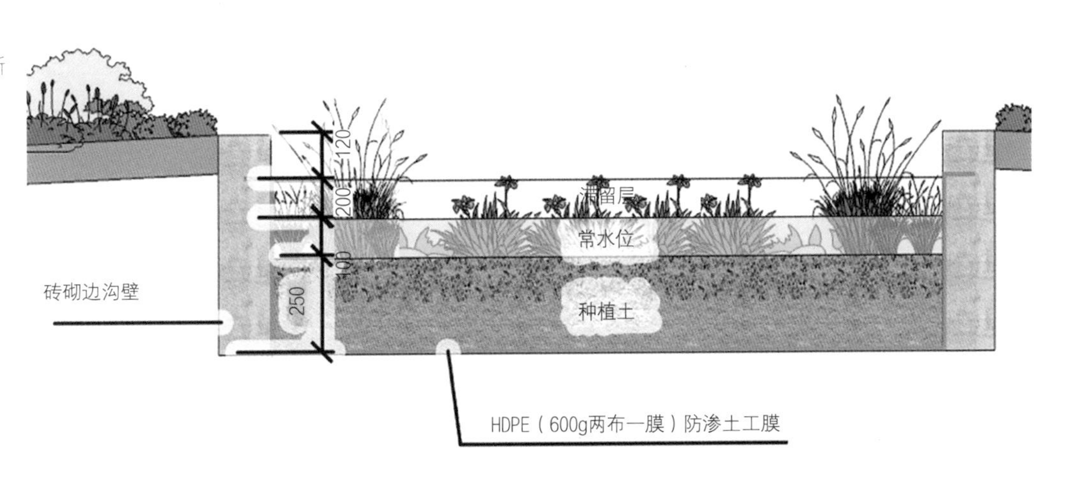

首先要满足雨水湿地植物生存环境长期有水的限制条件，植物的配选主要比选其净化水质的能力（表2），并参考植物在不同住宅区域时光照对其生长的影响（图6、图7）。

雨水湿地植物选择一览表　　表2

条件	植物配选
阳光区（水深0～20cm）	荸荠、菖蒲、大慈姑、芦苇、菰
阴影区（水深0～20cm）	泽泻、菹草、穗状狐尾藻、花叶水葱、荸荠

图6　江南理想小区一期雨水湿地实景图

图7　江南理想小区二期雨水湿地实景图

3）专业融合与协调

本项目海绵设施在设计时，景观和室外管线已基本设计完成，为充分融合项目景观和室外管线，分别与建筑景观及室外市政做了协调处理，才使海绵方案得以实施。景观竖向根据海绵方案要求进行了调整，使道路及屋面雨水可以顺利汇入海绵设施，同时在布置室外管线的时候尽量避开海绵设施。

2.3 设施布局与径流组织

1）汇水分区

项目整体竖向为东北高、西南低，康居公园为区域内的高程低洼处，场地高程为2.3～4.2m。根据场地竖向设计及室外设计中起阻水作用的小区围墙、院落围墙、路缘石、截水沟等设施的位置，将项目划分为7个汇水分区（图8）。

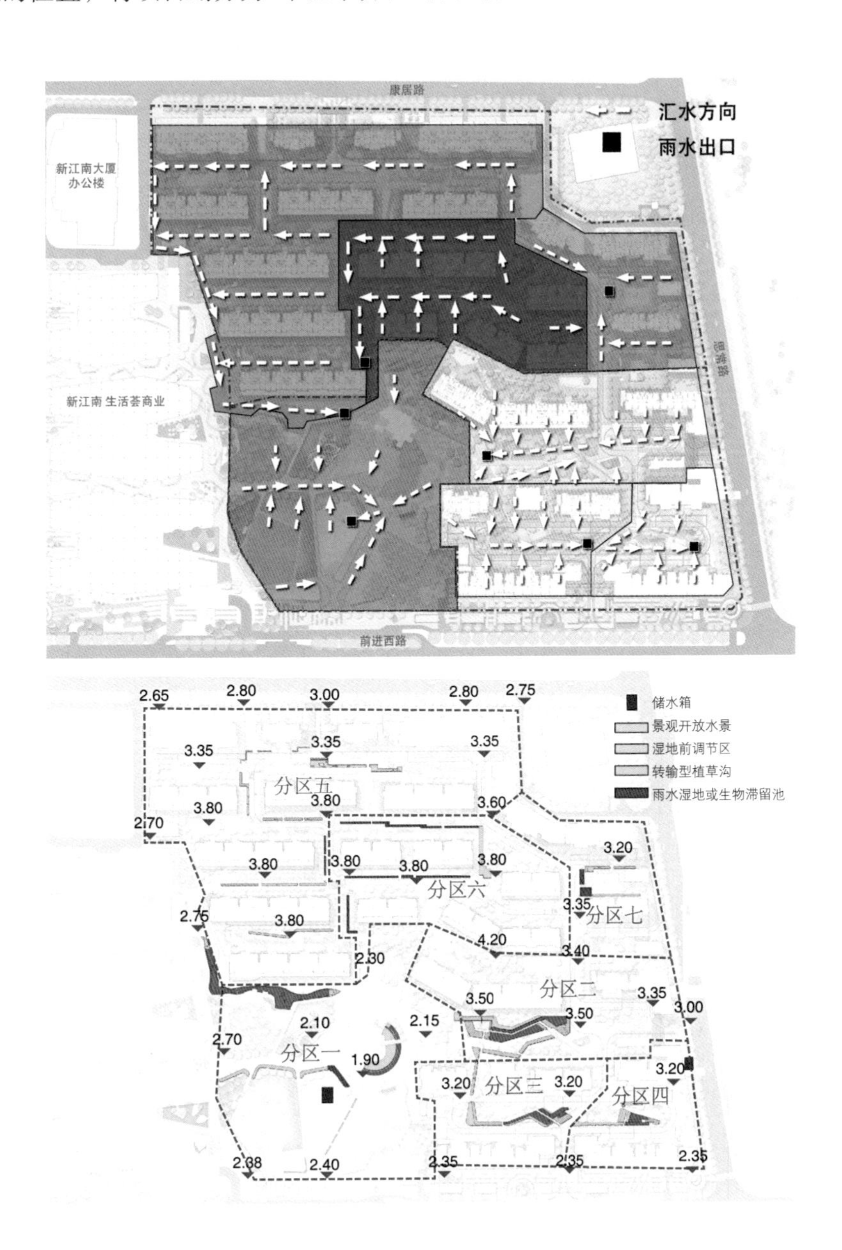

图8 场地汇水分析图和分区图

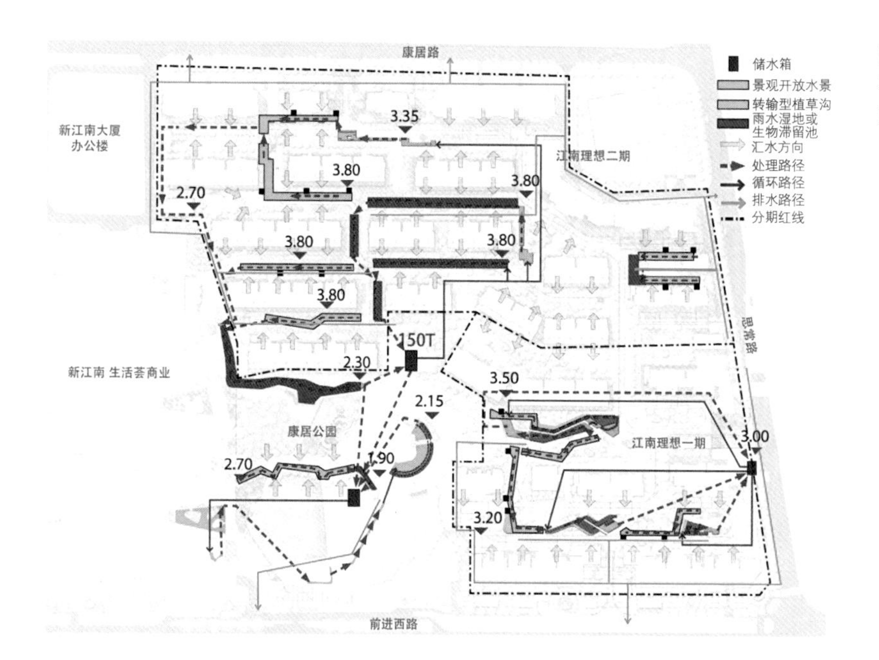

图9 海绵设施总体布局及径流组织示意图

2）设施布局与径流组织

根据汇水分区，统筹考虑康居公园和江南理想的雨水径流组织，因地制宜布局海绵设施（图9）。

江南理想二期西部汇水片区的雨水通过转输型植草沟、管网输送至康居公园北侧雨水湿地，经过净化处理后收集进入蓄水池。江南理想二期中部汇水片区雨水通过小区绿地内设置的雨水湿地，经过净化处理后收集进入蓄水池。江南理想二期东部汇水片区雨水通过小区绿地内设置的雨水湿地，经过滞蓄、净化后排入市政排水管网。

康居公园内地表径流主要排向中央绿地，经排水明沟、转输型植草沟转输后进入生物滞留池或雨水湿地，经过净化处理后收集进入蓄水池。

江南理想一期地势东高西低，形成相对独立的排水片区，雨水经转输型植草沟转输进入雨水湿地，经净化处理后收集入东侧蓄水池，将净化后的雨水储存后用于项目内景观补水及绿地浇洒用水。

项目共设置生物滞留池1167m^2、雨水湿地3452m^2。根据项目内水景补水及绿地浇洒用水需求，共设置3座蓄水池，总容积330m^3。

3 工程实施

项目主要采用了生物滞留池和雨水湿地海绵技术，在设计和实施过程中不仅要综合考虑使用功能和景观协调，更重要的是不能对周边建筑产生不良影响和威胁，实施过程中特别关注了生物滞留池填料配比及湿地的防渗。

1）生物滞留池

生物滞留池施工过程中需注意以下细节：转输型植草沟和生物滞留池（处理段）衔接的部分，需配置卵石区，起到缓冲消能作用；生物滞留池（处理段）密集种植植被，中间不宜布置大块卵石，仅在边缘放置；生物滞留池（处理段）的表面宜为水平面，表层之下还包括过滤介质、过渡介质和排水层，其与表层植物群组共同承载雨水处理功能（图10）。

在过滤介质选配和植物群组筛选时，应经过多次实验，确定可用于净化雨水的低成本本地过滤介质，以及不同条件下的处理型植被搭配组群。根据昆山地区气候和土质情况，经过多次调配和检测确定雨水滞留池填料，本次设计采用填料参数如下：

排水层：厚度200mm，3～10mm粒径级配碎石。

保水层（可选）：厚度400mm，3～10mm级配碎石与3～10mm木屑均匀混合，碎石和木屑体积比例为13：7。

过渡层：厚度100mm，中粗砂（粒径0.1～4mm，2mm过筛率不小于50%）。

过滤层：厚度500mm，级配沙土，渗透率100～200mm/h，有机质含量不小于3%。配比如下，原土：粗砂（1～2mm）：中砂（0.25～1mm）比例为1：1.5：6.95，细木屑掺杂比例为1%（质量比）。

2）雨水湿地池壁施工

本项目雨水湿地占地面积大，防水难度较高，若全部采用混凝土整体浇筑造价过高。项目结合场地及景观情况，主要采用了不锈钢池体，既美观又解决了防水问题（图11）。

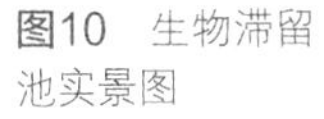

图10 生物滞留池实景图

部分区域的雨水湿地结合水景进行施工，池体采用钢筋混凝土整体浇筑，并实施防水措施，与周边景观无缝衔接（图12）。

图11 不锈钢池体雨水湿地实景图

图12 钢筋混凝土池体水景实景图

4 运行维护

项目完成后，小区的海绵设施交由物业统一打理，公园海绵设施由主管部门负责维护。运行管理人员须熟悉掌握各类工程内容的工艺流程，以及设施、设备的规格、性能、技术参数等，平时做好定期巡检的同时，需要在汛期或大暴雨等特殊时期加强维护，比如提前排空蓄水池，清理管网内杂物，检查溢流口是否被堵塞等。相关海绵设施的运行维护要求详见政策文件E。

5 工程造价

昆山康居公园与江南理想海绵设施工程总投资为460万元，折合单位用地面积海绵设施工程投资约44元/m^2，与传统绿化景观工程相比，折合单位用地面积增加工程投资约29元/m^2，造价没有明显提高，同时具备良好的生态景观效果。主要海绵设施单价为：雨水湿地350元/m^2，Ⅰ型生物滞留池700元/m^2，Ⅱ型生物滞留池1200元/m^2，蓄水池1500元/m^3，转输型植草沟50元/m^2。

6 效果评估

6.1 径流总量控制

由于项目启动之初，《海绵城市建设技术指南（试行）》尚未正式发布，故设计时按澳大利亚水敏型城市设计理念确定设施规模。用实际建设规模进行校核，得出项目总体年径流总量控制率约为76%，对应设计降雨量为23.2mm，相当于昆山市1年一遇20分钟降雨量。

6.2 面源污染削减

2015年9月至2016年8月开展了16场降雨事件下的水质监测，监测点位1、2、3分别位于康居公园雨水湿地进口、雨水湿地出口和跌水景观池出口。每次降雨事件的进水、出水均分别根据雨强、出流量得到混合水样2组和瞬时水样约20组，已采集的水样4℃低温保存并及时送至检测公司检测（表3）。

现场降雨监测结果表明：TSS、COD、NH_3-N、TN、TP等5项水质指标的平均去除率分别达到了47.5%、51.1%、53.4%、31.7%和56.4%（表4）。将监测数据进行收集整理，逐步构建水质数据库，并对模型参数进行率定，掌握不同雨水处理设施的污染物去除效能（图13、表4）。

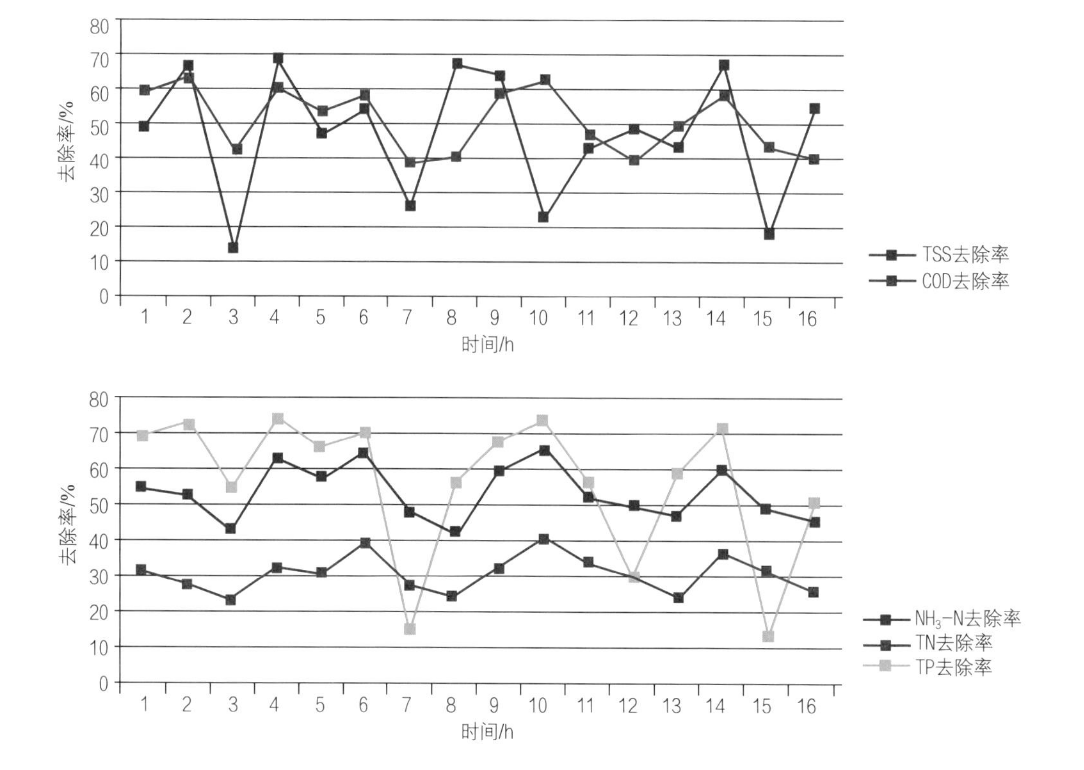

图13 污染物去除效率图

康居公园水质净化监测结果 表3

检测指标（mg/L）	监测点位		
	1	2	3
TSS	125.8 ± 78.4	59.3 ± 35.6	66.1 ± 35.2
COD	64.6 ± 54.1	40.3 ± 27.5	31.4 ± 9.3
NH_3-N	1.96 ± 1.1	1.1 ± 0.57	0.91 ± 0.48
TN	3.1 ± 2.7	1.8 ± 1.2	2.1 ± 0.8
TP	0.23 ± 0.12	0.13 ± 0.068	0.10 ± 0.04

康居公园16次降雨监测污染物去除效率一览表 表4

分类	TSS去除率/%	COD去除率/%	NH_3-N去除率/%	TN去除率/%	TP去除率/%
1	48.7	59.3	54.9	31.6	69.3
2	67.3	62.8	52.4	28.1	72.8
3	13.6	42.4	43.1	22.9	55.3
4	69.3	60.1	62.7	32.2	74.5
5	47.3	53.2	57.9	30.8	66.4

续表

分类	TSS去除率/%	COD去除率/%	NH_3-N去除率/%	TN去除率/%	TP去除率/%
6	54.8	58.5	64.2	38.9	70.2
7	26.4	38.7	47.8	27.1	15.2
8	67.8	40.8	42.5	24.2	56.2
9	64.1	59.1	59.1	32.1	68.3
10	23.1	63.2	65.3	40.6	73.6
11	43.6	46.6	52.6	34.2	56.1
12	49.2	39.8	50.1	30.3	29.7
13	43.6	49.4	47.2	24.1	59.4
14	67.8	58.7	60.1	36.5	71.9
15	18.3	43.2	49.2	31.4	12.9
16	54.9	40.4	45.5	25.7	50.2

6.3 雨水资源化利用

本项目范围内水面面积约为1000m^2，绿化面积约为5.1万m^2，平时水面维持、绿化浇灌均采用蓄水池收集雨水，按照每年100次完整使用量计，可节约自来水约3.3万t。

建 设 单 位： 昆山城市建设投资发展集团有限公司
设 计 单 位： 艺普得城市设计咨询有限公司
施 工 单 位： 苏州天园景观艺术工程有限公司
照 片 提 供： 昆山城市建设投资发展集团有限公司
技术支持单位： 澳大利亚国家水敏性城市合作研究中心（CRCWSC）
案例编写人员： 费一鸣、曹万春、赵伟锋、冯博、马天翔

07

观湖壹号小区海绵城市建设

基本概况

所在圩区：庙泾圩

用地类型：居住用地

建设类型：新建项目

项目地址：昆山高新区博士路与观林路交叉口东北角

项目规模：占地面积2.64hm^2（二期、三期）

建成时间：2018年8月

海绵投资：147.5万元

1 项目特色

（1）针对商品住宅小区景观要求高、地块开发强度大、地下管网情况复杂等特点，采用设计施工一体化的方式，在实施过程中不断优化海绵设施与周边道路、铺装、停车位、绿化景观及地下管线的有效衔接，取得良好的生态景观效果。

（2）探索符合海绵设施功能要求且与周边景观环境充分融合的植物配置方案。

2 方案设计

2.1 设计目标与策略

1）设计目标

本项目位于昆山市海绵城市建设试点区域范围内，在设计之初，一期与二期一标段已经实施，仅剩余的二期二标段与三期区域未开工建设。根据昆山市海绵城市建设要求，须在未建区域原设计基础上落实海绵城市建设要求。依据《昆山市海绵城市专项规划》，项目二期二标段与三期区域海绵城市设计目标为：年径流总量控制率80%，年SS总量去除率65%。

2）设计策略

路面、铺装、绿地等场地雨水通过地表汇流，或通过转输型植草沟、线性排水沟收集，汇入生物滞留池、下凹式绿地、湿式植草沟等设施滞蓄净化后进入蓄水池，屋面雨水经雨水管道收集后直接接入蓄水池。雨水经蓄水池调蓄及进一步净化后回用于小区内水景补给、绿地浇洒、道路冲洗，多余雨水溢流排放至小区附近市政雨水管道（图1）。

图1 雨水径流控制流程图

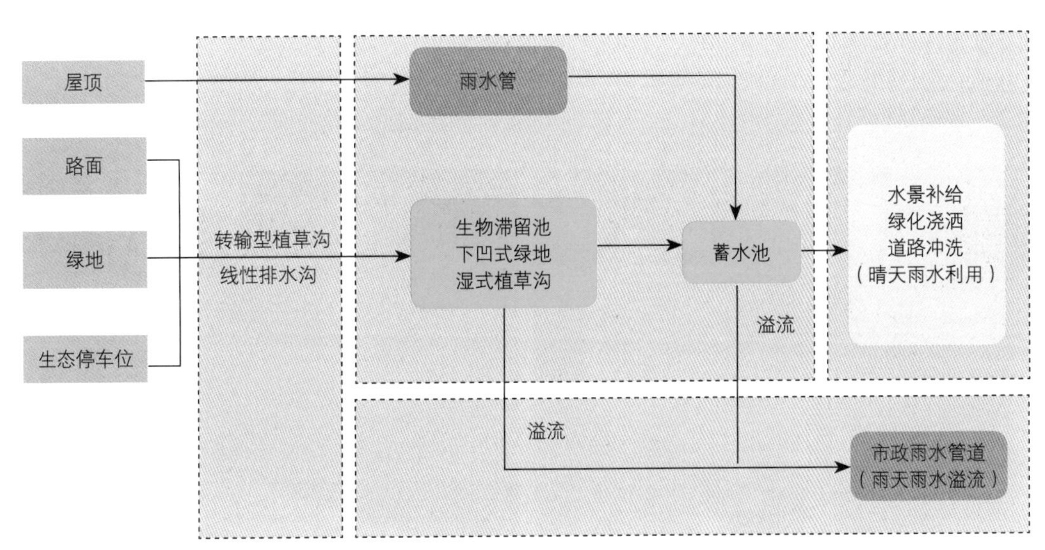

2.2 设施选择与设计

1）设施选择

根据区域和项目的问题及需求分析，以雨水径流控制和径流污染控制为主要目标，采用生物滞留池、下凹式绿地、湿式植草沟等具有净化功能和调蓄功能的海绵设施。考虑小区地下空间开发强度高、覆土厚度不足的建设条件，优先采用下凹式绿地、湿式植草沟等竖向挖深较浅的设施，确需采用生物滞留池时，缩减生物滞留池填料层厚度。

本项目采用转输型植草沟、线性排水沟等进行雨水的收集和转输，采用生物滞留池、下凹式绿地、湿式植草沟等进行雨水的滞蓄和净化处理，采用生态停车位等透水铺装减少地表径流的形成，同时在末端采用蓄水池进行雨水的储蓄和资源化利用。

2）节点设计

项目中采用了应用较为广泛的生物滞留池、下凹式绿地、湿式植草沟、生态停车位等海绵设施，详细做法如下。

（1）生物滞留池

本项目中生物滞留池实际效果如下（图2）。

针对地下车库顶板覆土厚度不足的问题，对位于地下车库上方的生物滞留池填料层厚度进行调整，将过滤层厚度由500mm调减为300mm，实现海绵设施与覆土深度、场地竖向、排水管线的有效衔接。

针对原状土壤渗透性差等问题，过滤层介质填料采用50%粗砂+30%原状土（烘干处理）+20%椰糠的土壤配比，在保证渗透速率大于30mm/h的同时，还提高了土壤有机质含量，保障了生物滞留池植物生长的营养需求。

考虑项目场地地下水位埋深浅，生物滞留池设置防水层，防止地下水反渗至海绵设施。

优选黄金香柳、胡颓子、南天竹等常绿、长期耐旱、短期耐水淹的植物品种，这些植物在冬季也有很好的季相表现。同时注重苗木的品种搭配，以增加小区景观的丰富性（图3）。

图2　生物滞留池实景图

（2）下凹式绿地

下凹式绿地构造简单，不需要换填土，仅需对绿地表面进行下凹处理，适用于覆土较浅且绿化空间开阔的区域（图4）。本项目下凹深度为150mm，并在溢流口处设置出流口，保证排水安全的同时，可确保滞蓄雨水在12h内缓慢排空。

（3）湿式植草沟

湿式植草沟具备转输能力和一定的净化处理能力，由于介质层厚度较浅，适用于绿化空间充足、覆土深度受限的区域（图5）。

（4）生态停车位

生态停车位采用植草砖透水铺装，减少地表径流形成（图6）。

图3　项目场地部分植物种植实景图

图4　下凹式绿地实景图

图5　湿式植草沟实景图

图6　生态停车位实景图

2.3 设施布局与规模

1）设施布局

小区地面高程整体平缓，场地标高基本在3.65m左右，部分景观地形堆坡高度为0.6～1.2m，考虑场地排水，竖向设计一般为纵坡0.5%、横坡1%。综合分析小区的竖向设计，将场地一共分为31个汇水分区。综合考虑汇水分区内的地形竖向、植物组团、景观布局，合理布局海绵设施的类型、位置及线型。

通过海绵设施与绿化景观的有机结合，将海绵设施融合、消隐于小区景观之中，实现了景观与生态的双重目标（图7～图10）。

图7　生物滞留池实景图（植物配置注重多样化，与周边植物融为一体）

图8　转输型植草沟实景图

图9　湿式植草沟实景图

湿式植草沟与地形和植物组团结合，在地形上形成了微地形起伏的效果，在植物栽植上则依托原有小区绿化的绿色背景，以草沟内耐旱花境的方式点景美化草沟中的溢流井设施。

图10　下凹式绿地实景图

下凹式绿地结合原有草坪空间设计，将海绵的功能属性与景观巧妙结合。

2）设施规模

根据雨水径流控制目标及总控制容积，确定各分区海绵设施规模（表1）。

设施规模汇总表 **表1**

设施名称	单位	规模
生物滞留池	m^2	338
下凹式绿地	m^2	858
湿式植草沟	m^2	299
转输型植草沟	m	375
开孔路缘石	m	510
线性排水沟	m	44
生态车位	m^2	1167
蓄水池	m^3	120

2.4 竖向设计与径流组织

根据各个分区的海绵设施布局，明确设施进水口和溢流口的位置，通过竖向设计保障海绵设施服务范围内的雨水均可顺利汇流进入设施，且溢流雨水可通过溢流口有组织地排出。当汇流距离较远或仅仅依靠竖向难以保证有效汇流时，可通过植草沟、线性排水沟等导流设施将地表径流导流至海绵设施。

汇水分区27场地下垫面类型比较丰富，以分区27为例进行详细说明。通过对场地下垫面进行合理的竖向设计，将停车位与北侧沥青道路的地表径流通过开孔路缘石引入周边的转输型植草沟（纵向坡度不小于0.3%）中，通过转输型植草沟将地表径流转输至生物滞留池。在汇水分区西侧的半幅沥青路的侧石位置增加线性排水沟（纵向坡度不小于0.3%），将半幅沥青路面的地表径流也导入生物滞留池。通过将竖向设计和导流设施相结合，实现了对地表径流的有效收集（图11）。

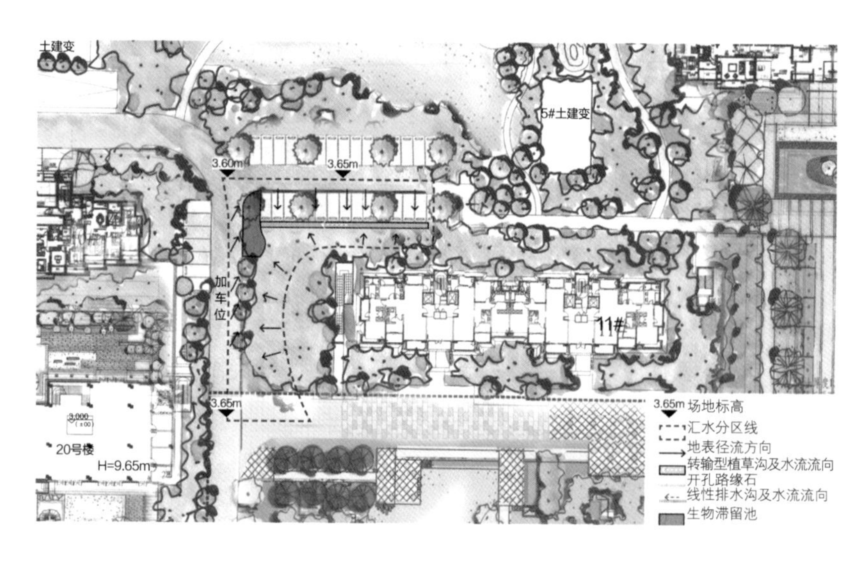

图11　汇水分区27径流组织示意图

3 工程实施

在观湖壹号海绵设施施工过程中，设计、施工方紧密配合，对施工过程中开孔路缘石细节处理和生物滞留池池壁衔接等局部设计细节进行了优化，综合提升了景观和功能效果。

（1）绿地下凹后开孔路缘石细节优化

原设计方案中绿地下凹后开孔路缘石后侧有较大水泥基础处于裸露状态，对景观效果影响较大，结合实际情况对路缘石后侧的水泥基础进行优化，并且增加了绿化，丰富了景观（图12）。

（2）生物滞留池池壁衔接优化

原设计方案中生物滞留池的砖砌体池壁上覆土厚度不够，容易造成种植土流失以及植物长势不佳等问题，项目现场通过削减池壁高度、增加覆土厚度、增加卵石覆盖等美化的方式予以解决（图13）。

图12 绿地下凹后开孔路缘石细节处理对比图

图13 直壁式生物滞留池池壁衔接处理对比图

4 运行维护

观湖壹号小区海绵设施建成后，海绵设施由施工单位负责维护管理1年，到期后交由观湖壹号物业管理单位进行后期维护和管理。相关海绵设施的运行维护要求详见政策文件E。

5 工程造价

本项目景观部分总体投资约800万元，其中海绵城市建设投资约147.5万元，折合单位用地面积造价约55.78元/m^2。其中生物滞留池1141元/m^2，下凹式绿地52元/m^2，湿式植草沟415元/m^2，转输型植草沟18元/m^2，蓄水模块2397元/m^3。

由于居住小区类项目对景观要求即时效果，故在选择海绵设施植物时都选用了成品盆栽大苗，以保证即时景观效果，从而导致生物滞留池及湿式植草沟的造价有所提高。

6 效果评估

本项目依据《昆山市地块类海绵项目建设绩效评估标准（试行）》，开展了绩效评估，经评估，项目总得分为82分，绩效评估等级为三级。

6.1 控制项评估

采用MUSIC软件对项目控制性指标进行模拟计算，模拟结果达到了年径流总量控制率80%、年SS总量去除率65%的预期目标。

6.2 一般项评估

对场地布置和竖向衔接、海绵设施、排水系统三大类17个子项进行评估，其中，在场地竖向衔接、海绵设施汇流组织、海绵设施与周边场地衔接、植物配置、填料层施工等方面实施效果较好（图14）。具体子项包括：中雨后硬质道路、广场等不透水场地无明显

图14 场地实景图

图15 生物滞留池实景图

图16 转输型植草沟实景图

积水；周边场地内雨水汇入生物滞留池、下凹式绿地、湿式植草沟等径流路径顺畅、无反坡；生物滞留池、下凹式绿地、湿式植草沟与周边场地自然衔接，边坡稳定；生物滞留池、下凹式绿地、湿式植草沟等设施植物选型合理，搭配适当，生长状况良好；生物滞留池、下凹式绿地、湿式植草沟表面土壤无明显分层、串层及土层流失现象。

6.3 加分项评估

该项目加分项主要包括：

（1）场地内合理采用透水铺装技术，降低硬化地面比例，主要是停车位采用植草类透水铺装，儿童游乐场采用非植草类透水铺装。

（2）生物滞留池、下凹式绿地、转输型植草沟等海绵设施设置结合园林景观设计，与周边的自然环境较好地融合，植物种类多样，配置合理，秋冬季节仍能形成多彩的自然景观，具有景观美感（图15、图16）。

建设单位：昆山鹿同置业有限公司
设计单位：苏州园科生态建设集团有限公司
施工单位：苏州园科生态建设集团有限公司
照片提供：苏州游鹰无人机技术有限公司
技术支持单位：众鑫工程管理（苏州）有限公司
案例编写人员：张兵洪、王振玉、高延军

08

共青小区C区海绵化改造

基本概况

所在圩区：江浦圩
用地类型：居住用地
建设类型：改造项目
项目地址：昆山高新区
项目规模：占地面积约5.07hm^2
建成时间：2017年12月
海绵投资：约210万元

1 项目特色

（1）在小区雨污分流和积水点整治等改造实施过程中，因地制宜地融入海绵城市建设理念，系统提升老旧小区的基础设施承载力。

（2）基于场地现状和工程实际，将海绵城市建设与绿地景观提升相结合，既有效控制了雨水径流污染和解决内涝积水问题，又提升了老旧小区景观品质，实现了生态景观和海绵功能的有机融合。

2 方案设计

2.1 设计目标与策略

1）设计目标

本项目位于昆山市海绵城市建设试点区域范围内，为改造项目。受到老旧小区改造已完成大半、海绵城市建设理念介入较晚等因素的制约，结合实际情况综合考虑，适当降低了海绵城市建设指标，具体为年径流总量控制率目标为55%，年SS总量去除率目标为45%。

2）设计策略

屋面、道路、铺装、绿地等场地雨水通过地表坡度汇流，或通过转输型植草沟进行收集，汇入生物滞留池，经过滞蓄净化后，通过盲管排入雨水管道系统中；超出设计降雨量的雨水通过溢流口进入雨水管道系统（图1）。

2.2 设施选择与设计

1）设施选择

本项目以径流总量控制和面源污染削减为主要设计目标，考虑采用以调蓄功能和净化功能为主的海绵设施；结合小区内绿地面积较小、分布分散等情况，综合采用生物滞留池、透水铺装、生态停车位、转输型植草沟等绿色技术，以及导流暗沟、溢流井等灰色设施。

图1 雨水径流控制流程图

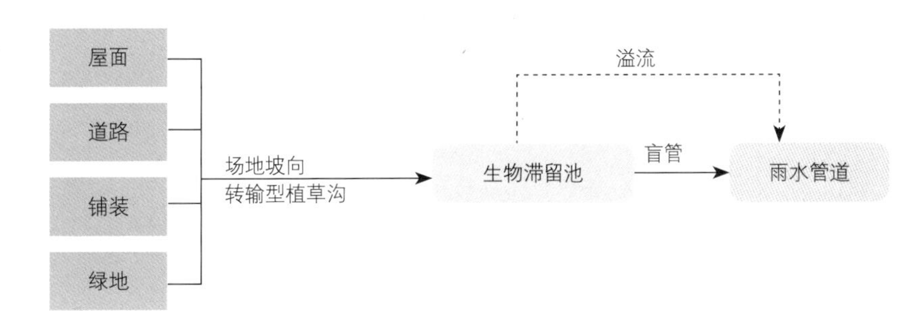

2）节点设计

本项目主要运用的海绵设施是生物滞留池，同时也实施了溢流井改造、暗沟导流以及室外管线综合避让与保护措施，相关做法如下。

（1）生物滞留池

生物滞留池自上而下分别为滞水层、覆盖层、种植土壤层（现场测试渗透速率为100mm/h）、过渡层和砾石排水层，砾石排水层设置排水盲管，底层敷设防渗土工膜（图2）。

结合小区室外环境进行植物配选，并优选本地净化能力强、景观效果好和便于维护的植物。生物滞留池植物选用半水生植物，如旱伞草、千屈菜、花叶芦竹、美人蕉、路易斯安那鸢尾、细叶芒等。

（2）溢流雨水井改造

由于小区大部分雨污分流改造已完成，屋面雨水已通过管道接入雨水管，难以散排至绿地内生物滞留池，所以将各栋建筑北侧雨水支管末端雨水井改造为溢流雨水井，使建筑屋面北侧的初期雨水溢流至生物滞留池，后期雨水溢流排放至下游管道。建筑南侧由于雨水管道及路面均已改造完成，为减少海绵化改造对日常交通的影响，未实施溢流雨水井改造。为了确保溢流雨水井前段雨水井内的雨水不漫溢，经计算，改造后溢流雨水井内的隔墙顶部与地面的距离不小于300mm（图3）。

（3）导流暗沟

部分区域在实施海绵化改造时还未完成雨污分流改造，因此该区域的屋面雨水通过导流暗沟收集后进入生物滞留池。建筑周边场地下导流暗沟纵坡不低于0.3%，车行道下的导流暗沟纵坡不低于0.6%。

（4）管线综合避让与保护

小区绿化带内现状有埋深较浅的弱电管线，在处理生物滞留池时，通过在生物滞留池两侧设置高位花坛，将管线重新敷设于高位花坛的底部。既实现了管线的隐蔽处理，也可以在带状生物滞留池两侧实现安全防护和景观过渡（图4、图5）。

图2　生物滞留池实景图

图3 改造溢流雨水井设计大样图

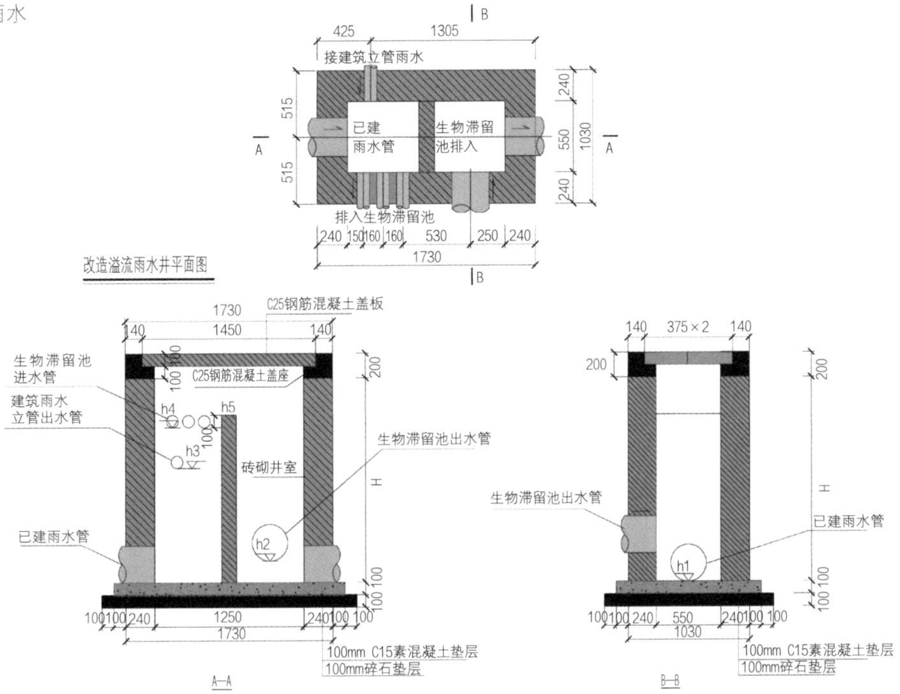

改造溢流雨水井平面图

接建筑立管雨水

已建雨水管

生物滞留池排入

排入生物滞留池

C25钢筋混凝土盖板

C25钢筋混凝土盖座

生物滞留池进水管

建筑雨水立管出水管

砖砌井室

生物滞留池出水管

已建雨水管

100mm C15素混凝土垫层

100mm碎石垫层

A—A

B—B

图4 弱电管线敷设示意图

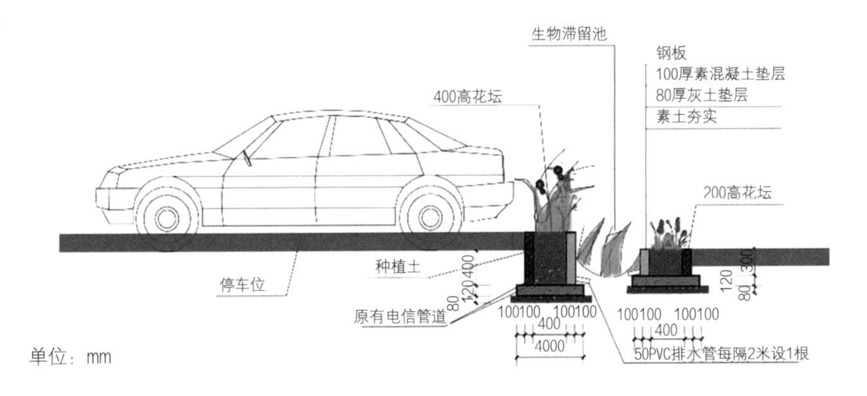

图5 弱电管线敷设实景图

2.3 设施布局与规模

1）设施布局

项目场地整体平整，竖向差异不明显。综合分析项目总平面图及景观方案，依据地形标高、排水管网走向、道路和铺装阻隔等因素，划分汇水分区，并根据每个分区实际的下垫面情况，进行汇流及海绵城市设计，共划分43个汇水分区。综合考虑各汇水分区内的地形竖向和现状景观，合理设置和布局海绵设施。

2）设施规模

根据项目设计目标，确定各分区海绵设施规模。主要海绵设施规模如下（表1）。

设施规模汇总表 表1

设施名称	单位	规模
生物滞留池	m^2	829
生态停车位	m^2	3230
透水铺装		
转输型植草沟	m	235

2.4 竖向设计与径流组织

根据各分区海绵设施平面布局和场地竖向，合理设计雨水径流通道和溢流设施位置，确保分区内雨水顺利汇流进入设施，且溢流雨水可通过溢流口有组织地排出。

本项目启动海绵专项设计时，除46号楼周边外，小区大部分区域已完成雨污分流改造，因此针对46号楼与其他楼栋分别进行改造方案设计。

1）46号楼设计方案（分区J）

屋面雨水通过导流暗沟收集至生物滞留池；停车场和路面雨水通过路牙石开口流入转输型植草沟，最终汇入生物滞留池；绿化带内雨水通过转输型植草沟直接汇入生物滞留池（图6）。

2）其他楼栋设计方案（其他分区）

在尽量不破坏已建车行道的原则下，有改造条件的楼栋屋面雨水通过改造溢流井进入生物滞留池，溢流井改造位置选择在雨水支管接入雨水主管前，雨水干管不进行溢流改造，以免上游顶托产生内涝风险；停车场和路面雨水通过路牙石开口，流入转输型植草沟后进入生物滞留池。其他区域以带状生物滞留池为主（图7）。

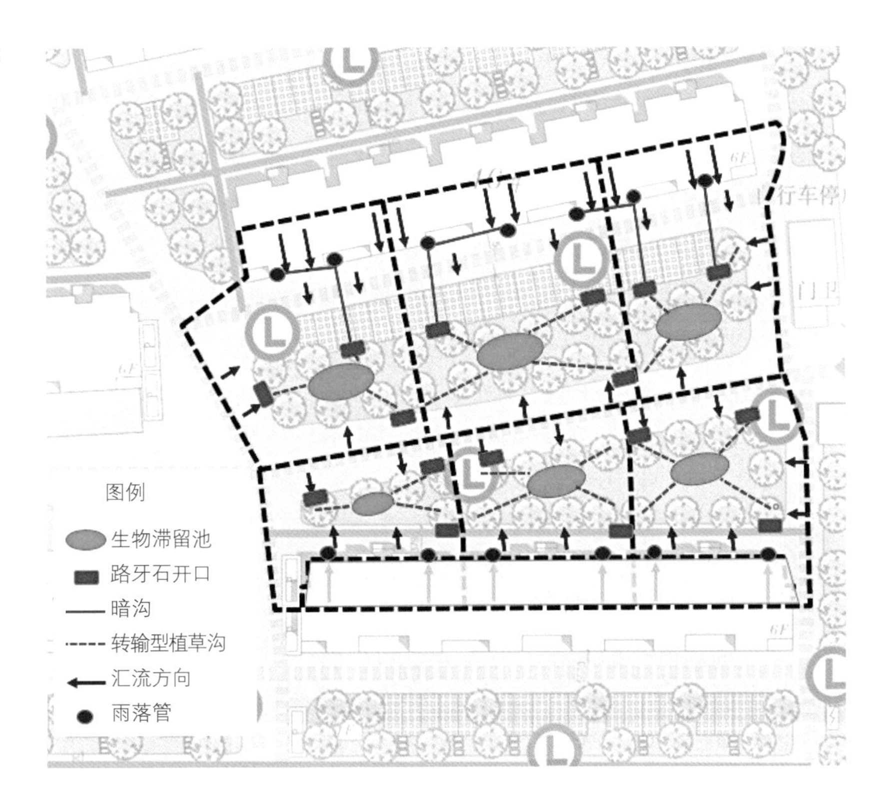

图6 分区J雨水径流组织示意图

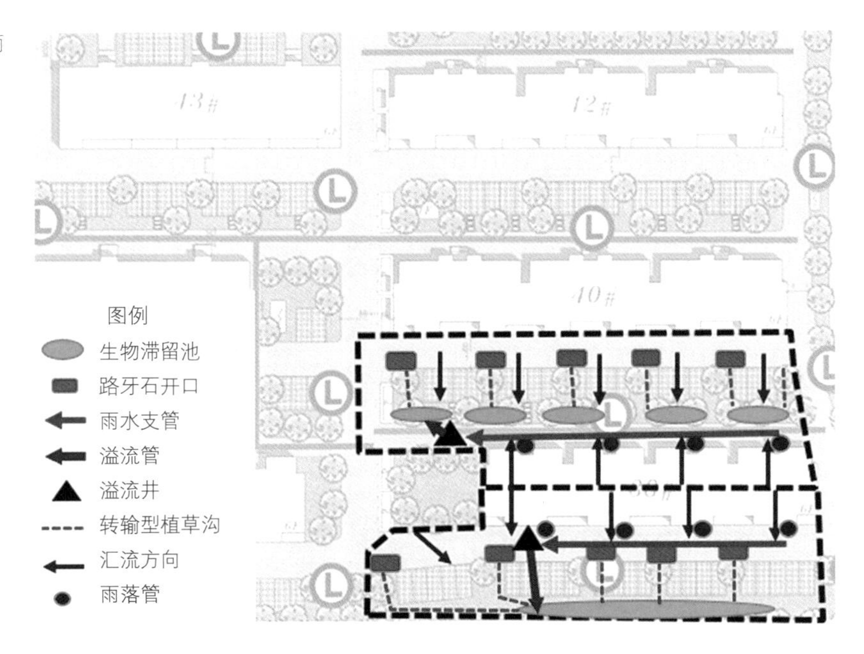

图7 其他分区雨水径流组织示意图

3 工程实施

改造项目在施工前须开展详细的调查工作，掌握雨污水管道走向、管径及标高，绿化带内须开挖探沟，探明各种管线走向及埋深，并逐个调查雨落管情况。小区内雨污水管必须完全分流，以免有污水进入海绵设施。

生物滞留池是本项目最主要的海绵设施，以其为例来说明相关要点和注意事项。

（1）沟槽开挖的截面形状尽量采用倒梯形，以便于快速收集雨水。生物滞留池的混合填料在回填前做蓄水和滤水实验，确定设计提供的配比合理。

（2）对施工中的标高控制、各种管线的避让、生物滞留池与周边植物的搭配等也需要特别重视。本项目中，受限于小区雨水管道的高程，溢流雨水井标高和生物滞留池完成面标高相对较低，视觉高差较大。项目最终采用了富有层次的植物搭配，配合鹅卵石、泰山石等景观小品，弱化生物滞留池与边界的视觉高差，达到生物滞留池与周边景观植物融合的目的（图8）。

图8　生物滞留池植物配置前后对比图

4 运行维护

本项目由施工单位（昆山市城市绿化工程有限责任公司）养护1年，1年后移交江浦村村委会维护（图9）。相关海绵设施的运行维护要求详见政策文件E。

图9 生物滞留池旱季浇洒养护

5 工程造价

与传统景观室外工程相比，昆山共青小区C区实施海绵化改造后，工程总投资共新增210万元，折合单位用地面积新增工程投资约42元/m²。

在传统景观工程投资的基础上，主要海绵设施单位面积增加的造价约为：生物滞留池900元/m²，植草沟50元/m。

6 效果评估

本项目依据《昆山市地块类海绵项目建设绩效评估标准（试行）》开展了绩效评估。

6.1 控制项评估

采用MUSIC软件对项目控制性指标进行模拟计算，年径流总量控制率和年SS总量去除率达到预期目标。

6.2 一般项评估

对场地布置和竖向衔接、海绵设施、排水系统三大类17个子项进行一般项评估，其中，在海绵设施汇流组织、海绵设施与周边场地衔接、植物配置、填料层施工等方面实施效果较好（图10）。具体子项包括：雨后场地内硬质道路、硬质广场等不透水场地内无积水；周边场地内雨水进入生物滞留池的径流路径顺畅、无反坡；因地制宜、合理设置海绵设施，增加透水场地面积；生物滞留池与周边场地采用卵石进行自然衔接，边坡稳定；生物滞留池、转输型植草沟的植物选型合理、搭配适当，生长状况良好；合理设置进水口拦污设施，生物滞留池进水口设置卵石消能；生物滞留池表面土壤无明显分层、串层及土层流失现象。

图10 海绵设施实景图

6.3 加分项评估

该项目加分项主要包括：

（1）场地内合理采用透水铺装技术，降低硬化地面比例，其中停车位采用植草类透水铺装（图11）。

图11 生态停车位实景图

（2）生物滞留池景观设计与外部场地自然环境能够较好融合，植物种类多样，形成了丰富多彩的自然景观，具有较高的观赏价值（图12）。

图12　生物滞留池实景图

建 设 单 位：昆山高新集团有限公司

设 计 单 位：江苏省城市规划设计研究院

施 工 单 位：昆山市龙鑫建筑安装有限公司

昆山市城市绿化工程有限责任公司

技术支持单位：江苏省城市规划设计研究院

案例编写人员：朱建国、张雷、张彬、冯博、孔赟

09

同进君望花园海绵城市建设

基本概况

所在圩区：镇东圩

用地类型：居住用地

建设类型：新建项目

项目地址：昆山高新区院士路与登云路交叉口西南角

项目规模：三期、四期占地面积3.77hm^2

建成时间：2019年1月

海绵投资：约327万元

1 项目特色

（1）将海绵城市与景观设计深度融合，根据小区景观风貌因地制宜布局海绵设施，实施过程中基于现场效果优化调整植物搭配，实现了景观效果与生态功能的统一。

（2）采用了灰色措施与绿色措施相结合的雨水转输方式，以实现各种下垫面情况下良好的地表径流控制。

2 方案设计

2.1 设计目标与策略

1）设计目标

本项目位于昆山市海绵城市建设试点区域范围内，为新建项目。项目共分4期，本次海绵城市建设主要在三期和四期进行。在设计之初，三期与四期区域尚未开工建设。根据昆山市海绵城市建设要求，须在未建区域原设计基础上落实海绵城市建设要求。依据《昆山市海绵城市专项规划》，该项目三期与四期区域海绵城市设计目标为：年径流总量控制率75%，年SS总量去除率65%。

2）设计策略

路面、铺装、绿地等场地雨水通过地表汇流，或通过转输型植草沟、线性排水沟收集，汇入生物滞留池、下凹式绿地等滞蓄净化后进入雨水管网，屋面雨水由于是内排水方式，设计直接采用原排水方式。经过生态基础设施滞蓄与净化后的雨水再排入雨水管网，提升了区域内的水环境质量（图1）。

2.2 设施选择与设计

1）设施选择

根据问题及需求分析，确定项目以雨水径流控制、径流污染削减为主要目标，宜采

图1 雨水径流控制流程图

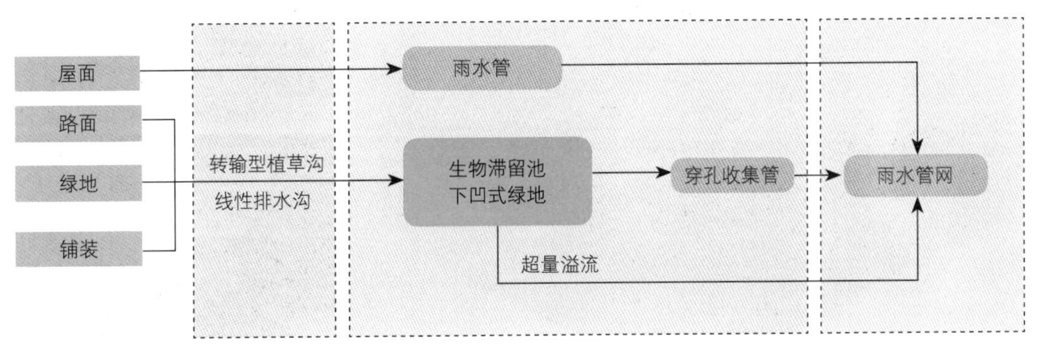

用生物滞留池、下凹式绿地等具有净化功能和调蓄功能的海绵设施，通过线性排水沟、转输型植草沟等设施，将地表径流收集排入生物滞留池、下凹式绿地等海绵设施，雨水经净化后再进行排放，提高地块内水环境质量。

2）节点设计

主要海绵设施有生物滞留池、下凹式绿地、转输型植草沟、线性排水沟等，详细做法如下。

（1）生物滞留池

本项目中生物滞留池的实际效果如下（图2）。针对地下车库顶板覆土深度不足的问题，对位于地下车库上方的生物滞留池填料层厚度进行适应性调整，过滤层厚度由500mm调减为200～300mm，实现海绵设施与覆土深度、场地竖向、排水管线的有效衔接。

针对原状土壤渗透性差等问题，过滤层介质填料采用50%粗砂+30%原状土（烘干处理）+20%椰糠的土壤配比，通过渗透性能试验，满足下渗速率大于30mm/h，保证渗透速率的同时，提高了土壤的有机质含量，满足了生物滞留池植物生长的营养需求。

考虑地下水位埋深浅，生物滞留池设置防水层，防止地下水反渗至海绵设施。

由于同进君望对项目品质要求较高，故对植物的景观效果要求也比较高，设计中原选用的植物以耐水湿为主，后根据现场表现，将植物大部分替换为耐旱的常绿灌木，与现场景观有较高的契合度，达到了景观效果与生态功能的统一。项目主要采用的植物品种有黄金香柳、南天竹、毛鹃、海桐等（图3）。

图2　生物滞留池实景图

图3　生物滞留池植物种植图

（2）下凹式绿地

下凹式绿地构造简单，无需换填土，仅需对绿地表面进行下凹处理，适用于对覆土深度有限制且绿化空间开阔的区域（图4）。本项目下凹深度150mm，并在溢流口处设置缓慢出流口，保证绿地内的积水在12h内缓慢排空。

（3）转输型植草沟

在有条件的区域采用转输型植草沟进行地表径流的转输，同时植草沟中草坪也能对地表径流中的大颗粒污染物进行初步的滞留与净化（图5）。

（4）线性排水沟

主干道两侧部分区域由于绿地宽度不够，采用线性排水沟进行地表径流导流（图6）。

图4　下凹式绿地实景图

图5　转输型植草沟实景图

图6　线性排水沟实景图

2.3 设施布局与规模

1）设施布局

整个场地整体地形平缓，场地标高为3.6～3.8m，地形堆坡最高点在4.8m左右，场地竖向设计采用纵坡0.5%、横坡1%。总体分析小区的竖向设计，将整个三期和四期共分为31个汇水分区（图7）。

2）设施规模

根据雨水径流控制目标及总控制容积，确定各分区海绵设施规模（表1）。综合考虑汇水分区内的地形竖向、植物组团、景观布局，合理布局海绵设施（图8）。

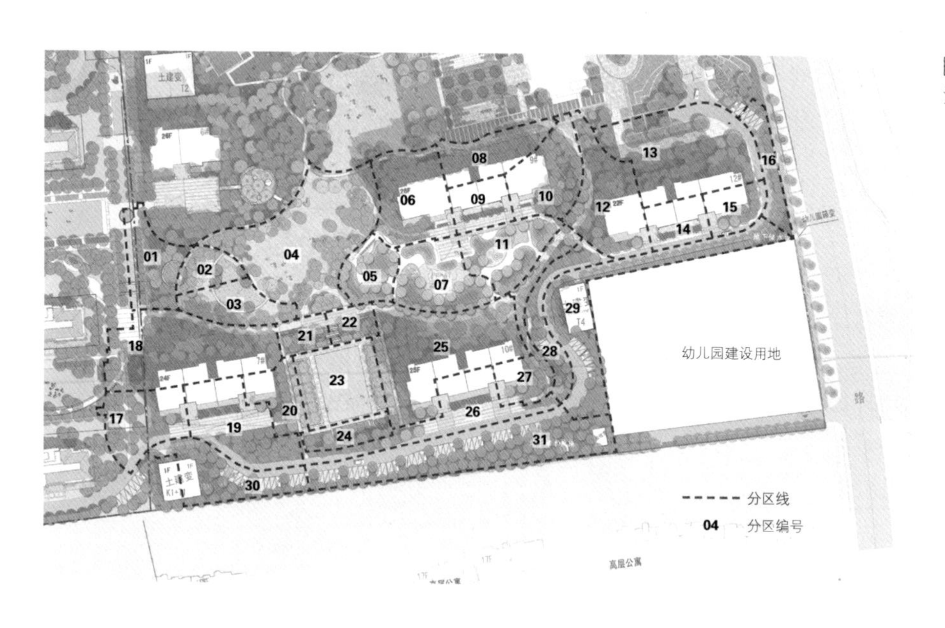

图7　场地汇水分区图

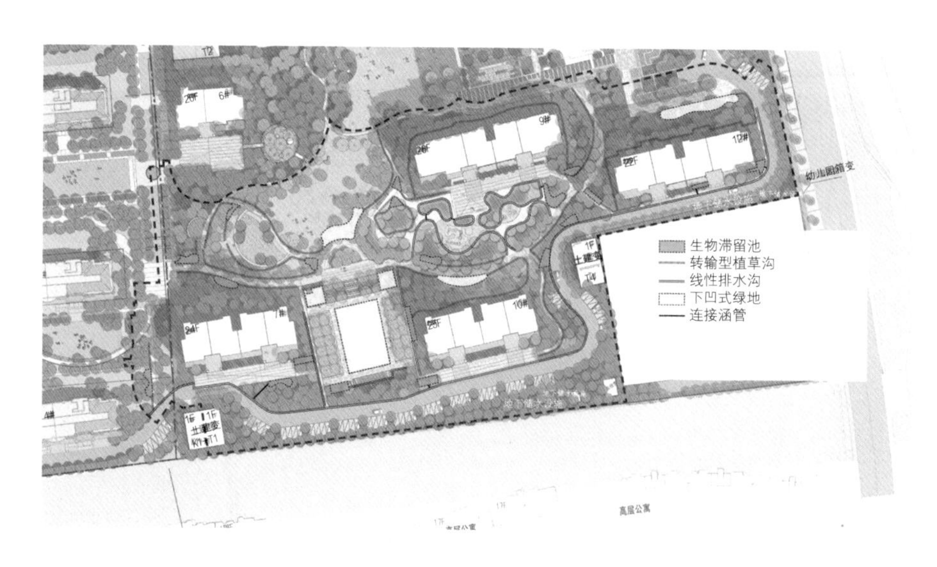

图8　场地海绵设施总体布局图

主要海绵设施规模汇总表　　表1

设施名称	单位	规模
生物滞留池	m^2	478
下凹式绿地	m^2	965
线性排水沟	m	1796
转输型植草沟	m	1768

加强海绵设施与周边绿地景观、植物组团布局的协调，并通过优化植物配置实现良好的景观效果（图9、图10）。

2.4 竖向设计与径流组织

根据各分区设施布局图，计算各类设施的服务面积，明确设施进水口和溢流口的位置，保证服务面积内雨水均可经进水口进入设施，且溢流雨水可由溢流口有组织地流出；计算汇水分区内各类设施的径流控制量，并以此为依据计算各汇水分区的径流控制总量、可控制降雨量及年径流总量控制率。

汇水分区26场地下垫面类型比较丰富，主要由入户的花岗石铺装、沥青道路、绿化三种类型的下垫面构成。由于项目对品质要求较高，且在道路周边也没有充裕的绿化空间，故项目多采用线性排水沟的方式进行雨水转输。半幅沥青路面的雨水通过0.5%的横坡设计，排入线性排水沟，排水沟随着道路的1%纵坡高差走向，在低点通过涵管接出，引入生物滞留池，从而达到收集地表径流的目的。建筑屋面径流通过原排水方式进入雨水管网系统（图11）。

利用地形，结合草坪空间进行设计，造价低廉，景观效果较好。

图9　下凹式绿地实景图

与草坪空间融为一体，代替了传统雨水沟和雨水篦子，且转输型植草沟的植物长势要优于传统草坪。

图10　转输型植草沟实景图

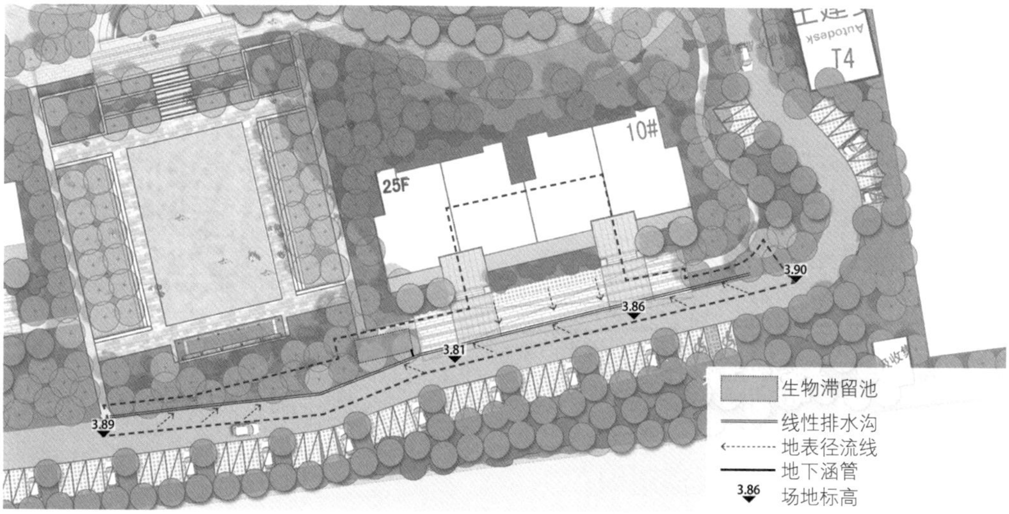

图11 分区26径流组织示意图

3 工程实施

施工过程中严格按照设计要求控制小区道路、铺装、生物滞留设施、溢流口以及雨水管网等竖向关系，精细化施工，确保生物滞留设施能有效接纳并蓄净雨水，溢流口可以有效排放超出设计降雨量的雨水，蓄水池可以有效收集并回用雨水，形成科学有效的海绵体系。

项目在施工过程中应注意以下几点。

3.1 竖向衔接

注重小区综合管网与海绵设施之间的竖向衔接，避免出现滞留层排水层标高低于出水口标高、水体滞留在生物滞留池内部的情况。

3.2 植物配置

工程实施过程中要注意植物配置的优化选择。首次选择植物时偏向于选择耐水湿植物，海绵植物长势不佳（图12），后期在实时观察植物生长情况的过程中及时进行调整，减少了宿根类植物，多加运用长势较好的木本常绿类植物，取得了较好的景观效果与生态效益（图13）。

部分植物未达预期景观效果，导致滞留池表面斑驳光秃，景观效果不佳。

图12 首次植物配置景观效果实景图

更换植物后与周边景观契合度较高。

图13 更换植物配置后景观效果实景图

4 运行维护

同进君望海绵设施建成后，由施工单位维护管理1年，到期后交由同进君望物业管理单位进行后期的维护和管理。为保障设施长期有效运行，需加强对设施的维护和管理。相关海绵设施运行维护要求详见政策文件E。

5 工程造价

同进君望三期四期项目景观部分总体投资700余万元，海绵城市工程造价共计约327万元，折合单位用地面积造价约107元/m^2。其中生物滞留池1208元/m^2，下凹式绿地50元/m^2，转输型植草沟20元/m^2。

由于项目的特殊性，局部采用绿色手段转输雨水有一定难度；此外，业主对海绵设施需要即时效果，故在设计时采用了一些灰色技术手段对地表径流进行转输，例如线性排水沟等，植物在选择时都选用了成品盆栽大苗，保证了即时景观效果。由于线性排水沟造价较高，选用的成品盆栽苗造价也都较高，因而整体上提高了海绵城市的单位造价。

6 效果评估

本项目依据《昆山市地块类海绵项目建设绩效评估标准（试行）》开展了绩效评估，经评估该项目总得分为80分，绩效评估等级为三级。

6.1 控制项评估

采用MUSIC软件对项目控制性指标进行模拟计算，年径流总量控制率和年SS总量去除率均达到预期目标。

6.2 一般项评估

对场地布置和竖向衔接、海绵设施、排水系统三大类17个子项进行评估，其中，在海绵设施汇流组织、海绵设施与周边场地衔接、海绵设施运行维护等方面实施效果较好（图14）。具体子项包括：雨后场地内硬质道路、硬质广场等不透水场地内无积水；周边场地内雨水进入生物滞留池的径流路径顺畅、无反坡；因地制宜、合理设置海绵设施，增加透水场地面积；生物滞留池与周边场地采用卵石进行自然衔接，边坡稳定；生物滞留池、转输型植草沟的植物选型合理，搭配适当，生长状况良好；定期维护，设施表面及内部无杂物；生物滞留池表面土壤无明显分层、串层及土层流失现象。

6.3 加分项评估

该项目加分项主要包括：

（1）场地内合理采用透水铺装技术，降低硬化地面比例，主要是停车位采用植草类透水铺装（图15）。

（2）部分生物滞留池安装液位计，可进行流量监测，为海绵建设绩效考核提供依据。

图14　海绵设施实景图

图15　透水铺装实景图

建 设 单 位：昆山同进置业有限公司

设 计 单 位：苏州园科生态建设集团有限公司

施 工 单 位：听园（上海）园林工程有限公司

照 片 提 供：苏州游鹰无人机技术有限公司

技术支持单位：众鑫工程管理（苏州）有限公司

案例编写人员：张兵洪、王振玉、高延军

10

漫栖园
海绵城市建设

基本概况

所在圩区： 永胜圩
用地类型： 居住用地
建设类型： 新建项目
项目地址： 巴城镇，湖滨路与学院路交叉口东北侧
项目规模： 占地面积约12.82hm^2，目前竣工面积为6.71hm^2
建成时间： 2020年7月
海绵投资： 约361.7万元

1 项目特色

以海绵城市理念引领整个项目的环境内涵，景观环境空间既满足海绵城市建设的功能要求，又注重人性化的自然体验和互动参与，致力于打造兼具品质、艺术、生态的高颜值海绵社区。

（1）竖向设计兼具径流组织与景观协调功能。为更有效地使道路、场地雨水进入绿地中的海绵设施内，将所有道路、场地侧石由立石改为平石；场地竖向不再单独堆坡，而是结合海绵设施的放坡形成统一且曲线优美的体系。

（2）多功能的下沉式活动空间。将海绵城市的蓄水空间和儿童活动空间相结合，在传统活动空间的景观中加入海绵城市元素，设计为面层采用透水混凝土、地形起伏的下沉式滑板场地空间。在雨水多的时候，部分雨水下渗，部分雨水滞留形成一个小型的蓄水空间，雨过天晴，又恢复作为公共活动空间的使用功能。

（3）多样化的海绵设施植物配置。选定耐水湿且景观效果佳的水杉和乌桕作为海绵设施内的主景树，每一处海绵设施的植物都考虑选取能够与周围景观植物融合的品种，形成统一却又各具特色的海绵城市生态景观。

2 方案设计

2.1 设计目标与策略

1）设计目标

本项目位于昆山市巴城镇湖滨北路，为新建项目。根据《昆山市海绵城市专项规划》的要求，并结合场地现状实际条件和建设需求，确定了年径流总量控制率80%、年SS总量去除率65%的建设目标。

2）设计策略

在保证建筑空间及特殊场地需求的基本前提下，针对不同区域的特点，合理调整场地竖向并优化海绵设施布局，形成系统化的雨水径流控制路径。

屋面雨水通过管道汇入蓄水池内，雨水经处理后用于场地内道路喷洒以及绿地浇灌；部分屋面雨落管断接，雨水通过场地坡向汇入海绵设施。停车位和人行步道主要为透水铺装，场地内硬质道路铺装和绿地的雨水径流通过场地坡向汇入周边海绵设施中（图1）。

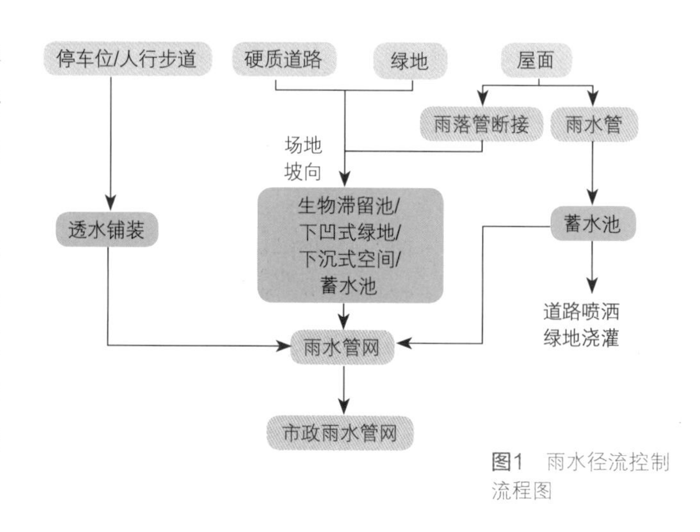

图1 雨水径流控制流程图

2.2 设施选择与设计

1）设施选择

根据《昆山市海绵城市建设实施方案》及项目明确的控制目标，结合地块地形特点及汇水特征分析，从功能性、经济性、适用性及景观效果角度出发，选用了生物滞留池、下凹式绿地、透水铺装、下沉式空间、蓄水池等海绵设施。

2）节点设计

（1）生物滞留池

生物滞留池主要通过植物—微生物—土壤—填料渗滤径流雨水，使净化后的雨水渗透补充地下水或通过系统底部的穿孔收集管将之输送到雨水管网（图2）。考虑生物滞留池滞水时间相对较长，选用景观效果好的水生植物、耐水湿植物等（表1）。

图2 生物滞留池植物配置实景图

水杉＋金边麦冬＋再力花＋常绿鸢尾

水杉＋花叶芒＋南天竹＋花叶络石

漫栖园生物滞留池选用植物汇总表　　表1

乔木	水杉
灌木	南天竹、金叶女贞
草本	花叶芒、再力花、千屈菜、常绿鸢尾、金边麦冬、花叶络石

（2）下凹式绿地

下凹式绿地用于调蓄和净化径流雨水，设计宽度不小于3000mm，边坡取1：5。周边雨水宜分散进入设施，当集中进入时，在入口处设置缓冲设施。溢流雨水口采用平算式雨水口，雨水口间距根据场地汇水面积确定。低洼处设置雨水出流口，防止长期积水（图3、图4）。

本项目下凹式绿地与景观绿地结合施工，面积大，滞水时间短，因此选用景观效果好、管理粗放、较耐水湿的植物（表2）。

图3 下凹式绿地下雨实景图

图4 下凹式绿地雨后实景图

漫栖园下凹式绿地选用植物汇总表　　表2

乔木	乌桕
灌木	红花檵木、毛鹃、金叶女贞
草本	常绿鸢尾、花叶络石、八仙花、草坪

（3）透水铺装

漫栖园环形车行道为沥青材料，南北向中轴线景观铺装为石材，为不透水材料。场地内生态停车场、人行步道、健身跑道、下沉式空间等区域铺装均为透水材料，透水铺装率达55.5%。

①健身跑道

传统跑道材料在透水方面存在缺陷，雨后易出现积水、打滑等问题。漫栖园设计有环形跑道贯穿整个小区，选用透水混凝土作为跑道材料。雨水滴落在跑道表面能够向下渗透，保证跑道表面不积水、不打滑（图5）。

图5 健身跑道实景图

②人行步道

漫栖园组团绿地内设有人行步道，与广场、景观小品相通，供居民休憩、散步、游览等。在选用透水混凝土材料加速雨水下渗的同时，调整步道纵坡使雨水径流排入周边绿地中的海绵设施内（图6）。

图6 人行步道实景图

③生态停车位

为削减区域径流量，最大限度减少不透水材料的使用，将户外停车位布置为植草砖透水铺装。此外，停车位为便于地表漫流及雨水汇集，纵坡坡度取1%，雨水径流经坡度流向周边绿地。同时，通过既往项目实践，草地植被选择管理粗放耐践踏且较耐水湿的狗牙根（图7）。

（4）下沉式空间

为丰富居民活动，漫栖园设有多处滑板场地，海绵城市设计结合景观理念打造两种不同效果的下沉式空间。此类空间平时满足居民休闲活动和运动需求，下雨时短期蓄存雨水，实现同一场地的多功能化。

第一种为下渗型下沉式空间，选用透水混凝土作为板坑材料，搭配种植乌桕树阵，形成晴雨皆宜的特色活动空间。滑板场地高处绿地内设有溢流雨水口，暴雨时雨水可从溢流雨水口排入雨水管。第二种为蓄滞型下沉式空间，结合高低起伏的滑板场地设置临时蓄水区，利用雨水的变化形成弹性景观。板坑底部设有排水孔，连接雨水管，可通过控制排水孔内部阀门调整流速，达到延迟排放的效果（图8、图9）。

（5）雨水回用系统

本项目设有蓄水池，雨水经处理后用于场地内道路喷洒以及绿地浇灌。雨水回用系统工艺流程如图10所示。场地内设有3个蓄水池，分别为一号蓄水池315m^3、二号蓄水池650m^3、三号蓄水池290m^3，目前一号、二号蓄水池已竣工。场地内结合雨水口景观化设置绿化取水阀，雨水回用于小区内绿地、道路浇洒（图11）。

图7　生态停车位实景图

图8　下渗型下沉式空间实景图

图9　蓄滞型下沉式空间实景图

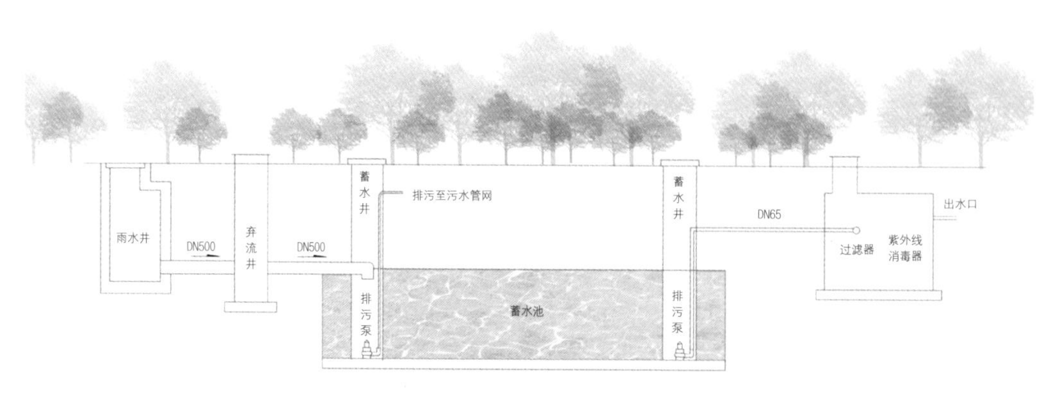

图10 雨水回用系统工艺流程图

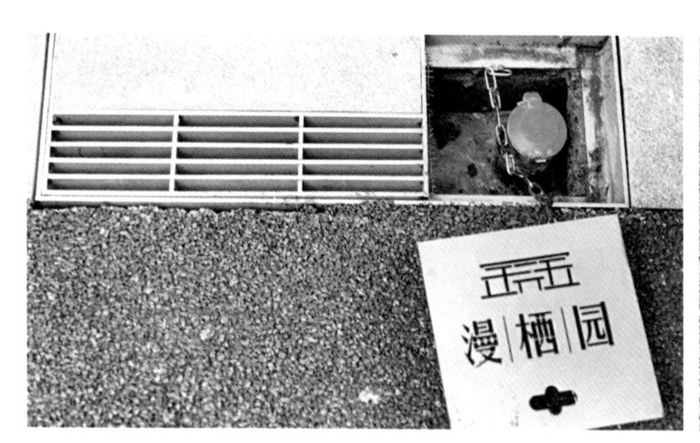

图11 结合雨水口设置绿化取水阀

2.3 设施布局与规模

1）设施布局

项目场地整体平整，且竖向高度均高于周边相邻道路，场地防洪排涝风险较低。根据场地竖向、建筑屋面坡向、屋面雨水立管位置以及绿地分布情况划分汇水分区，并合理设置和布局海绵设施（图12）。

2）设施规模

根据项目的控制目标及海绵设施在具体应用中发挥的主要功能，合理确定各分区海绵设施规模，其中共设置生物滞留池约578.1m^2、下凹式绿地1039.1m^2、透水铺装9832.8m^2、蓄水池965m^3。

2.4 竖向设计与径流组织

基于场地的下垫面分布、排水管线位置和海绵设施布局，将漫栖园海绵分区分为三类径流组织方式。为更大限度收集道路及屋面雨水，施工设计取消方案设计中的立石，将场地道路铺装收边均改为平石，通过竖向设计有效控制各汇水分区内雨水径流。

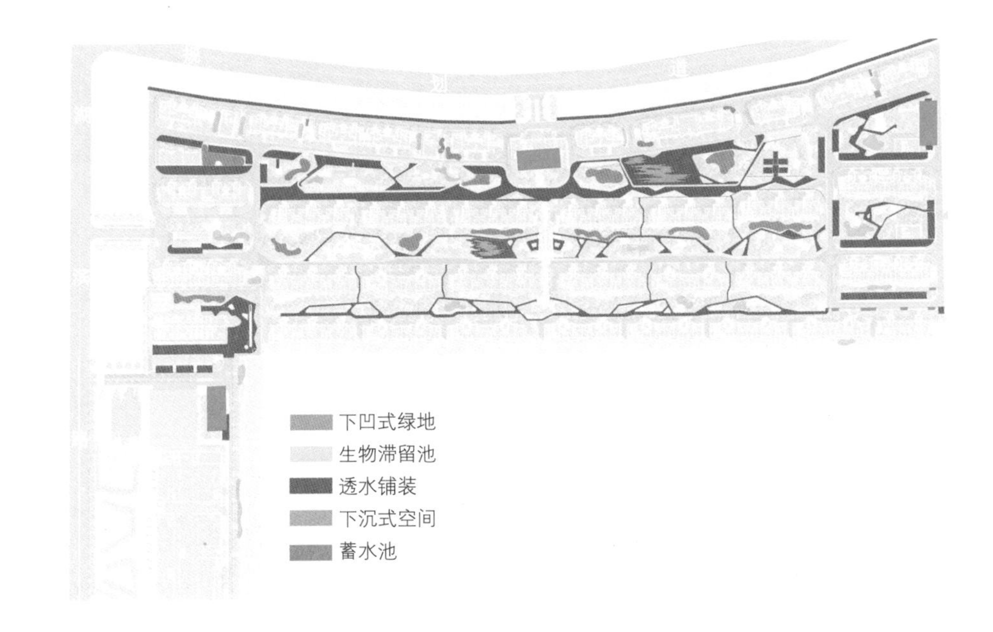

图12　海绵设施总体布局图

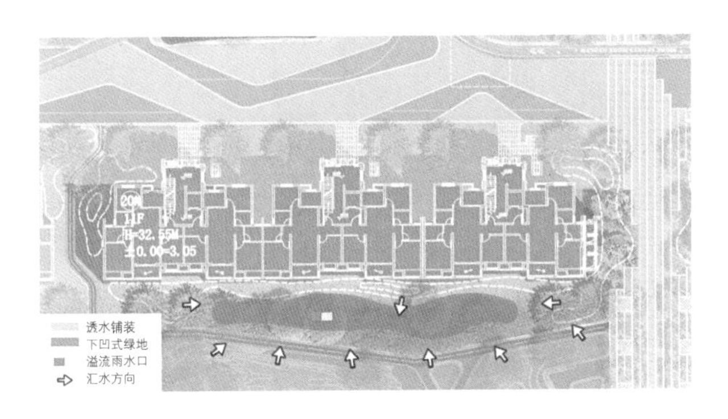

图13　漫栖园一类汇水分区径流组织示意图

图14　漫栖园一类汇水分区实景图

1）一类汇水分区内主要是建筑和道路，绿地面积大，建筑屋面雨水通过建筑周边的散水自然找坡导入绿化中的海绵设施，而道路雨水通过竖向坡度设计进入附近绿地内的海绵设施（图13、图14）。

2）二类汇水分区内下垫面主要为绿地、道路。绿地和道路中的雨水通过竖向坡度设计进入附近绿地内的海绵设施。室外停车场选用植草砖，人行园路选用透水混凝土，最大限度降低不透水硬质铺装材料的使用（图15、图16）。

3）三类汇水分区主要为海绵城市与景观结合的下沉滑板广场。这部分的海绵设施主要收集周围道路上的雨水，大部分雨水通过透水面层下渗，局部的雨水滞留，形成一个小型的蓄水空间。在滑板广场地形的高点处设置溢流口，防止出暴雨时雨水来不及下渗（图17、图18）。

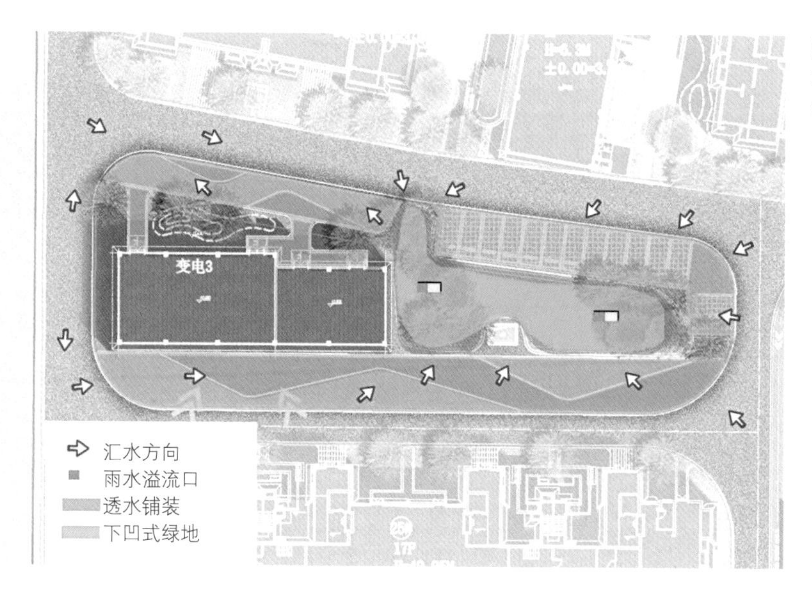

图15　漫栖园二类汇水分区径流组织示意图

图16　漫栖园二类汇水分区实景图

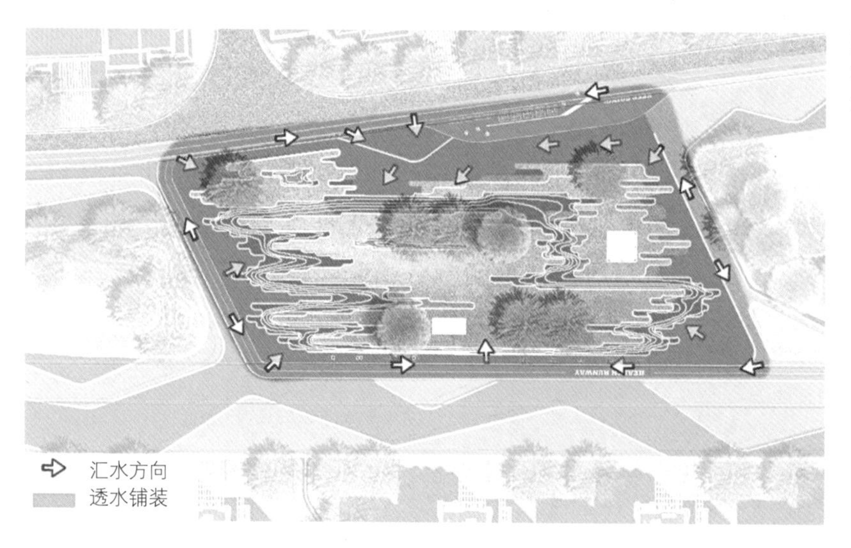

图17　漫栖园三类汇水分区径流组织示意图

图18　漫栖园三类汇水分区实景图

3 工程实施

由于小区绿化空间比较充足，本项目均采用自然缓坡型生物滞留池，注重场地与设施的竖向衔接，选用平石收边代替传统立石收边以确保雨水通过地表汇流进入生物滞留池。基坑周边需人工整土至与周边标高顺接，形状需自然优美；陶砾需清洗后进行铺设，清洗后废水排入污水管道；植物种植选用长势较好的全株苗，适当提高种植密度，保证不露土。

4 运行维护

漫栖园海绵城市建成后目前由施工单位养护一年，拟后期交由物业管理单位进行维护管理。相关海绵设施的运行维护要求详见政策文件E。

5 工程造价

漫栖园海绵建设总造价约361.7万元，折合单位用地面积造价约53.9元/m^2。海绵设施单项造价如下：生物滞留池916.8元/m^2，下凹式绿地97.1元/m^2，透水铺装200元/m^2，下沉式空间250元/m^2，蓄水池1056.1元/m^3。

6 效果评估

6.1 定量评估

根据校核，项目实际调蓄容积为740.05m^3，总体年径流总量控制率为80.2%，年SS总量去除率约为65.9%，均达到建设目标要求。

6.2 定性评估

本项目将海绵生态元素与园林景观设计完美融合，打造高品质高颜值的江南特色“海绵景观”。在硬质铺装选材方面，优先选择透水铺装材料，并将其与多种景观节点有机结合，强化雨水下渗功能。同时，为普及海绵城市理念，提升漫栖园海绵示范作用，本项目精心打造了若干具有展示性的生物滞留池并设有讲解牌以供市民了解学习（图19～图26）。

图19 漫栖园生物滞留池实景图

图20 景观竖向与海绵设施放坡结合形成统一的景观海绵体系实景图

图21 海绵城市与景观空间结合的下沉式空间实景图

图22　漫栖园儿童游乐空间鸟瞰实景图

图23　漫栖园儿童游乐空间实景图

图24　透水混凝土园路取代传统的石材铺装园路

图25　漫栖园乌柏林与下凹式绿地实景图

图26　漫栖园水杉林与生物滞留池实景图

建 设 单 位：昆山乾睿置业有限公司

设 计 单 位：苏州云岑规划咨询有限公司

上海应景景观工程设计有限公司

施 工 单 位：上海美地园林有限责任公司

案例编写人员：卓亮、吴辛寅、李雨桐、袁国强

三、城市道路类

城市道路类是指用地类型为城市道路用地的海绵项目，主要包括快速路、主干路、次干路和支路等。该类项目的绿化面积较少，一般通过竖向设计将雨水径流引入道路中分带和侧分带的海绵设施中进行净化；在周边绿地较为开阔且滨水的路段，可建设雨水湿地，集中对雨水径流和河水进行处理，提升水环境质量。运用的主要海绵设施有生物滞留池、透水铺装、植草沟、雨水湿地等。本书从已完成的城市道路类项目中选取了4 个具有代表性的案例。

11

中环路
海绵型道路改造

基本概况

用地类型： 城市道路用地

建设类型： 改建项目

项目地址： 昆山市中心城区核心区

项目规模： 中环路穿越昆山中心城区核心区域，全长44.2km，涉及景观面积约3.2km^2，围合面积达78km^2

建成时间： 2016年7月

海绵投资： 约1.34亿元

1 项目特色

（1）针对高架道路排水系统复杂、径流污染严重的现实情况，因地制宜在高架道路下方绿化带和道路绿化隔离带中建设生物滞留池、雨水湿地等功能型海绵设施，并通过局部改造高架雨水消能井以衔接现状雨水管网系统，有效削减中环路雨水径流污染，为全国高架道路海绵化改造提供借鉴。

（2）以中环路海绵化改造为契机，建立高校、科研机构与企业合作的新模式，形成“实验室小试—现场中试—工业规模化生产”的技术路线，有效推动了海绵设施介质层填料的工业化生产，初步实现了海绵技术及海绵产业本土化。

（3）有机整合中环路沿线绿地、水系、道路空间，构建“蓝、绿、灰”三廊融合的立体生态网络，缝合破碎的生态系统，充分发挥融合市政、生态、环保等系统的“整体海绵”效应。

2 方案设计

2.1 设计目标与策略

1）设计目标

本项目穿越昆山中心城区核心区域，为改建项目。为降低道路雨水径流污染，避免高架道路割裂生态系统，借鉴澳大利亚水敏性城市设计理念，确定目标如下：建立中环沿线综合生态廊道，对重要节点进行生态修复；结合对绿色海绵设施的应用，将绿色景观功能化，以较低成本丰富城市景观形态及生态多样性，年径流总量控制率为70%，年SS总量去除率为60%。

2）设计策略

本项目在设计之初，道路、高架及雨水管网系统已经实施完成，如何尽量减少对已实施工程的破坏是项目设计要考虑的重点问题。在高架下方绿化带、道路绿化隔离带中设置生物滞留池、雨水湿地等功能型景观，并通过局部改造高架雨水消能井、道路雨水井实现与已建成雨水管网系统的衔接，从而有效解决中环道路本身的雨水径流污染问题。收集高架桥面、地面道路与两侧绿地中的雨水后，通过植物、沙石等对雨水进行净化，全面提高雨水排放水质的同时，减缓流速，可减少并推迟暴雨时期的洪峰流量，减轻市政雨水管网的排水压力，提高城市防洪防涝能力。

（1）高架雨水

本项目采用海绵城市建设理念对传统的高架雨水排放方式进行改造，结合高架下层道路中央绿化带设置生物滞留池，高架雨水经收集后依次通过消能井、生物滞留池、市政雨水管道，最终进入沿线水系。为使高架雨水更好地与生物滞留池衔接，对消能井进行改造，改造后的消能井具有雨落管消能、大颗粒物沉淀、径流分流以及溢流控制等多重功能（图1、图2）。

针对部分高架下部未设置绿化分隔带的路段，设计将高架雨水引流至道路红线外侧绿地进行处理。在红线外绿地建设雨水湿地，利用水生植物的水平过滤作用来处理雨水（图3）。

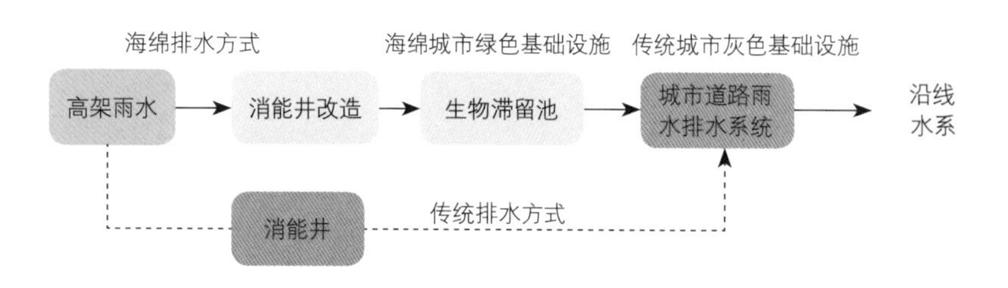

图1　高架雨水径流控制流程图

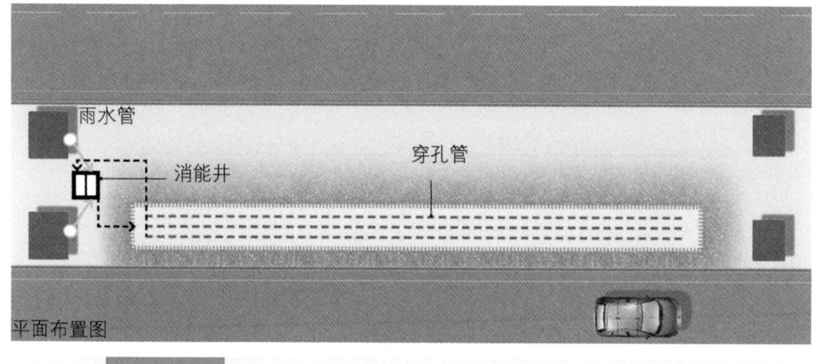

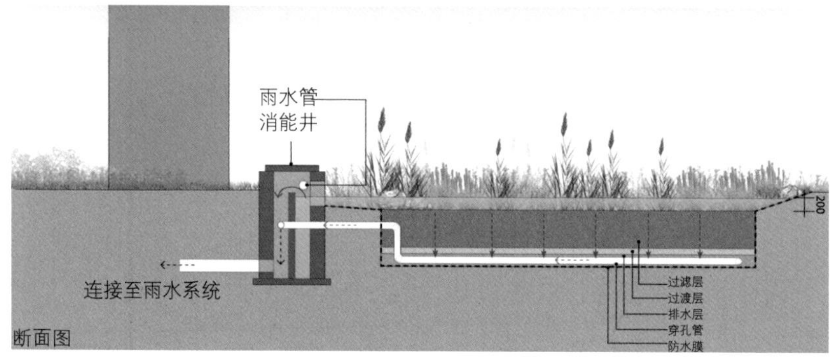

图2　生物滞留池处理高架雨水示意图

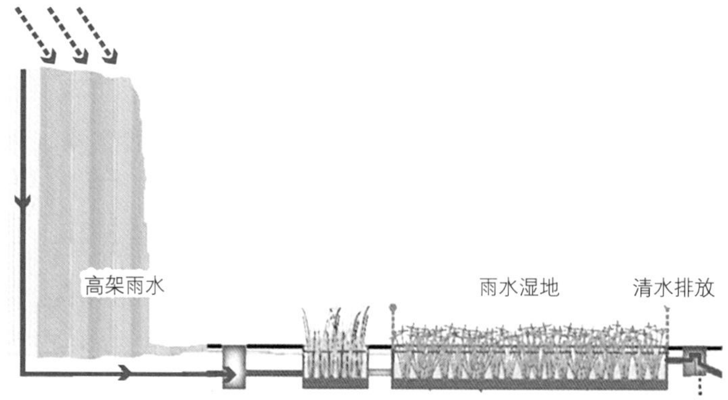

图3　雨水湿地处理高架雨水示意图

图4　生物滞留池处理路面雨水示意图

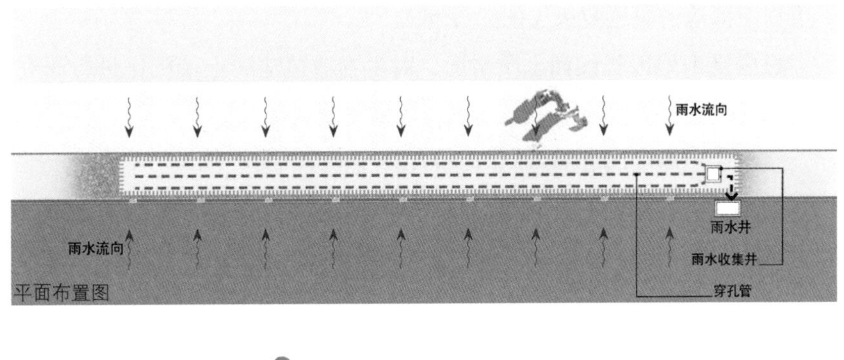

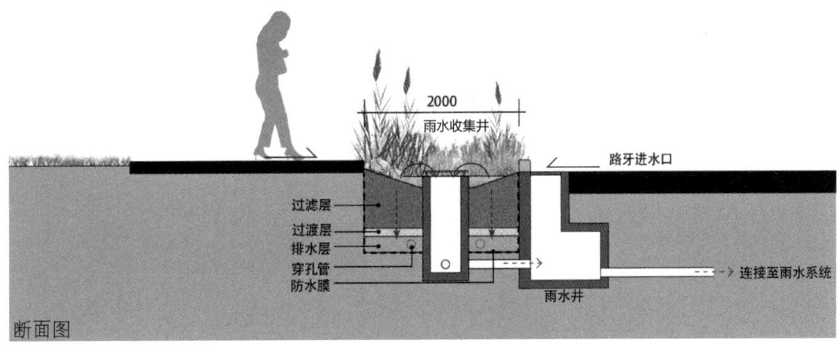

（2）路面雨水

中环沿线人行道采用透水铺装，提高雨天行走的舒适度。道路侧分带绿化带改造成生物滞留池，路面雨水经道路横坡汇至道路侧分带生物滞留池进行净化处理（图4）。

2.2 设施选择与设计

1）设施选择

根据区域及项目的问题与需求分析，以雨水径流控制和径流污染削减为主要目标，选择了生物滞留池、雨水湿地等以净化功能为主的技术。根据项目建设条件分析，项目所在区域土壤渗透性较差，地下水位高，原土自然下渗难度较大，应通过介质层填料配比优化措施加强雨水的渗透。

综合以上因素，本项目主要采用雨水湿地、生物滞留池等海绵措施进行雨水的滞蓄、净化处理。

2）节点设计

项目中应用较为广泛的生物滞留池、雨水湿地、高架雨水消能井等海绵设施，详细做法如下。

（1）生物滞留池

生物滞留池主要通过滤料、植物和微生物群对雨水进行净化处理，主要有两种设计断面，与Ⅰ型断面相比，Ⅱ型断面在排水层和过渡层之间增加了一层保水层，增加了系统的厌氧区域，水力停留时间进一步延长，为反硝化过程创造了条件，从而进一步提升了生物滞留池的脱氮效果（图5、图6）。

根据昆山地区气候和土质情况，对生物滞留池的土壤配比进行研究，经过多次调配和检测确定生物滞留池填料，本次设计采用填料参数如下：

排水层：厚度200mm，3～10mm粒径级配碎石。

保水层（可选）：厚度400mm，3～10mm级配碎石与3～10mm木屑均匀混合，碎石和木屑体积比例为13：7。

过渡层：厚度100mm，中粗砂（粒径0.1～4mm，2mm过筛率不小于50%）。

过滤层：厚度500mm，级配沙土，渗透率100～200mm/h，有机质含量不小于3%，配比如下，原土：粗砂（1～2mm）：中砂（0.25～1mm）比例为1：1.5：6.95，细木屑掺杂比例为1%（质量比）。

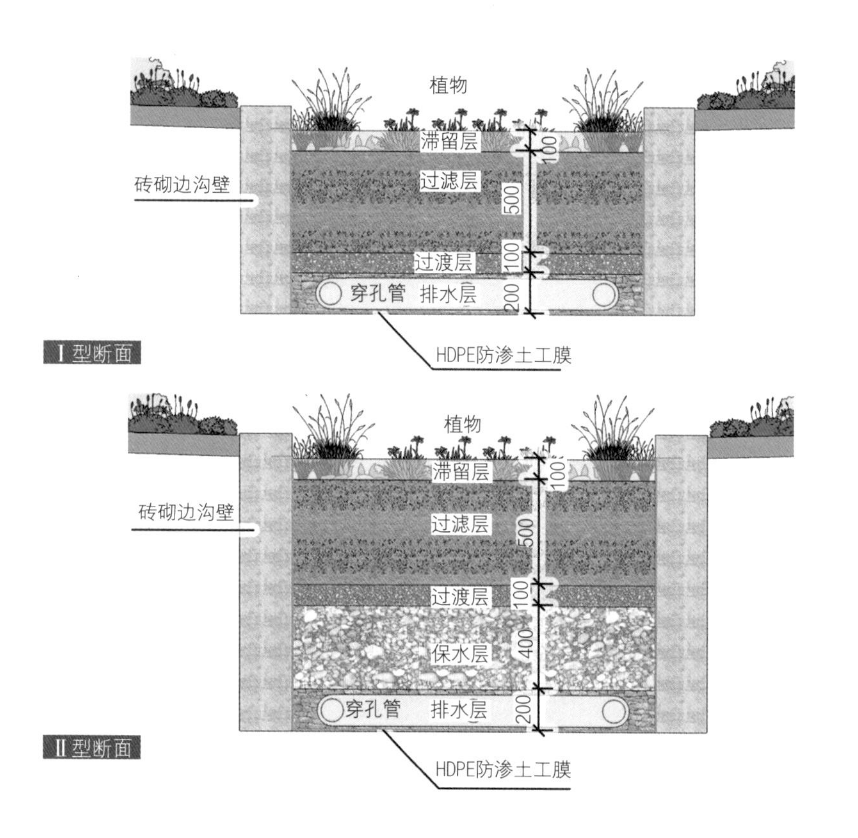

图5　生物滞留池断面图

图6　生物滞留池实景图

生物滞留池中植物应选择耐淹又耐旱且根系发达的植物，主要用于维系土壤渗透率，处理和吸收雨水中的氮、磷、重金属等污染物（表1、图7）。

图7　生物滞留池植物种植图

生物滞留池植物选择一览表　表1

种类	植物配选
地被	千屈菜、风车草、芦竹
花	大波斯菊、大花金鸡菊、美人蕉

（2）雨水湿地

雨水湿地主要通过植物茎叶上的微生物对雨水进行净化处理（图8、图9）。

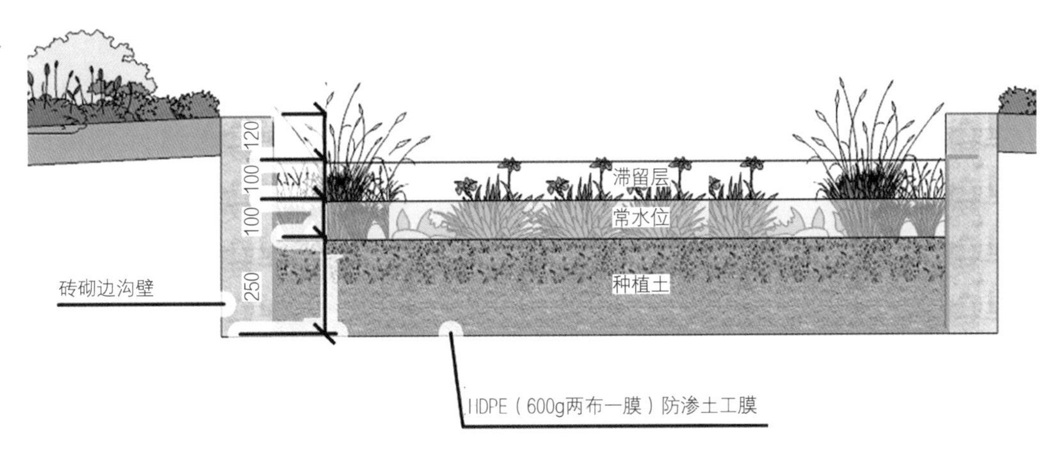

图8　雨水湿地断面图

图9　雨水湿地实景图

首先要满足雨水湿地植物生存环境长期有水的限制条件，植物的配选主要比选其净化水质的能力，并参考植物在不同区域光照对其生长的影响（表2）

雨水湿地植物选择一览表　　表2

条件	植物配选
阳光区（水深0～20cm）	茭白、菖蒲、芦竹
阴影区（水深0～20cm）	菹草、花叶水葱、苦草

（3）高架雨水消能井

为使高架雨水更好地与雨水处理设施衔接，对高架下原有雨水消能井进行改造。主要工作原理为：高架雨水经高架排水系统收集后通过高架立柱雨水管排入堰流式消能井内，消能井内有一定的落底空间，大颗粒物质在此沉淀，雨水通过上部管道溢流排入生物滞留池进行处理，处理后雨水经排水管返回至堰流式消能井另外一格空间内，由已建道路雨水管道排入市政雨水管。暴雨时，高架雨水流量过大，雨水处理设施下渗过滤速度无法满足要求时，雨水通过溢流堰直接溢流至另外一侧，排入市政雨水管网（图10）。

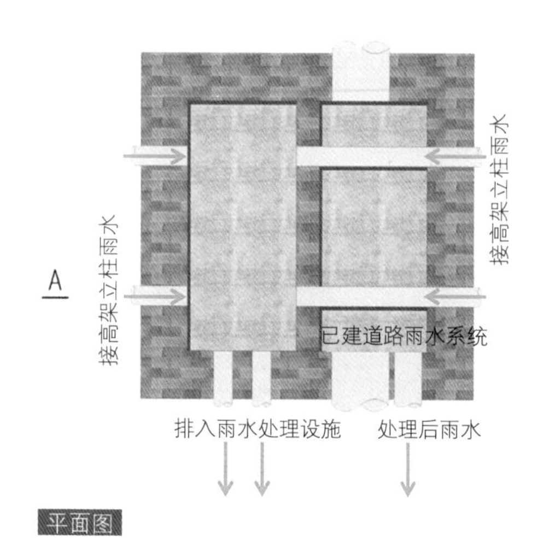

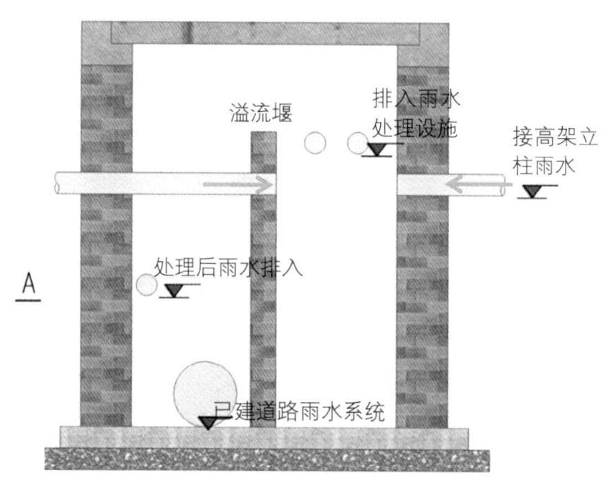

图10　堰流式消能井平、断面图

2.3 设施布局与规模

1）设施布局

本项目以中环路典型横断面宽度以及高架支墩30m间距的道路长度形成标准设计单元。每个标准设计单元分为3个汇水分区：中央高架宽24m，长30m，汇水面积720m^2；两侧路面宽各9m，长30m，汇水面积均270m^2。每个汇水分区内结合绿化带布局相应的生物滞留池、雨水湿地等海绵设施（图11）。

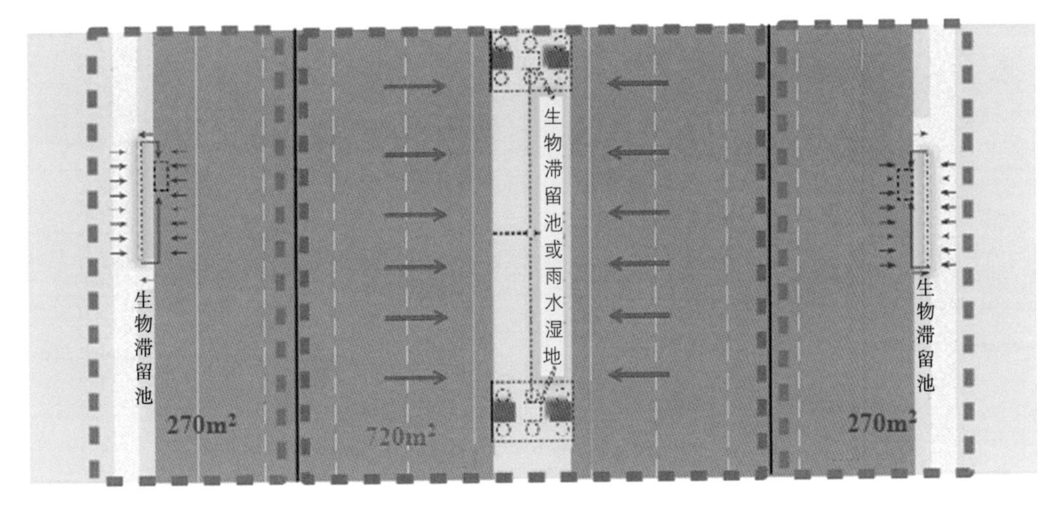

图11　中环路标准设计单元汇水分区图

2）雨水径流组织

高架雨水通过高架雨水系统收集后，排入高架立柱下改造后的堰流式消能井，雨水经结合中央绿化带设置的生物滞留池处理后排入市政管网。两侧路面雨水汇入结合绿化隔离带设置的生物滞留池位处理后排入市政管网（图12）。

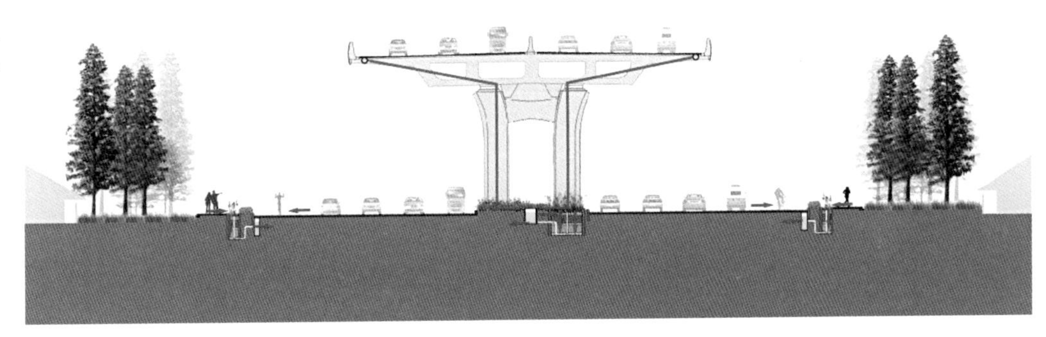

图12　中环路雨水径流组织示意图

3）设施规模

采用MUSIC模型进行模拟计算，探索海绵设施蓄滞深度、渗透系数和面积占比等参数与径流总量控制、污染物削减效果的相关关系，确定海绵设施最优化规模及设计参数：生物滞留池面积宜为集水区不透水面积的5%，雨水湿地面积宜为集水区不透水地面面积的8%～12%（图13、图14）。

根据标准设计单元的雨水汇水分区划分确定相应的设施规模。中央高架汇水区的汇水面积为720m²，若采用生物滞留池则设施面积为36m²，若采用雨水湿地则设施面积为80m²。两侧路面汇水区的汇水面积均为270m²，则每个汇水分区所需生物滞留池面积为13.5m²。

生物滞留池设计曲线（预留滞留高度=200mm）

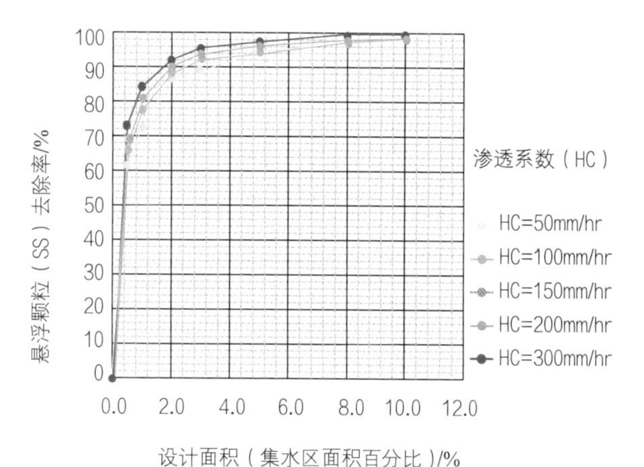

设计面积（集水区面积百分比）/%

年SS总量去除率与R的关系

雨水湿地设计曲线（永久蓄水池深度=300mm）

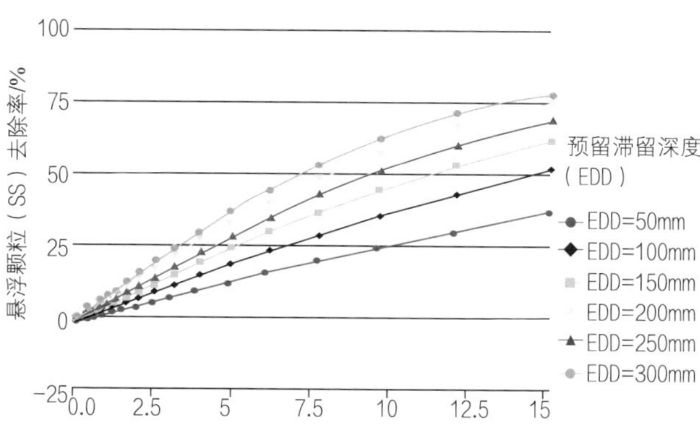

设计面积（集水区面积百分比）/%

年SS总量去除率与R的关系

生物滞留池设计曲线（预留滞留高度=200mm）

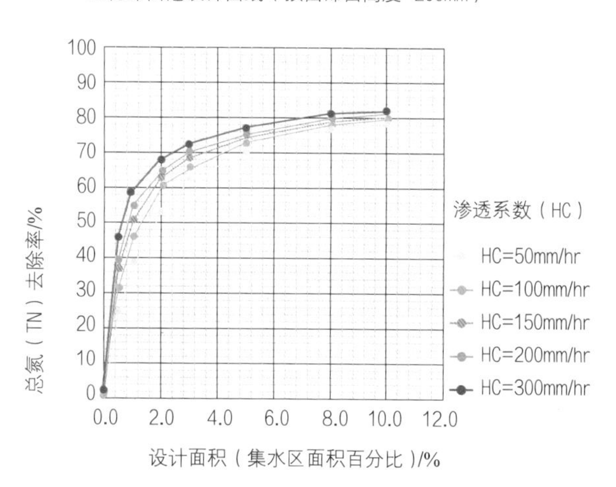

TN去除率与R的关系

雨水湿地设计曲线（永久蓄水池深度=300mm）

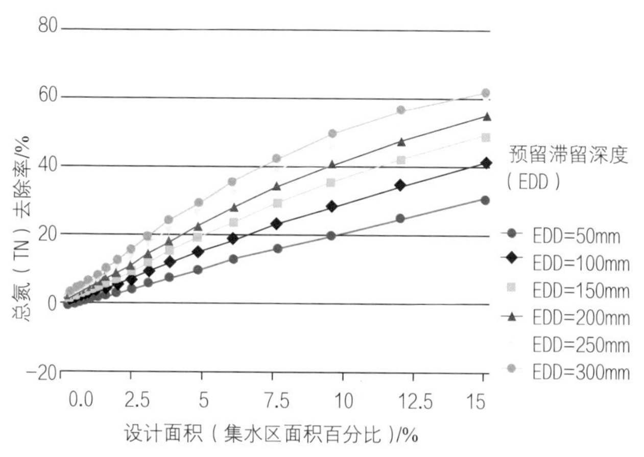

TN去除率与R的关系

生物滞留池设计曲线（预留滞留高度=200mm）

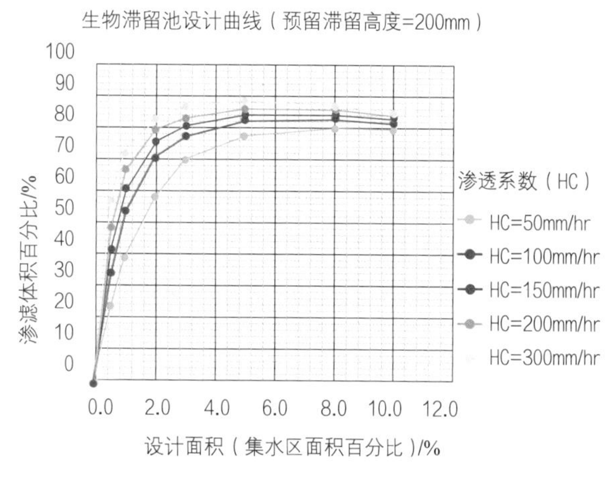

渗滤体积百分比与R的关系

图13　生物滞留池规模及设计参数相关关系图

雨水湿地设计曲线（永久蓄水池深度=300mm）

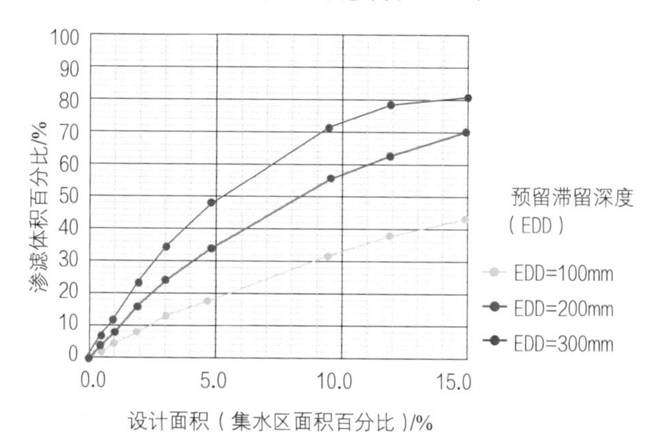

渗滤体积百分比与R的关系

图14　雨水湿地规模及设计参数相关关系图

3 工程实施

中环沿线全长44.2km，施工标段多，各标段施工、监理单位对海绵设施的认识和施工水平参差不齐，在大规模实施的过程中难以保证施工的精细化，施工现场个别标段因未达到建设要求而数次返工。

昆山市以中环路局部标段质量整改为契机，探索生物滞留池介质层填料的工业化生产。昆山市建设工程检测中心与东南大学联合成立了江苏省东南海绵设施绩效评估有限公司，建立高校、科研机构与企业的新合作模式，开展海绵相关技术研究，指导预拌砂浆企业生产生物滞留池所需填料。

3.1 室内试验

开展材料的级配检测、渗透系数检测、有机质检测等，配置出满足要求的过滤层填料配比。

3.2 现场试验

设模拟试验筒、试验池以及花盆等设施，填筑试验室确定的配比，模拟现场条件，开展试验工作，验证试验室的配比是否适用于现场，进一步优化填料配比。

3.3 工厂化生产混合料

利用原材料试配满足要求的配比，并使用大型专业机械加工、搅拌混合料，验证工厂化生产的可行性（图15）。

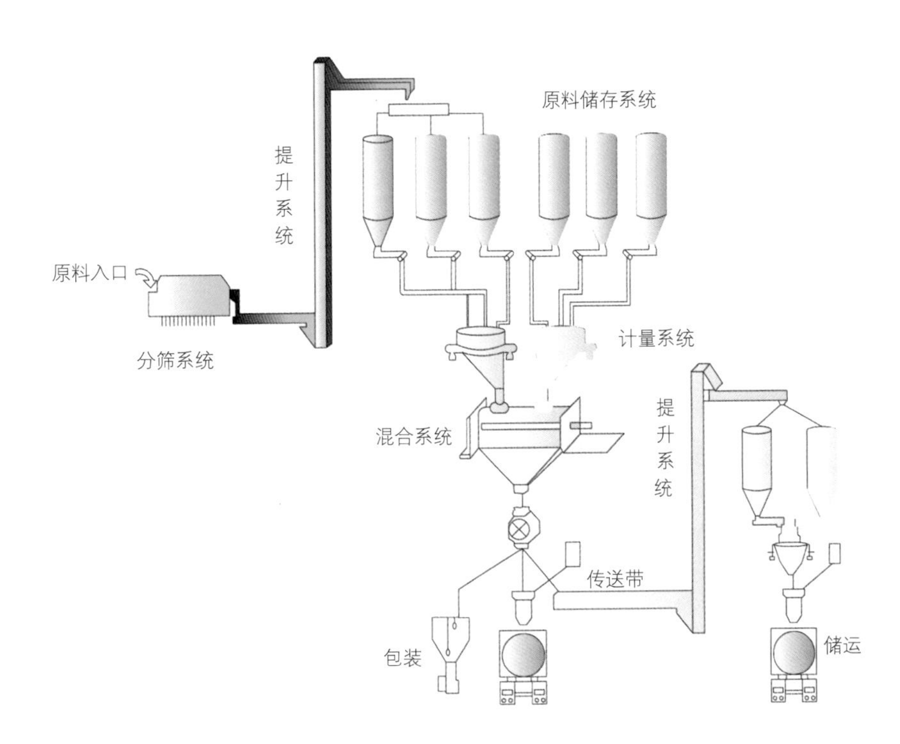

图15 生物滞留池填料生产工艺流程图

图16　工业生产过程图

根据过滤层材料性质，选择干粉砂浆拌合站作为工厂化生产的基地。通过生物滞留池填料的工业化生产，形成一套可复制、可推广的填料生产流程，保障海绵项目质量、降低建设成本、提高施工效率，以满足海绵城市建设大规模推广的需求。工业化生产同时具有良好的经济效益，与现场施工相比，前者在同等质量下具有价格优势（图16）。

4 运行维护

中环路生物滞留池、雨水湿地等海绵设施由市政、园林部门负责日常维护管理，相关海绵设施的运行维护要求详见政策文件E。

5 工程造价

中环路绿化生态修复工程总投资8.5亿元，其中海绵设施投资1.34亿元，折合单位用地面积海绵设施工程投资约39元/m^2。主要海绵设施单价为：透水铺装150元/m^2，雨水湿地350元/m^2，生物滞留池（Ⅰ型）700元/m^2，生物滞留池（Ⅱ型）1200元/m^2，蓄水池1500元/m^3，植草沟50元/m^2。

6 实施效果

6.1 效果评估

1）模型评估

运用SWMM模型校核海绵设施规模，设计降雨采用2014年的降雨作为典型年降雨，根据地勘资料及建设后场地下垫面建设情况，并参考模型用户手册中的典型值设定模型参数。

根据模型计算结果，若高架下中分带、路面绿化隔离带均采用生物滞留池，则2014年中环道路标准段降雨总量为1596m^3，经渗滤处理的雨量为1381m^3，折合年径流总量控制率为86%。

若高架下中分带采用雨水湿地，路面绿化隔离带采用生物滞留池，则2014年中环道路标准段降雨总量为1596m³，经渗滤处理的雨量为1026m³，折合年径流总量控制率为64.3%。

通过对中环道路标准段进行校核，可以看出，在中环道路红线范围内硬化面积较大的情况下，依靠道路附属绿地内的海绵设施，年径流总量控制率可达70%左右，对应设计降雨量为18.7mm，与昆山市一年一遇雨水管渠设计标准15min降雨量的数值接近。若对中环道路、沿线绿地及节点生态公园统筹考虑，充分利用中环沿线绿地和节点生态公园对道路雨水径流的消减作用，年径流总量控制率将进一步提升。

2）监测评估

2015年9月至2016年9月开展了16场降雨事件下的水质监测，监测点位1、2分别位于中环高架下生物滞留池进口和出口处（表3）。

水质检测结果显示，16场降雨的SS、TP、NH_3-N、TN、COD的平均去除率分别为36.89%、49.65%、38.87%、28.78%、30.65%（图17）。

水质监测结果一览表　　表3

参数	SS/（mg/L）		TP/（mg/L）		NH_3-N/（mg/L）		TN/（mg/L）		COD/（mg/L）	
编号	1	2	1	2	1	2	1	2	1	2
数据	76 ± 40.3	52 ± 11.6	0.12 ± 0.03	0.07 ± 0.03	0.53 ± 0.5	0.34 ± 0.02	1.56 ± 1.05	1.08 ± 0.64	3.7 ± 1.51	2.5 ± 1.05

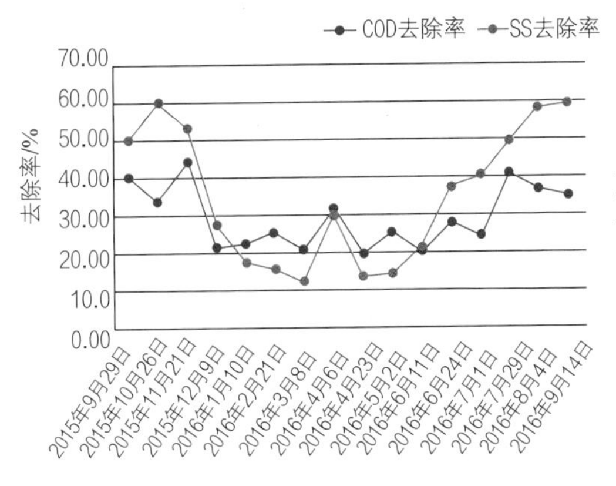

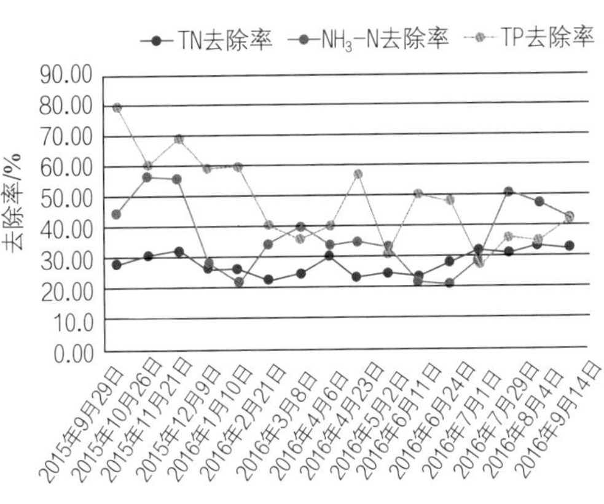

图17　实测污染物去除率

6.2 连片效应

1）中环路沿线生态网络建立

建立中环沿线综合生态廊道，利用陆地森林走廊和河道蓝绿走廊连接中环沿线各生态节点，进而构建整个中环生态网络，重建昆山城市生态系统、改善城市宜居环境（图18、图19）。

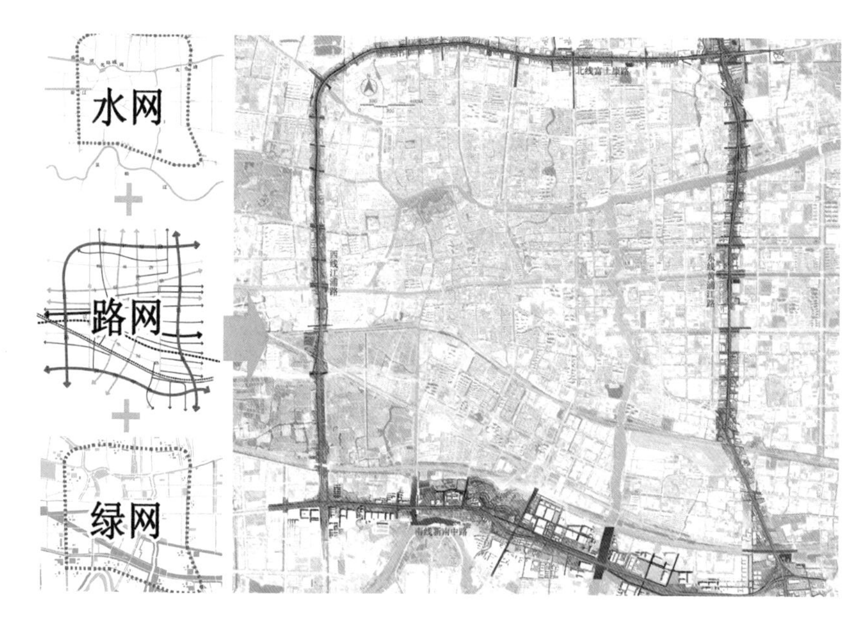

图18　中环沿线生态网络体系示意图

图19　中环沿线生态网络体系实景图

2）中环路沿线生态节点修复

昆山中环贯穿城区十余个圩区，与诸多河道交汇，结合交汇点打造公共空间，共建设7个生态公园。这七大生态公园均与周边水系相通，设计充分发挥公园绿地在雨水调蓄、净化等方面的作用，延迟洪水下泄时间并降低径流峰值，提升中环沿线区域排水防涝安全水平。节点公园内建设大面积处理型湿地，雨期处理汇水区范围的雨水径流，非雨期通过泵站将周边圩区内水体抽至节点公园中的循环湿地进行净化、处理，改善圩内水质（图20、图21）。

图20 中环路生态节点分布图

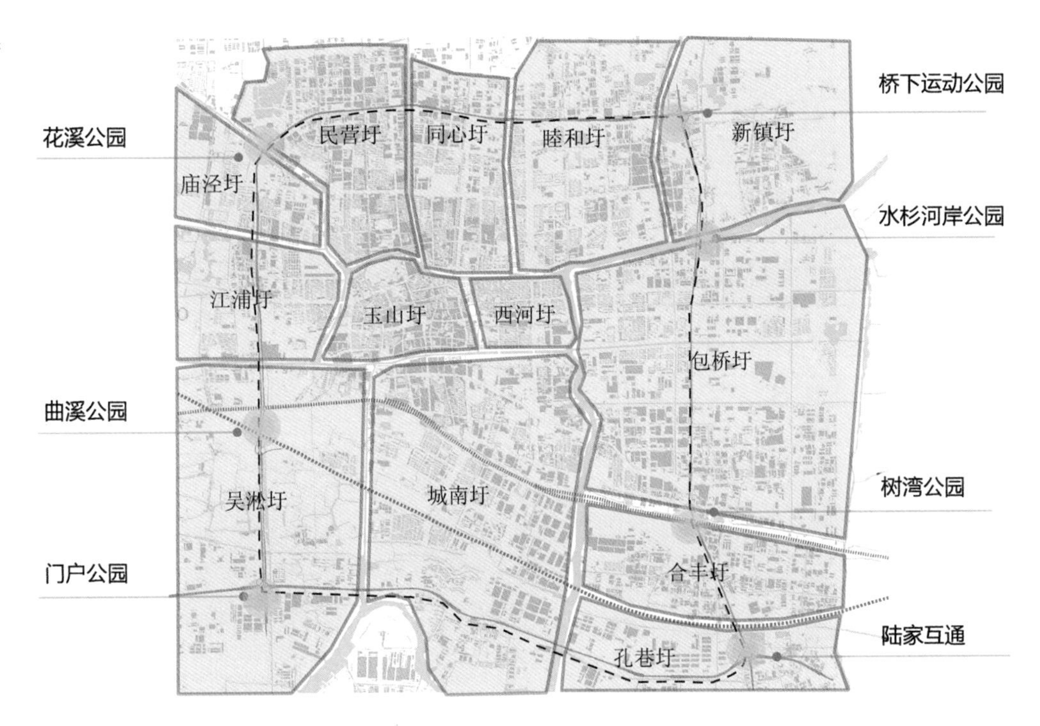

图21 中环路生态节点实景图

建 设 单 位：昆山城市建设投资发展集团有限公司

设 计 单 位：江苏省城市规划设计研究院

浙江西城工程设计有限公司

技术支持单位：澳大利亚国家水敏型城市合作研究中心（CRCWSC）

上海市政工程设计研究总院（集团）有限公司

案例编写人员：曹万春、范晓玲、冯博、王世群、赵伟锋

12

博士路
海绵城市建设与改造

基本概况

所在圩区： 庙泾圩

用地类型： 城市道路

建设类型： 祖冲之路以西段为新建道路，约1.4km；祖冲之路以东段为改造道路，约1.6km

项目地址： 昆山高新区博士路（古城路—博雅路）

项目规模： 全长约3km，面积约7.9hm^2

建成时间： 2019年5月

海绵投资： 364.2万元

1 项目特色

（1）落实昆山市海绵城市建设全过程径流控制策略，针对新建段和改造段不同的建设条件、问题和需求分区施策。新建段采用透水铺装、生物滞留池等源头处理设施，改造段结合雨水管网末端改造建设雨水湿地。

（2）新建段改变传统道路横坡坡向，在昆山率先采用中分带下凹空间实现对雨水的源头控制，遭遇超标暴雨时可作为应急行泄通道，减少对道路两侧车行、人行的影响。并通过入水口、导流设施、生物滞留池结构防渗等节点设计优化与道路、管网的衔接，通过设施布局、植物配置优化与绿化景观的衔接，取得了良好的功能与景观效果。

（3）改造段结合实际用地情况、景观节点效果和雨水管网系统布局，在雨水管网入河排口处建设雨水湿地，增加水面面积的同时丰富景观效果，雨期对雨水径流进行集中处理，非雨期遵循昆山海绵城市建设圩区循环策略，抽调河道水入湿地进行循环净化处理，提升了庙泾河水生态环境质量，打造了一个可持续自然积存、渗透、净化的健康生态系统。

2 方案设计

2.1 设计目标与策略

1）设计目标

博士路兼具新建和改造两种类型的路段，根据《昆山市海绵城市专项规划》，改造段结合现状道路改造实现径流污染削减及道路交通、景观提升，新建段需降低项目对水文和水环境的影响。综合以上因素，确定博士路年径流总量控制率目标为65%，年SS总量去除率目标为50%。

2）设计策略

新建段结合道路建设同步设计、同步施工，采用源头控制的方式，非机动车道、人行道采用透水混凝土铺设，并调整道路纵坡和横坡设计，将道路雨水集中汇流至中分带，布置植草沟、生物滞留池等海绵设施进行雨水处理（图1）。

改造段结合道路场地条件，在不破坏现有雨水管网系统的前提下，因地制宜在管网入河口处布置雨水湿地，将雨水从雨水管末端引入湿地进行处理。非雨期，可将河道水从末端雨水井抽调至湿地进行循环净化处理，以提升庙泾河及圩区水环境质量（图2）。

2.2 设施选择与设计

1）设施选择

基于地块地形特点及汇水分区特征分析，结合径流污染削减、道路交通和景观改

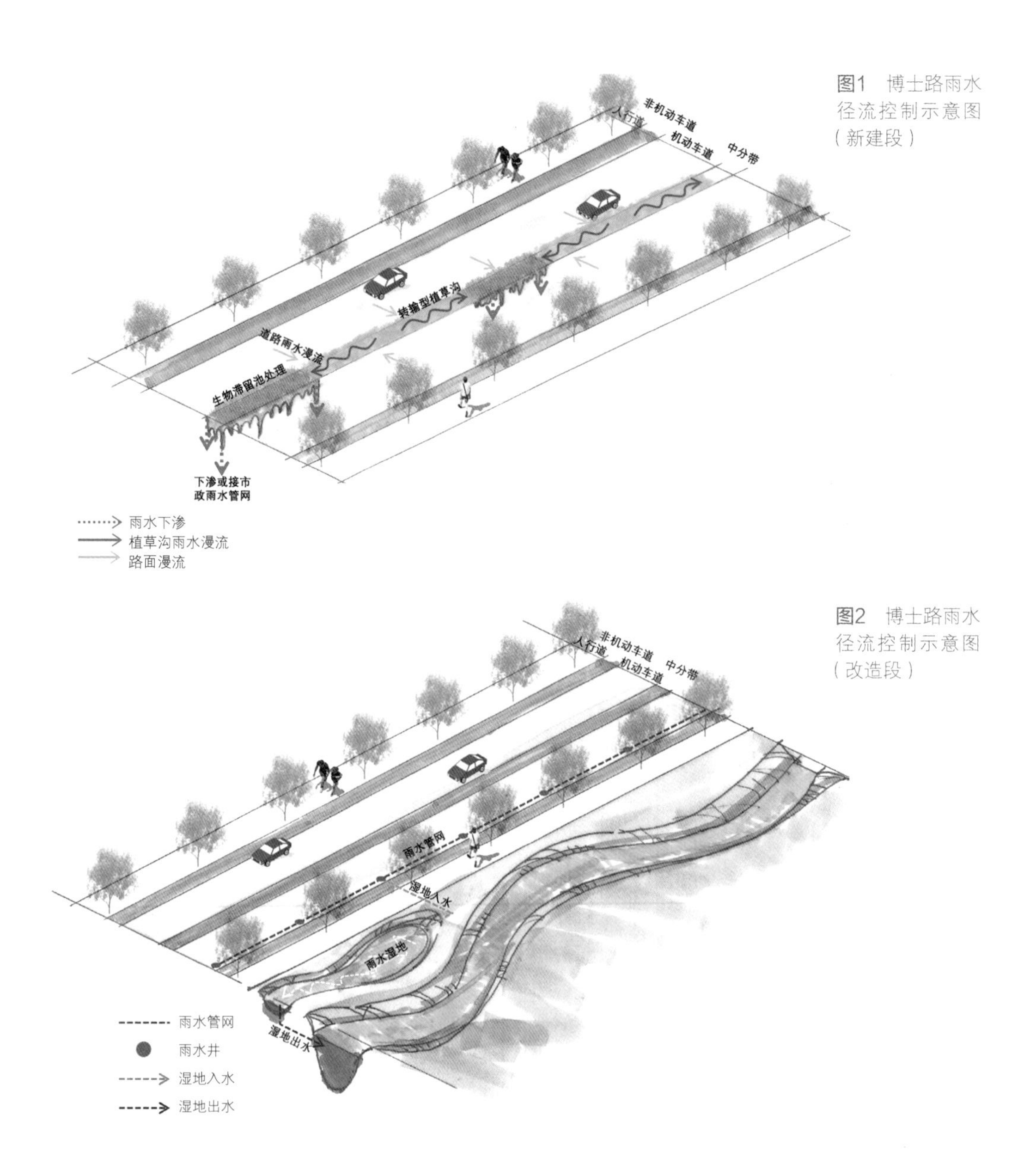

图1　博士路雨水径流控制示意图（新建段）

图2　博士路雨水径流控制示意图（改造段）

造、水环境质量提升的综合设计目标，从功能性、经济性、适用性及景观效果出发，选用了雨水湿地、生物滞留池、湿式植草沟、透水铺装、转输型植草沟等海绵设施，通过入水口和雨水井的改造加强了与现状雨水系统的衔接，并通过优化植物配置获得了良好的景观效果。

2）节点设计

（1）生物滞留池

根据市政设计，道路中分带位于道路横坡最低点，因此结合中分带设置生物滞留池，并通过转输型植草沟引流至生物滞留池中。生物滞留池主要由排水层、保水层（可选）、过渡层、过滤层、滞留层几个结构层组成，每个结构层衔接需满足对应的级配要求（图3、图4）。

图3 生物滞留池剖透视图

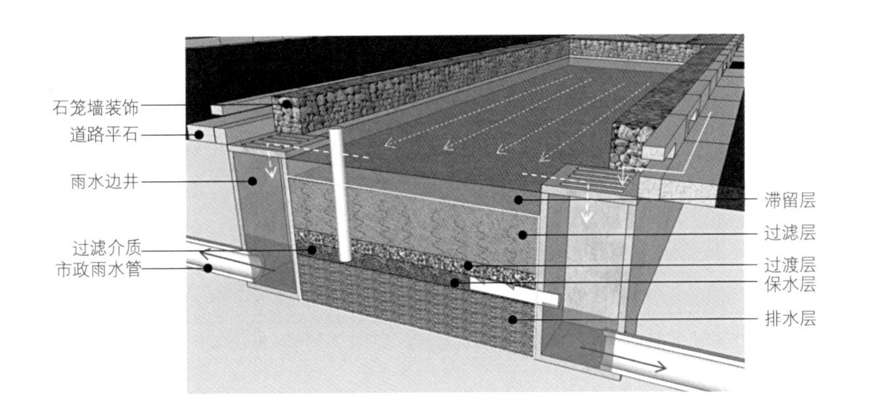

图4 生物滞留池平面大样图

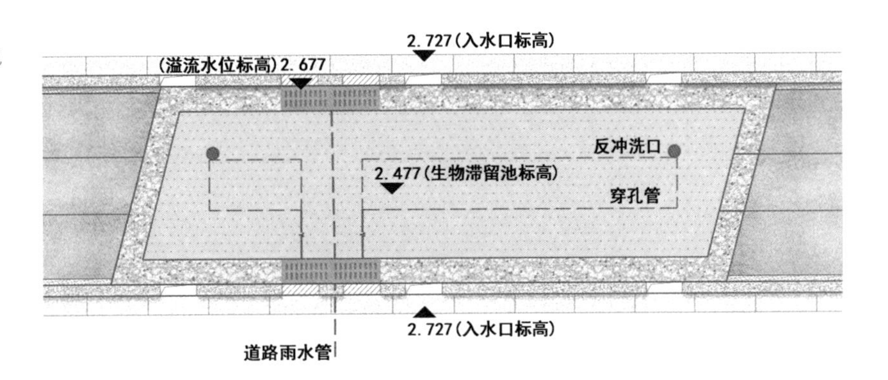

图5 湿式植草沟剖透视图

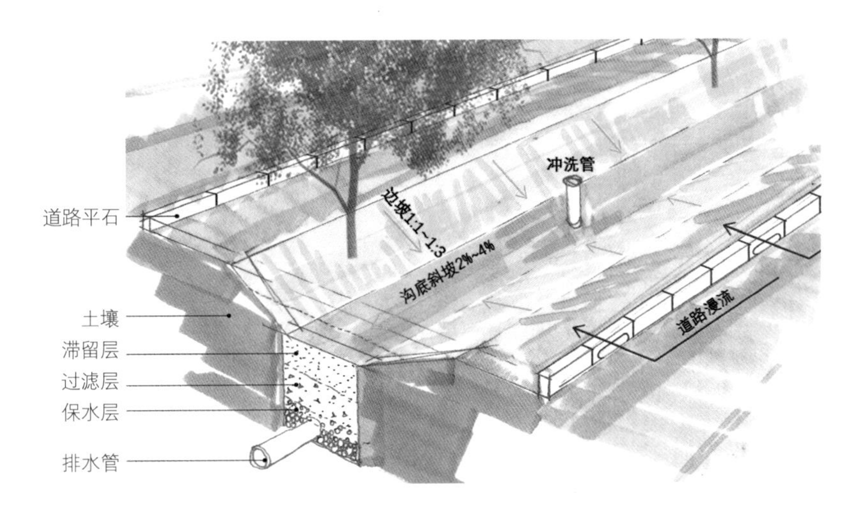

（2）湿式植草沟

植草沟指种有植被的地表沟渠，可收集、输送和排放径流雨水，并具有一定的雨水净化作用。除转输型植草沟（无滤层）外，还包括渗透型的干式植草沟及常有水的湿式植草沟（图5）。

纵向坡度是植草沟设计的重要影响因素，通常为2%～4%；边坡可以提供缓冲并对汇入植草沟的雨水作预处理。植草沟适用于各种植被类型，沟内植被宜覆盖整个沟体。

（3）雨水湿地

雨水湿地系统主要是利用植物根茎上的生物膜来强化沉降、精细过滤和吸收污染物，以清除雨水中的污染物。湿地一般包括沉淀区（可清除大颗粒沉积物的沉淀池）、水生植物区（可清除细颗粒并吸收可溶性污染物的浅层植物区）及高流量旁路通道（可保护水生植物区）（图6）。

降雨期间水位缓慢上升，经沉淀池沉淀后均匀流入水生植物区进行生物处理，处理后的雨水通过出水口缓慢地释放/排入自然水体，通常3～7d可以恢复至湿地正常水位。

（4）市政设施改造

本项目涉及的改造类市政设施主要包括雨水井和平石，要点如下：①市政雨水井中新增堰口挡墙和挡板，通过挡板上的孔洞调节控制湿地入水流量（图7）。②适当降低雨水口处的平石标高，使道路雨水优先进入生物滞留池后再流入市政雨水井（图8）。

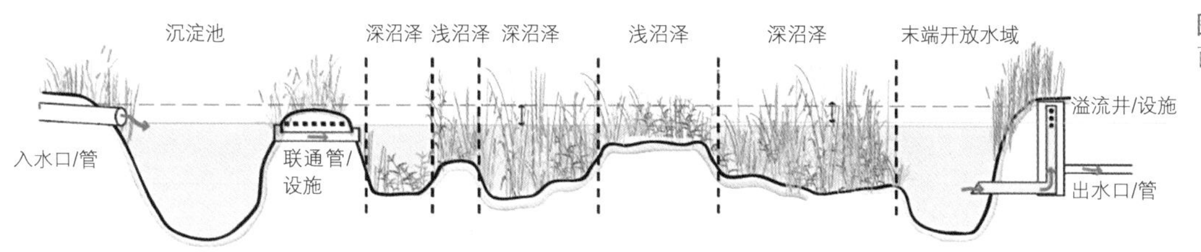

图6　雨水湿地断面图

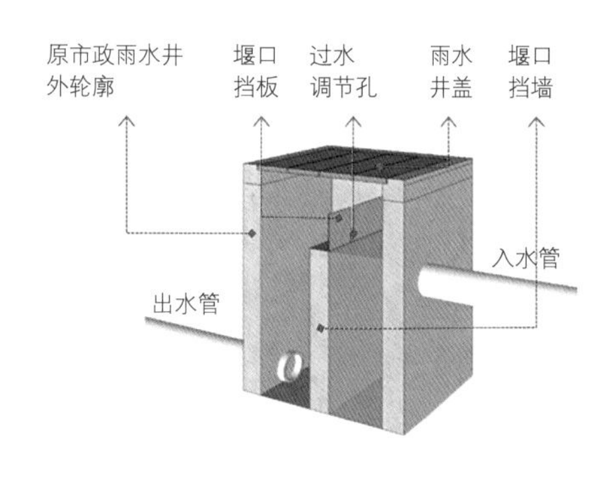

图7　雨水井改造设计示意图

图8　平石改造设计示意图

（5）透水铺装

非机动车道和人行道均采用高黏改性彩色透水沥青材料，由脱色沥青胶结料、高黏度改性剂、颜料以及集料经过加热拌和得到，具有透水性，颜色丰富，极具观赏性（图9）。因为沥青具有优良的透水性能，可以通过基层和道路表层同时收集全部雨水，减少道路径流量，雨天道路没有积水，抗滑效果显著，是城市绿道、市政道路、慢行系统的优质铺装。

图9　博士路透水铺装实景图

（6）植物配置

基于优先本土化、净化能力强、维护管理方便等原则，对本项目的生物滞留池和雨水湿地进行了多层次的植物配置，能去除雨水中绝大部分污染物，大大减轻对后续水体的污染压力，还为各种生物提供了良好的栖息地。

2.3 设施布局与径流组织

基于场地雨水管网和道路景观布置，博士路共分为3个汇水分区（图10）。

1）Ⅰ区：古城路—祖冲之路

人行道雨水漫流进入非机动车道，再经过非机动车道的横坡和纵坡排水使径流进入侧分带，通过湿式植草沟和生物滞留池进行处理。南侧人行道绿化带雨水通过滨河绿化植物截留大颗粒污染物后，顺着坡岸自然排入庙泾河中。

机动车道雨水通过路面横坡和纵坡排水汇流进入中央绿化带，降低中央带绿化带高度，通过转输型植草沟使雨水汇入生物滞留池中，实现雨水收集处理，处理后的雨水就近汇入市政雨水管网（图11、图12）。

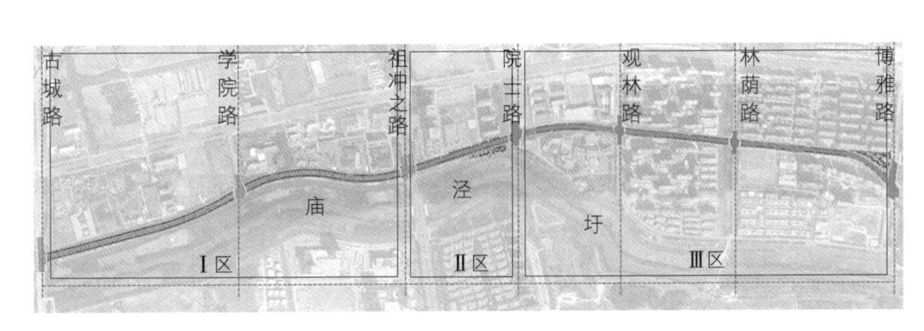

图10 博士路汇水分区图

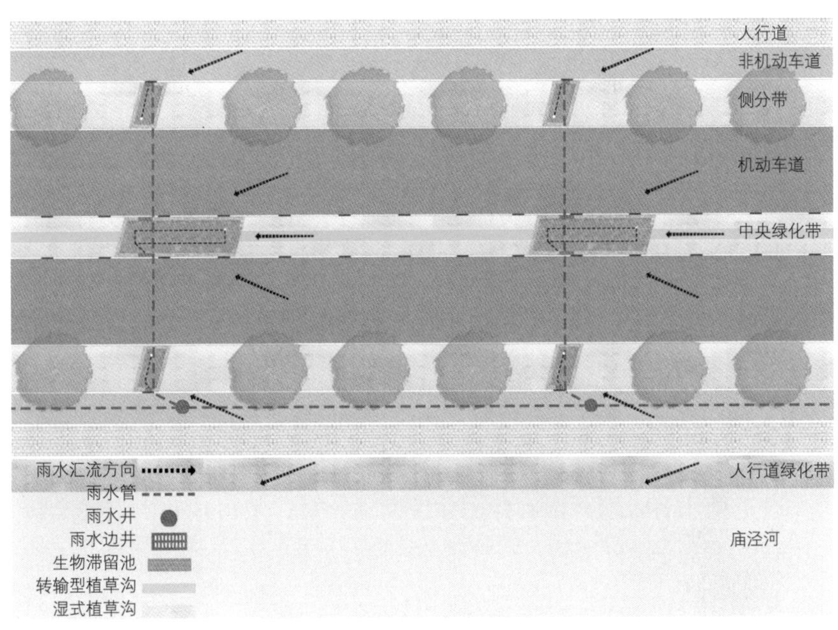

图11 Ⅰ区设施布局与径流组织平面示意图

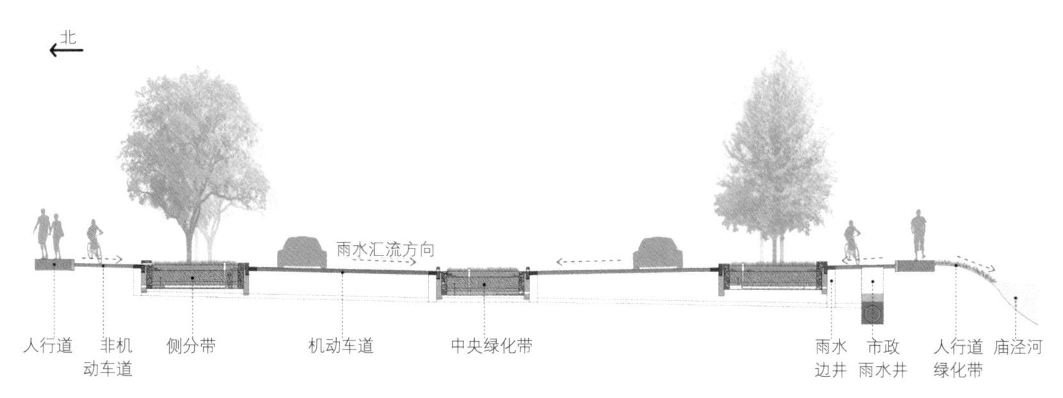

图12 Ⅰ区设施布局与径流组织断面示意图

图13 Ⅱ区设施布局与径流组织平面示意图

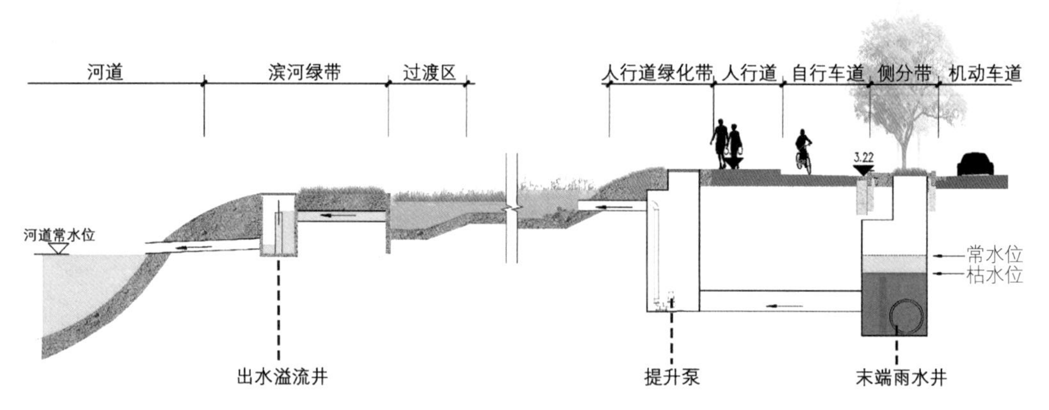

图14 Ⅱ区设施布局与径流组织断面示意图

2）Ⅱ区：祖冲之路—院士路

受侧分带宽度和保留乔木限制，无法在绿化带中布置海绵设施。因此改造雨水管末端雨水井，并增设提升泵，从雨水井中将雨水泵入道路南侧的雨水湿地进行循环处理，湿地末端设置出水溢流井溢流至河道（图13、图14）。

3）Ⅲ区：林荫路—博雅路

改造雨水管末端的雨水井，并增设提升泵，从雨水井中将雨水泵入三角公园（博雅路与博士路交叉口）的雨水湿地进行循环处理，湿地末端设置出水溢流井溢流至河道（图15、图16）。

图15 Ⅲ区设施布局与径流组织平面示意图

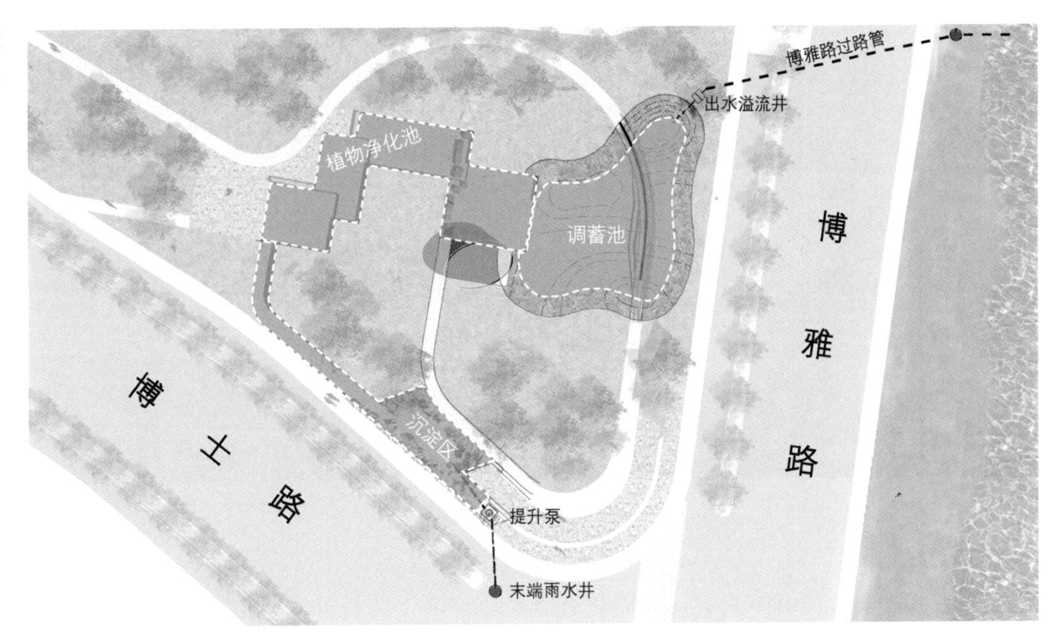

图16 Ⅲ区设施布局与径流组织断面示意图

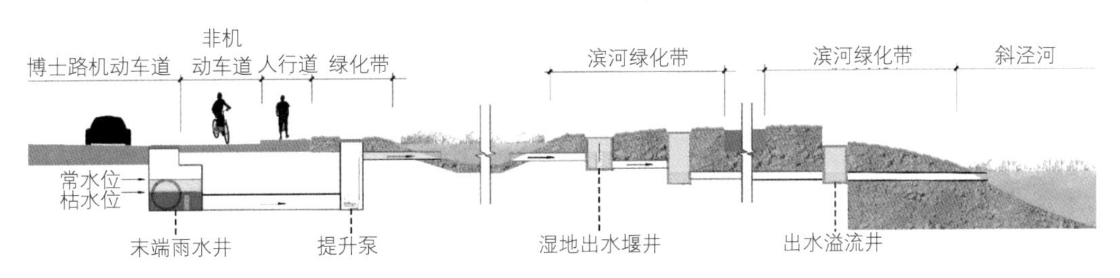

3 工程实施

3.1 生物滞留池

道路建设类项目中的生物滞留池在实施中要注意以下几点。

1）入水口

根据本项目特点，生物滞留池设计时共用溢流井和市政雨水井，不仅可以节省成本，也更美观。但在实施时应注意，改造后平石顶标高、设计溢流液位顶标高、改造后雨水井顶标高三者应一致（图17）。

2）生物滞留池结构框架

作为滞留并处理雨水的设施，为避免雨水渗透影响道路路基，在设计施工过程中尤其要注意与道路基层的防水隔离，具体做法视道路基层的设计情况而定，本项目除了在生物滞留池结构本体外围铺设防水土工布外，还将路基以下的生物滞留池结构框架调整为混凝土基础，加强了防渗透处理（图18）。

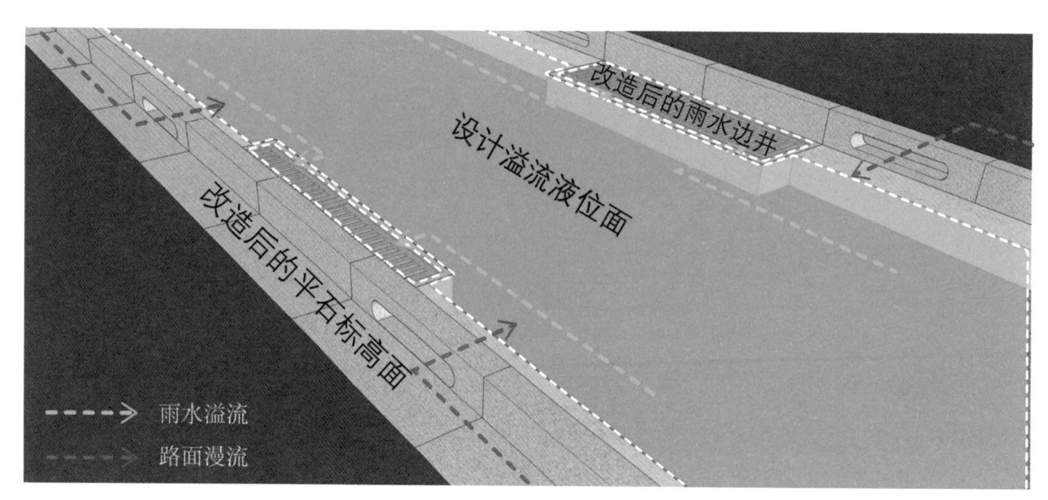

图17 生物滞留池入水口实施要点示意图

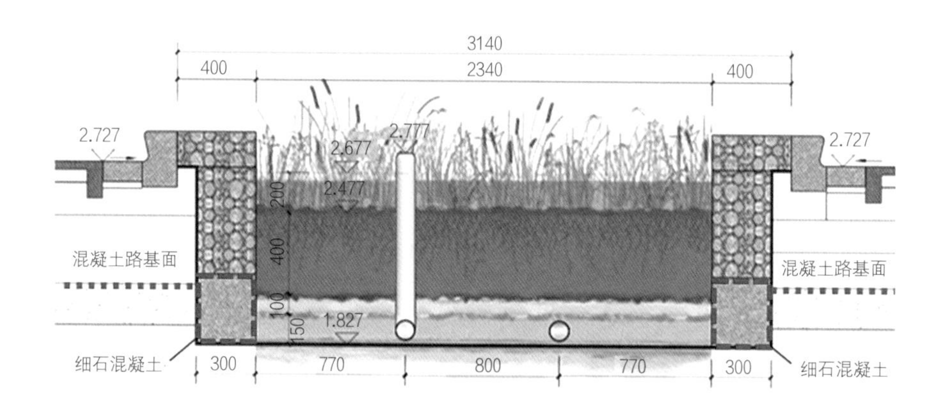

图18 生物滞留池结构框架细节优化设计

3）生物滞留池填料

过滤层填料应符合昆山当地要求，在明确渗透系数与有机质含量的前提下由生产厂家精确配比，且送检合格后才能使用。施工过程中，将过滤介质轻轻压实以防细小颗粒下沉，允许误差通常为15～50mm。排水层除应使排水顺畅之外，还应保证结构稳定。

4）植被施工要点

采购苗木时需要观察其成熟度和健康状况，根部不能板结；确保种植后位置正确并保证深度，尤其要注意达到设计的种植密度；均匀种植，避免种在过度压实的填料介质中；种植初期，生物滞留池内的营养成分往往不能满足植物的生长需要，因此需要加强养护工作（图19）。

图19 生物滞留池实景图

3.2 雨水湿地（以博士路南侧雨水湿地为例）

博士路改造段在雨水排水末端设置雨水湿地进行末端集中处理。博士路原先沿线雨水管末端是就近排入自然水体，且末端雨水管均属淹没式排水，管井内常年有水，所以项目将雨水从末端雨水井经初步截污后泵入湿地处理（图20）。具体实施时应注意：

1）末端雨水井改造

事先与市政设计方及工程施工方沟通协调改造的雨水井的具体位置和尺寸，以免重复施工，并确保不影响道路雨水排水系统。本项目是在原雨水井构造的基础上适当扩大体积，增加了堰口挡墙和挡板，使原市政雨水通过溢流方式进入湿地入水管内，再用泵提升至湿地设计水位（图21）。

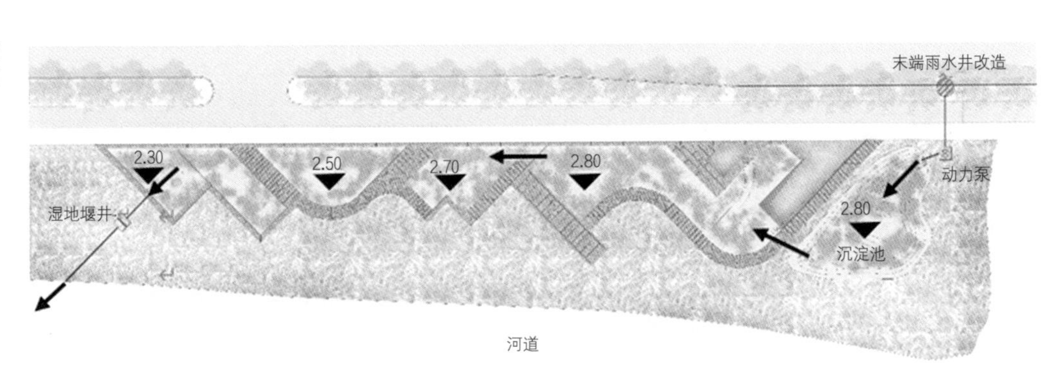

图20 博士路南侧雨水湿地平面示意图

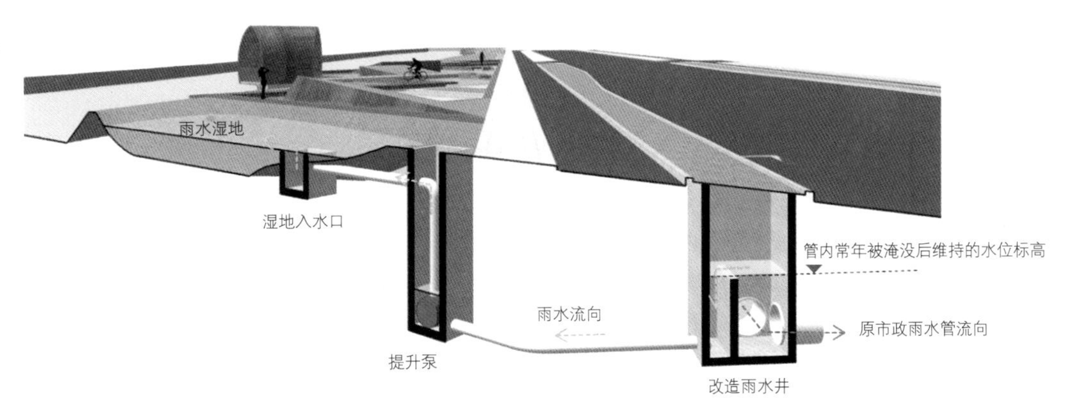

图21 雨水湿地入水系统示意图

2）湿地植被施工要点

（1）种植原则

幼苗宜选择带叶片高度为500 ~ 600mm者，且生长前期要保证植物茎至少一半的高度位于水位以上。为保证植物的多样性和成活率，不同水深的湿地内种植品种不少于3种为最佳。均匀种植，避免种得太密。

图22 雨水湿地实景图

（2）种植步骤

湿地堰板调整至设计水位，湿地入水至设计水位后停泵，停留7d。湿地堰板降到最低，将湿地的水排空后种植。调整出水堰板标高至深沼泽池底标高以上200mm，然后开启水泵入水，直至水位稳定（即深沼泽区域水深200mm），停泵。种植完成后，养护人员需随访，给浅沼泽区和边坡植被定时浇水，观察植被长势，若目测长势良好，可将出水堰板调至设计水位高度，开启水泵，湿地正常运行（图22）。

4 运行维护

本项目的海绵设施由市政和园林部门负责日常维护管理，相关海绵设施的运行维护要求详见政策文件E。

雨水湿地是本项目重要的海绵设施，以此为例简述维护管理要点：①雨水湿地应适时调节水位，保证湿地内不出现进水端雍水和出水端淹没现象；②做好湿地低温环境下的保温及运行保障措施；③采取措施防止堵塞，确保水流通畅；④定期对护堤进行检查、维修，避免出现漏水、渗水现象；⑤湿地内无大面积恶性杂草，做好湿地蚊蝇的防控工作；⑥应确保湿地植物生长正常，无明显死亡缺株，并根据季节和植物生长要求调节水位，保持其有适宜的生长环境；⑦适时（如秋末初冬）收割湿地植物，保证雨水湿地良性循环；⑧严格执行进水、出水检测制度和标准，保证出水水质。

5 工程造价

本项目海绵城市建设工程投资为364.2万元。其中，生物滞留池单价为2350元/m^2，雨水湿地单价为850元/m^2，湿式植草沟单价约为1000元/m^2，转输型植草沟单价为350元/m^2。

6 效果评估

通过海绵设施建设，项目年径流总量控制率达到77.5%，保护了庙泾河生态廊道水环境，在丰富了道路景观环境的同时减少了周边管网、河道的负担，提升了整个地区的环境品质（图23）。

目前昆山博士路已经成为海绵城市道路建设、认知、宣传的一个窗口，丰富了昆山海绵城市建设经验，起到了良好的示范作用，引起了强烈的社会反响（图24、图25）。

图23 古城路—祖冲之路段改造实景图

图24 中分带生物滞留池实景图

图25 博士路南侧雨水湿地实景图

建 设 单 位：昆山高新集团有限公司

设 计 单 位：梓朴环境规划设计（上海）有限公司

苏州园林设计院有限公司

施 工 单 位：昆山市城市绿化工程有限责任公司

技术支持单位：澳洲亿途环境设计公司

浙江西城工程设计有限公司

案例编写人员：张瑜、孙金花、郭锦旺

13

湖滨路、新城路海绵城市建设

基本概况

所在圩区： 湖滨路位于项西圩，新城路位于镇东圩

用地类型： 城市道路用地

建设类型： 新建、改建项目

项目地址： 昆山阳澄湖以东、傀儡湖以西

项目规模： 共约5.18km；湖滨路长约2.8km，其中改造道路1.1km、新建段道路1.7km；新城路长约2.38km

建成时间： 湖滨路于2014年10月竣工，新城路于2016年12月竣工

海绵投资： 共约538万元，其中湖滨路海绵投资256万元，新城路海绵投资282万元

1 项目特色

（1）湖滨路、新城路均位于昆山市阳澄湖以东、傀儡湖备用水源地以西，通过设置生物滞留池和下凹式绿地等海绵设施，实现了径流污染控制、水源涵养、径流峰值削减和错峰缓排，对水环境敏感区域、郊野道路的建设具有示范作用。

（2）湖滨路是昆山第一个采用生物滞留池技术的道路海绵项目，尤其是项目实施过程中开展了生物滞留池填料配比的本土化研究，为后期类似项目的实施奠定了重要基础。

2 方案设计

2.1 设计目标与策略

1）设计目标

湖滨路、新城路位于昆山市备用水源地傀儡湖的水源保护区内。考虑城市建设对水环境敏感区域的水文及水环境影响，制定了控制径流污染、增加雨水滞蓄能力、削减径流峰值、丰富景观形态及生态多样性的总体目标。

湖滨路为2014年完成的项目，在建设时尚未制定严格的海绵城市建设目标。新城路为新建项目，设计目标为：年径流总量控制率80%，年SS总量去除率65%。

2）设计策略

基于项目实际情况和设计目标，总体设计思路如下：道路雨水通过路面横坡顺流进入道路两侧转输型植草沟，收集后汇入生物滞留池和下凹式绿地，雨水经过海绵设施内滤料和植物处理后就近排入附近水体；在海绵设施中设置溢流设施，过量雨水溢流排放至市政雨水管网（图1）。

2.2 设施选择与设计

1）设施选择

根据区域和项目的问题及需求分析，以雨水径流控制和径流污染控制为主要目标，采用了生物滞留池、下凹式绿地等具有净化功能和调蓄功能的海绵设施，同时采用转输型植草沟收集、导流雨水径流。

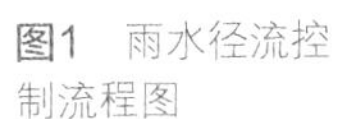
图1 雨水径流控制流程图

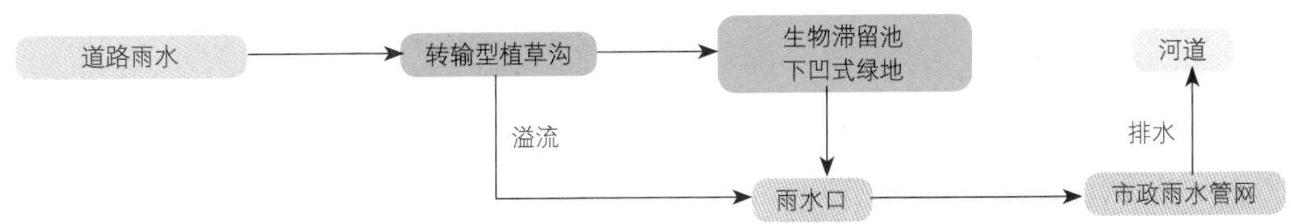

2）节点设计

（1）生物滞留池

生物滞留池中植物选用了金叶苔草、美人樱、芦苇、花叶美人蕉、晨光芒草等（图2）。

（2）下凹式绿地

道路雨水随着道路横坡经转输型植草沟汇入下凹式绿地，下凹式绿地中植物选用了黄菖蒲、晨光芒草等（图3）。

（3）转输型植草沟

本设计封堵现状雨水口，在现状雨水口上游处新开浅沟，将上游道路雨水截流引入两侧绿地，经转输型植草沟导流后排入生物滞留池内（图4）。

图2　生物滞留池实景图

图3　下凹式绿地实景图

图4 转输型植草沟实景图

2.3 设施布局与规模

1）设施布局

结合道路竖向和周边绿化、水系分布，划分汇水分区。结合道路两侧绿地分段布置海绵设施。结合道路所处的区位和景观风貌，植物配置偏郊野风格，降低建设工程造价和后期运行维护成本（图5）。

2）设施规模

根据雨水径流控制目标，确定各分区海绵设施规模，其中湖滨路生物滞留池面积为1130m^2，新城路生物滞留池面积为1404m^2，下凹式绿地面积为2618m^2。

图5 海绵设施布局实景图

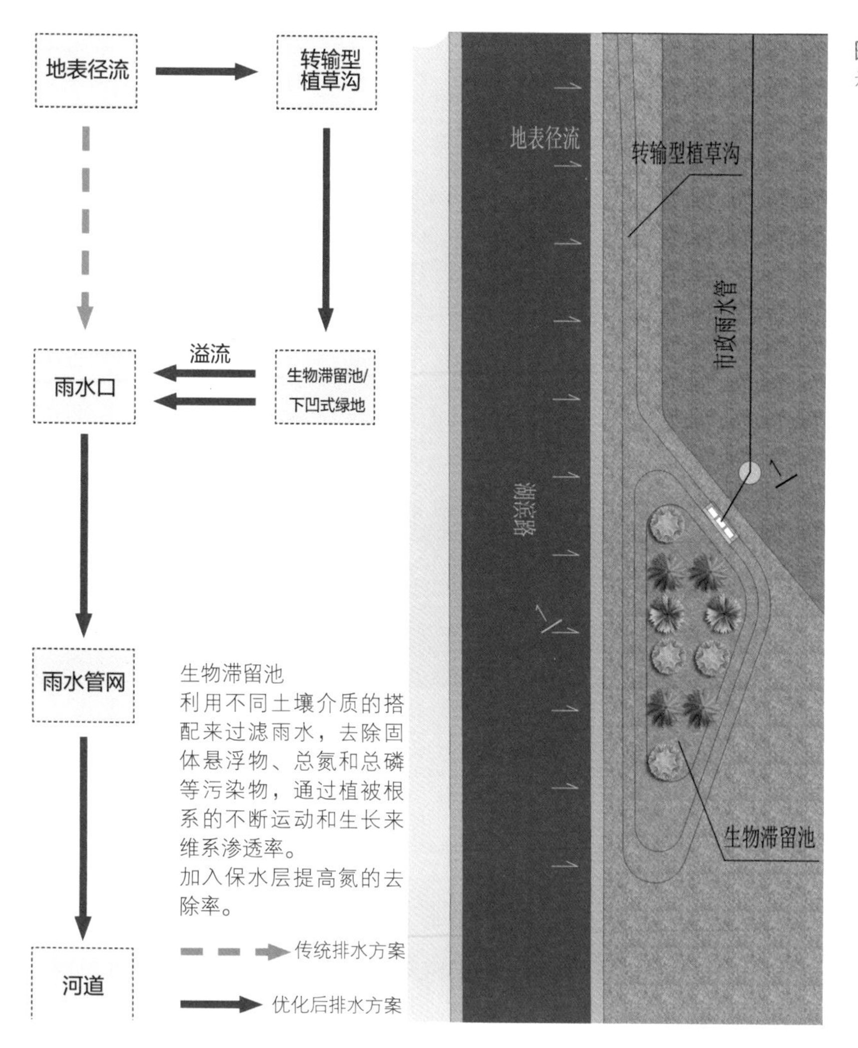

图6　道路径流组织示意图

2.4 竖向设计与径流组织

根据各个分区海绵设施布局，明确设施进水口和溢流口的位置，通过竖向设计保障服务范围内雨水均可顺利汇流进入海绵设施，且溢流雨水可通过溢流口有组织地排出。当汇流距离较远，仅仅依靠竖向难以保证有效汇流时，可采用转输型植草沟进行导流（图6）。

3 工程实施

施工过程中需要关注的重点事项有如下几点：

1）施工积水处理

生物滞留池通常位于汇水区域的最低点，而该项目开工后不久便进入雨季，因此每次基坑开挖后，露槽一段时间就会有积水，下次施工前务必将积水排除干净。

2）施工回填

在底部防渗膜铺设完成之后，要及时铺设排水层、排水盲管、过渡层、过滤层等滤料，宜一次性回填到完成面，否则地面径流进入设施后容易夹带大量泥沙。如果确实难以及时回填，需要细化施工期间的排水方案，防止泥沙进入设施内（图7）。

图7 铺设排水层盲管及滤料

3）引进海绵技术需要进行本土转化

湖滨路改建段采用的是澳洲水敏型城市的理念，相关技术也是借鉴澳洲项目来进行设计和施工，但是因为气候和土质情况不同，植物选择和填料配比不能照搬照抄，需要经过多次调配、检测和筛选才能最终确定。海绵技术需要因地制宜，引进后通过本土化研究确定植物配置、填料配比等参数。

4 运行维护

本项目在施工结束至移交阶段由施工单位进行维护，移交后由市政、园林部门负责日常维护管理，相关海绵设施的运行维护要求详见政策文件E。

5 工程造价

湖滨路海绵城市建设投资256万元，折合单位用地面积造价约61元/m^2；新城路海绵城市建设投资282万元，折合单位用地面积造价约32元/m^2。

主要海绵设施单价如下：生物滞留池1300元/m^2，下凹式绿地300元/m^2，转输型植草沟200元/m^2。

6 效果评估

6.1 定量评估

根据实际实施的海绵设施进行计算，湖滨路、新城路均能实现年径流总量控制率、年SS总量去除率的目标。在湖滨路生物滞留池的溢流口安装在线流量计，在线测量经过生物滞留池流入雨水管的流量，同时取样测量水质，两个水质采样点1和2分别位于生物滞留池的雨水入口和雨水出口。2015年9月至2016年8月进行了16场降雨事件下的水文和水质情况现场监测。

1）水文监测结果

水文监测结果显示，16场降雨下的平均径流量削减率、平均径流峰值削减率、平均洪峰延迟时间分别为74.83%、80.98%、69.4min（表1），其中在2016年4月23日和2016年5月2日的两场降雨情况下进出水流量的变化情况见图8。

水文效应监测结果　　表1

日期	日降雨量/mm	降雨历时/min	降雨特征	前期晴天时长/h	径流总量控制率/%	径流峰值削减率/%	洪峰延迟时间/min
2015年9月29日	44.9	624	均匀偏大	6	62.9	77.2	170
2015年10月26日	21.7	350	初期强度大	443	73.5	85.6	50
2015年11月21日	27.5	1485	后期强度大	14	85.4	65.5	70
2015年12月9日	39.8	856	初期强度大	79	61.1	74.2	150
2016年1月10日	11.9	1596	初期强度大	132	90.3	85.1	110
2016年2月21日	17.1	810	均匀中等	6	63	95.5	20
2016年3月8日	38.2	1265	均匀偏大	198	80.5	92.4	40
2016年4月6日	58.6	1624	极不均匀	54	63.0	67.7	20
2016年4月23日	21.2	1131	均匀中等	42	88.9	83.6	130

续表

日期	日降雨量/mm	降雨历时/min	降雨特征	前期晴天时长/h	径流总量控制率/%	径流峰值削减率/%	洪峰延迟时间/min
2016年5月2日	21.6	776	后期强度大	67	78.6	88.5	60
2016年6月11日	64.8	1350	均匀偏大	7	82.1	87.4	30
2016年6月24日	18.2	1155	后期强度大	52	65.4	71.3	60
2016年7月1日	108.6	3360	初期强度大	10	81.8	93.6	50
2016年7月29日	30	168	初期强度大	318	92.3	89.6	70
2016年8月4日	19.8	94	中期强度大	21	59.8	68.4	50
2016年9月14日	107.4	2032	均匀偏大	58	68.8	70.2	30

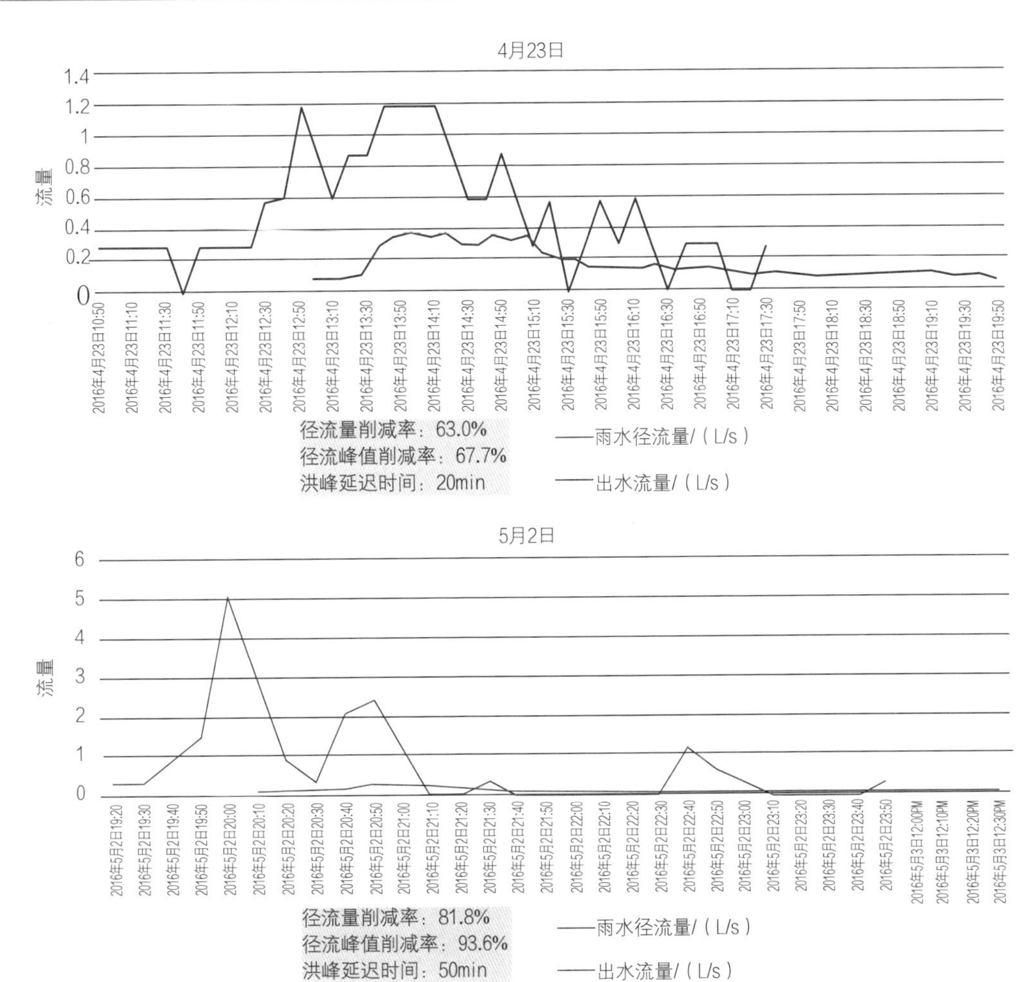

图8 进出水流量变化图

2）水质监测结果

水质检测结果显示，16场降雨的SS、COD、NH_3-N、TN、TP的平均去除率分别为43.75%、33.27%、42.69%、28%、40.9%（表2、图9）。

水质监测结果　　　　表2

参数	SS/（mg/L）		COD/（mg/L）		NH_3-N/（mg/L）		TN/（mg/L）		TP/（mg/L）	
编号	1	2	1	2	1	2	1	2	1	2
数值	78 ± 40.1	35 ± 12.2	6 ± 3.12	3.4 ± 1.31	0.35 ± 0.3	0.15 ± 0.11	1.57 ± 1.03	1.05 ± 0.74	0.11 ± 0.08	0.03 ± 0.01

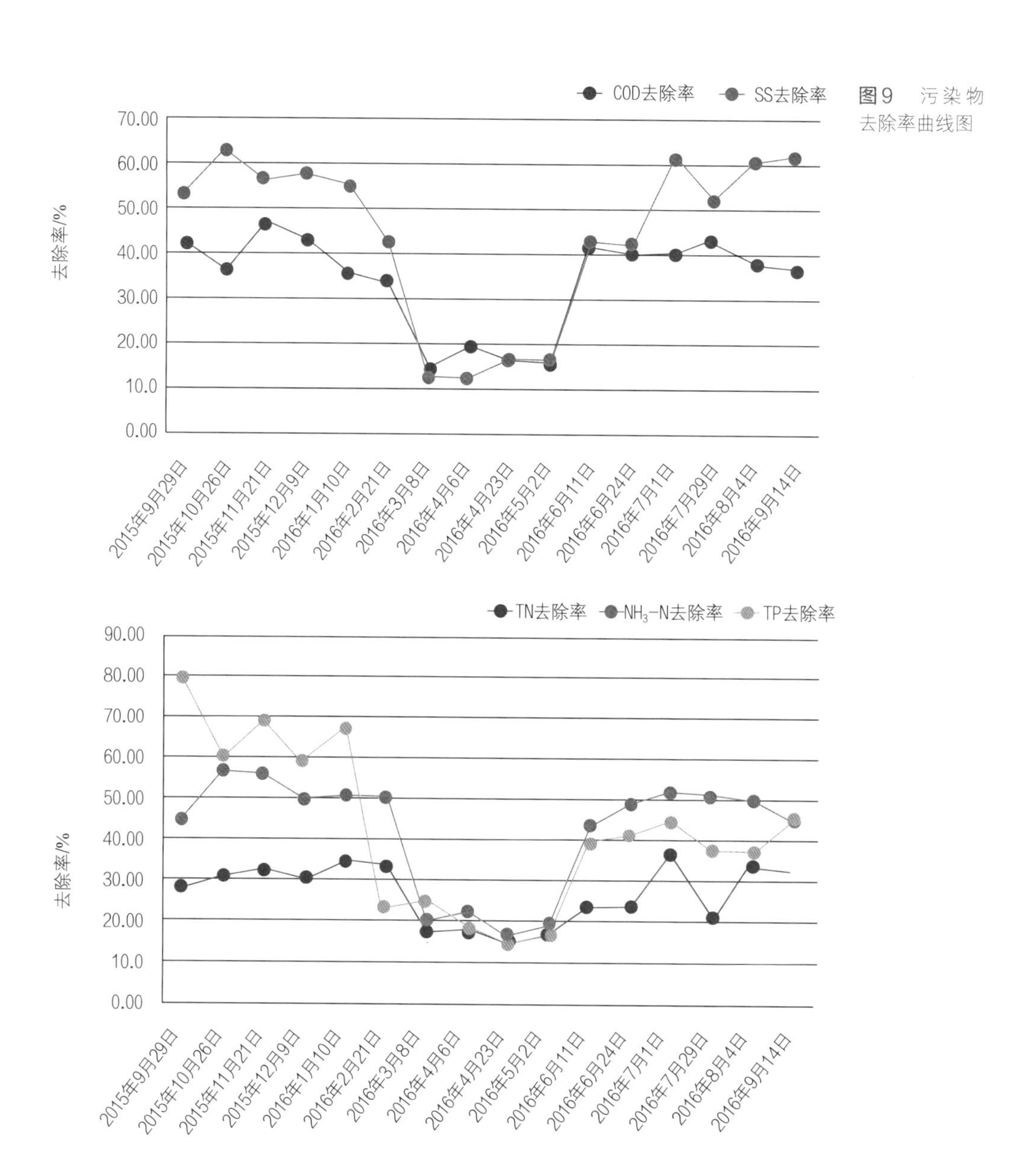

图9　污染物去除率曲线图

6.2 定性评估

湖滨路改建段将隔离带内植物进行了更换，在提升了景观效果的同时，加强了隔离带对地表径流的净化作用。道路两侧海绵设施充分结合了道路、路侧景观、排水等要素，将生物滞留池、转输型植草沟、下凹式绿地等海绵设施融入其中，有效提升了周边环境质量（图10～图13）。

道路海绵设施的实施，不仅削减了道路表面径流污染，保护了水体环境，缓解了路面积水压力，降低了内涝风险，同时丰富了沿线景观形态和生物多样性，建成后的道路沿线海绵设施成为该区域一道靓丽的风景线（图14）。

图10　湖滨路新建段实景图

图11　生物滞留池实景图

图12　湖滨路下凹式绿地实景图

图13　新城路转输型植草沟实景图

图14 新城路实景图

建 设 单 位：昆山城市建设投资发展集团有限公司

设 计 单 位：浙江西城工程设计有限公司

施 工 单 位：苏州市吴林花木有限公司（湖滨路）

苏州欣辰和园林绿地有限公司（新城路）

照 片 提 供：昆山城市建设投资发展集团有限公司

技术支持单位：澳洲水敏型城市合作研究中心（CRCWSC）

案例编写人员：赵伟锋、马天翔、赵海凤、沈慧丽、潘鑫垵

14

凌家路海绵型道路改造

基本概况

所在圩区：江浦圩

用地类型：城市道路用地

建设类型：改建项目

项目地址：中环内凌家路（冠军路—马鞍山路）

项目规模：全长约428m，总面积约1.06hm^2

建成时间：2018年5月

海绵投资：约35万元

1 项目特色

（1）坚持绿灰结合，建设生物滞留池、湿式植草沟、透水铺装等海绵设施的同时，补齐现状排水管网系统短板，双管齐下，消除积水点，削减道路径流污染，保护下游凌家浜水体水质。

（2）结合海绵化改造，同步实施道路慢行系统改造、行道树保护与景观优化，完善了道路配套功能、改善了临街居民采光条件，实现了改造项目的综合效益。

2 方案设计

2.1 设计目标与策略

1）设计目标

本项目位于昆山市海绵城市建设试点区域范围内，为改造项目。根据《昆山市海绵城市专项规划》相关要求，结合项目实际情况，确定项目年径流总量控制率目标为65%，年SS总量去除率目标为52.5%。

2）设计策略

分析评估道路现状条件和问题，充分利用道路外现有退让空间，以完善道路配套功能、改善临街居民采光条件、消除道路积水点、控制面源污染为出发点，完善现有排水系统，合理设置生物滞留池、转输型植草沟、湿式植草沟、透水铺装等源头海绵设施，实现综合改造目标。

道路雨水先经过转输型植草沟导流，之后经过生物滞留池进行源头净化、减排；超过设计降雨量时，超标雨水通过溢流口进入雨水管道系统（图1）。

2.2 设施选择与设计

1）设施选择

基于场地高程差异大、道路狭窄的实际情况，结合项目径流总量控制、径流污染削

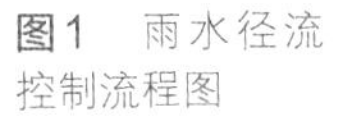
图1 雨水径流控制流程图

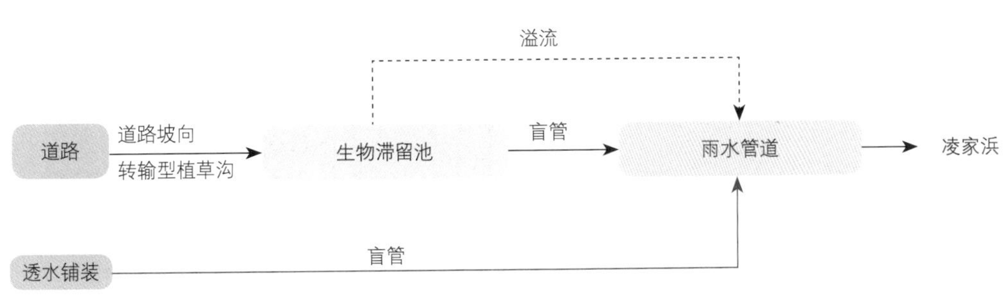

减、慢行系统和景观改造的设计目标，综合选取了生物滞留池、湿式植草沟、转输型植草沟、透水铺装等海绵设施，实现雨水的滞蓄和净化。

2）节点设计

（1）转输型植草沟

转输型植草沟主要作用为转输径流，底部不进行介质换填，只在表面下凹10~15cm，纵向坡度基本同道路纵坡，种植百慕大草坪、麦冬等当地常用的地被植物，高度为35~50mm（图2）。

（2）湿式植草沟

湿式植草沟主要布置在宽度大于2.5m处，其中树、检查井和路灯基础等构筑物位置处不进行介质换填。湿式植草沟纵向坡度同道路坡度，局部反坡至临近溢流雨水口。湿式植草沟底下凹约25cm（图3）。

图2　转输型植草沟断面示意图

图3 湿式植草沟断面示意图和实景图

湿式植草沟应以种植适应沙土种植的地被植物为主，植被高度一般应保持在150mm左右，不低于100mm。沟底中心随机铺设卵石，并结合景观效果种植旱伞草、麦冬、兰花三七、美人蕉、蛇鞭菊、东方狼尾草等观赏植物。

（3）生物滞留池

生物滞留池主要布设于绿化较为开阔处，种植旱伞草、南天竹、香蒲、细茎针芒、兰花三七、蛇鞭菊等植物（图4）。

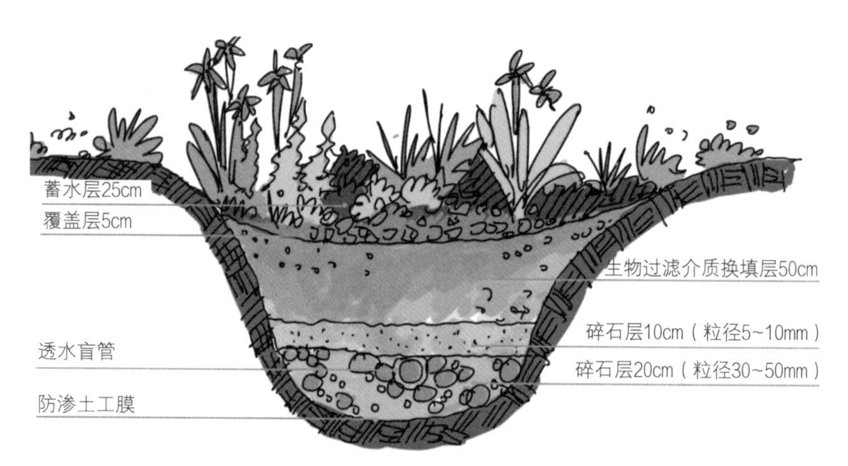

图4　生物滞留池断面示意图和实景图

2.3 设施布局与规模

1）设施布局

凌家路道路两侧各有5~6m宽的绿化空间，两侧绿化内各有一排较为密集、影响居民采光的香樟树，计划“保一去一”抽稀现状香樟树，调整后行道树间隔约10m。在道路两侧绿化空间内新增一道宽2~5m的人行道，结合现状行道树、道路两头交叉口现状人行道铺装以及绿化带内现状市政管线机箱位置等多重要素，交错布置人行道。新建人行道采用透水铺装，做到“小雨不湿鞋”，提高雨天出行舒适度。

在马鞍山路至凌家桥道路西侧新建d600mm雨水管道，向北排至凌家浜。结合排水系统、道路竖向、道路横坡、海绵设施的收水范围划分汇水分区。以凌家桥为界，南北为两个不同的排水分区。结合海绵设施的收水范围，将凌家路分为8个汇水分区（图5、图6）。

结合易涝点、景观方案、排水管线以及道路两侧地块现状，因地制宜布置海绵设施。本方案中道路人行道铺装采用透水铺装，在人行道外侧绿化分隔带内间隔布置转输型植草沟、湿式植草沟和生物滞留池（图7）。

图5 雨水管道系统布置图

图6 汇水分区图

图7 海绵设施布局图

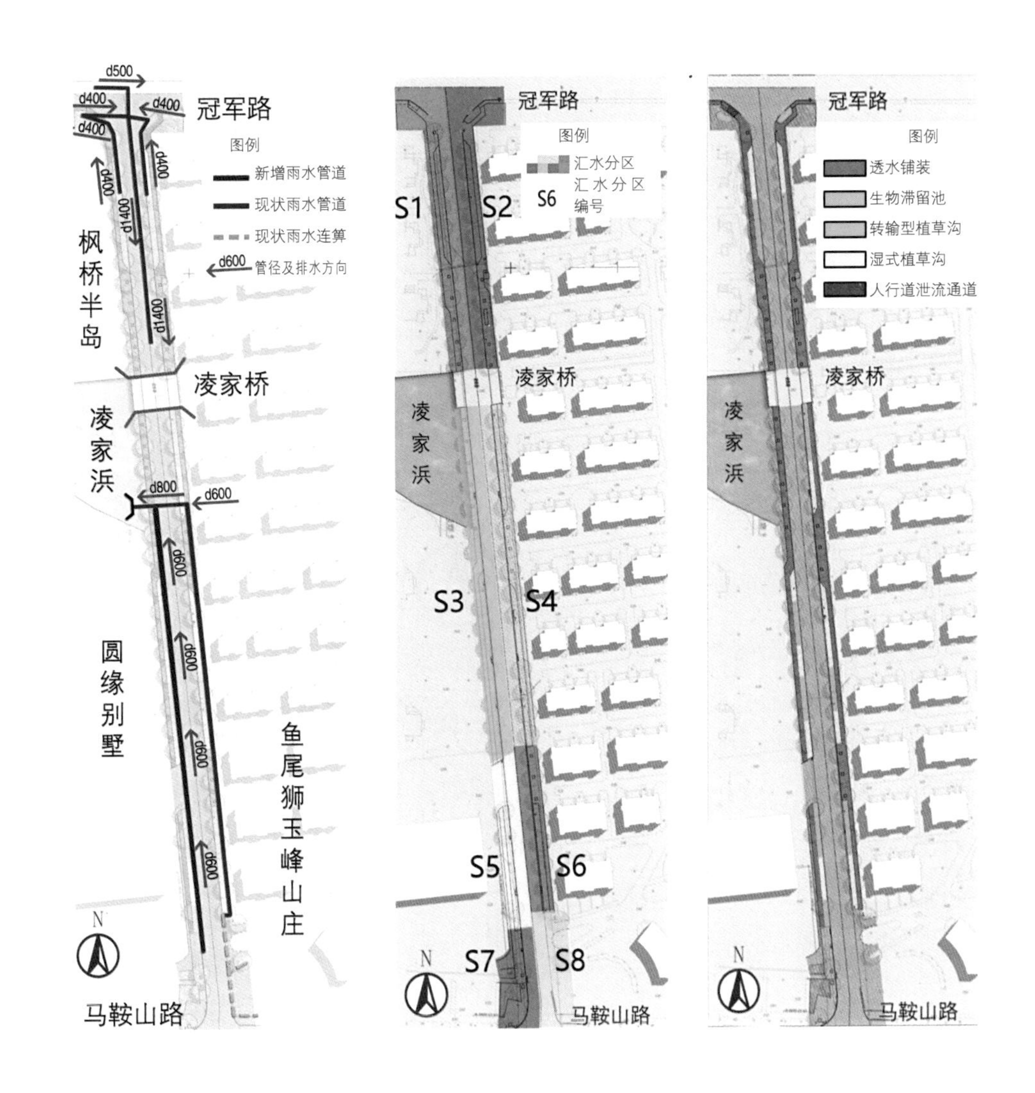

2）设施规模

根据项目设计目标，确定各分区海绵设施规模（表1）。

海绵设施规模汇总表　　表1

设施名称	单位	规模
生物滞留池	m^2	49
湿式植草沟	m^2	524
透水铺装	m^2	1985.88

2.4 竖向设计与径流组织

凌家路以凌家桥为竖向高点，两侧分属不同的排水分区，凌家桥以北距离较短，冠军路交叉口又是道路相对低点，绿化空间条件较好，海绵设施较为全面，具有一定的示范性，因此，以S1分区为例进行海绵设计详细介绍。

S1分区位于项目西北角，冠军路交叉口为道路竖向低点，利用交叉口街头绿地布置生物滞留池，蓄滞涝水，交叉口设置人行道泄流通道导流。此外，在新增人行道与车行道之间侧分带内分段布置转输型植草沟和湿式植草沟（图8）。

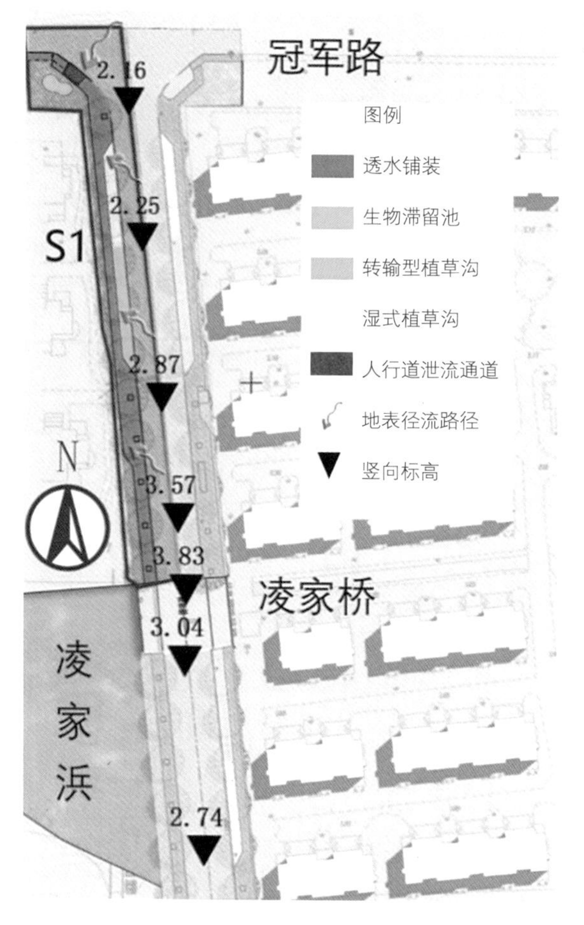

图8　S1分区详细设计图

3 工程实施

3.1 生物滞留池

生物滞留池沟槽开挖的截面形状尽量采用倒梯形，便于快速收集雨水，坡比按照设计要求，结合现场土质确定；介质土要经过多次搅拌，保证混合均匀，测试后渗透性能过关的介质土才能用于回填，确保既能滤水又能蓄水滞留（图9）。

图9　生物滞留池实景图

3.2 转输型植草沟

转输型植草沟沟底标高要低于路面标高，同时转输型植草沟纵坡要坡向生物滞留池，防止局部高点阻水、低点积水（图10）。

3.3 透水铺装

人行道透水铺装面层要平整，面层、结构层都必须透水（图11）。

图10 转输型植草沟实景图

图11 透水铺装实景图

4 运行维护

本项目海绵设施由施工单位养护1年后移交市政、园林部门负责日常维护管理，相关海绵设施的运行维护要求详见政策文件E。

5 工程造价

与传统景观道路工程相比，凌家路海绵化改造工程建设一系列海绵设施之后，工程总投资共新增34.62万元。

主要海绵设施造价为：生物滞留池1247元/m^2，湿式植草沟592元/m^2，转输型植草沟278元/m^2，透水铺装196元/m^2。

6 效果评估

6.1 定量评估

经核算，本项目的年径流总量控制率为69.9%，年SS总量去除率为60.18%，达到项目设计目标要求。

6.2 定性评估

凌家路海绵化改造通过运用海绵城市技术，取得了良好的景观、社会、经济、环境效益（图12）。

图12 凌家路改造前后对比图

景观效益：通过项目改造，改善了原有道路外裸地的景观效果，改善了周边居民的生活环境。

社会效益：凌家路项目新增了慢行系统，提高了周边居民出行的舒适度；通过行道树抽稀，改善了临街居民的采光条件；凌家路项目通过政府全方位的宣传以及项目参与人员的现场讲解，作为既有道路改造项目，具有一定的示范作用。

经济效益：通过自然生态的方式进行雨水的收集、净化，减少了原道路积水工程改造中增加的雨水箅的破路工程量。

环境效益：通过削减源头面源污染，减少了进入凌家浜的污染物的量，改善了河道水环境质量。

建设单位：昆山市市政养护所

设计单位：镇江市规划设计研究院

施工单位：昆山市园林绿化有限公司

案例编写人员：李秋兰、朱晓娟、吴薇

四、公园绿地类

公园绿地类是指用地类型为绿地的海绵项目，主要包括公园绿地、防护绿地、广场等公共开放空间。该类项目绿地充足、建设条件好，在实现自身用地范围内径流总量控制和径流污染削减等目标的基础上，更应注重发挥作为公共空间的综合性效益。街角公园要结合其公共休憩空间的功能定位，因地制宜布置海绵设施；大型公园要以海绵城市理念为指导，消纳周边区域雨水并为片区水系统提供滞蓄、净化功能。运用的主要海绵设施有湿地、湿塘、生物滞留地、下凹式绿地、透水铺装、生态停车位、植草沟等。本书从已完成的公园绿地类项目中选取了 4 个具有代表性的案例。

15

柏庐路街角公园海绵化改造

基本概况

所在圩区：玉山圩

用地类型：公园绿地

建设类型：改建项目

项目地址：昆山市中心城区柏庐中路东侧、同丰路北侧

项目规模：占地面积0.55hm^2

建成时间：2018年1月

海绵投资：约70万元

1 项目特色

（1）针对昆山市老城区径流污染严重、水环境质量较差等问题，以滨河绿地改造为契机，落实昆山海绵城市建设圩区循环策略，打造具备雨水滞蓄净化与河道循环净化复合功能的公共海绵空间。

（2）探索海绵技术与景观效果相融合的设计方案，在提升场地景观品质、丰富绿化种植层次的基础上，结合景观高差，因地制宜运用了多元化的导流手法，既有效组织了雨水径流，又形成了具有层次感的跌水景观，为市民提供了一个休闲游憩的滨水活动空间，对滨水地块的海绵设计具有较好的示范意义。

2 方案设计

2.1 设计目标与策略

1）设计目标

本项目位于中心城区柏庐路和东环城河之间、富柏大厦北侧，为改建项目（图1）。根据《昆山市海绵城市专项规划》的要求，并结合场地现状实际条件和建设需求，确定建设目标如下：年径流总量控制率70%，年SS总量去除率50%。

图1　项目总平面图

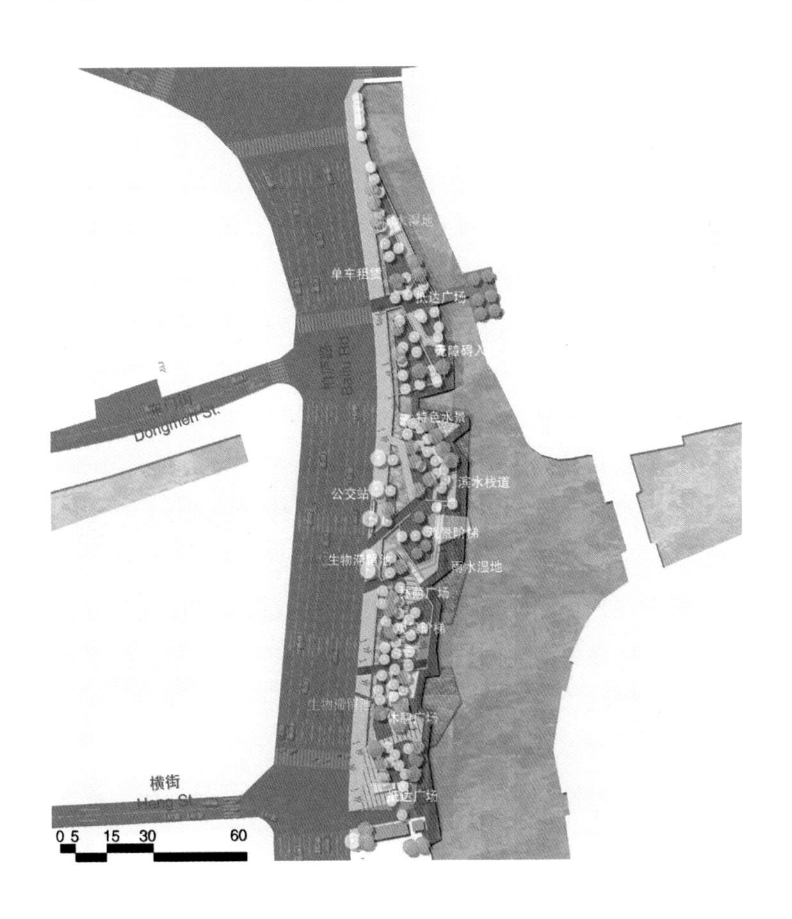

2）设计策略

本项目采用生物滞留池和雨水湿地作为主要海绵设施，设计了雨期和非雨期两套运行工况。雨期，汇集的雨水径流依次经过生物滞留池和雨水湿地，净化后再进入河道；非雨期时，先通过场地北侧的离心泵将河水提升到沉淀池，初步沉淀后依次经过生物滞留池和雨水湿地，净化后再回到河道里，为生物滞留池和雨水湿地补水的同时，一定程度上也改善了河道水质（图2）。

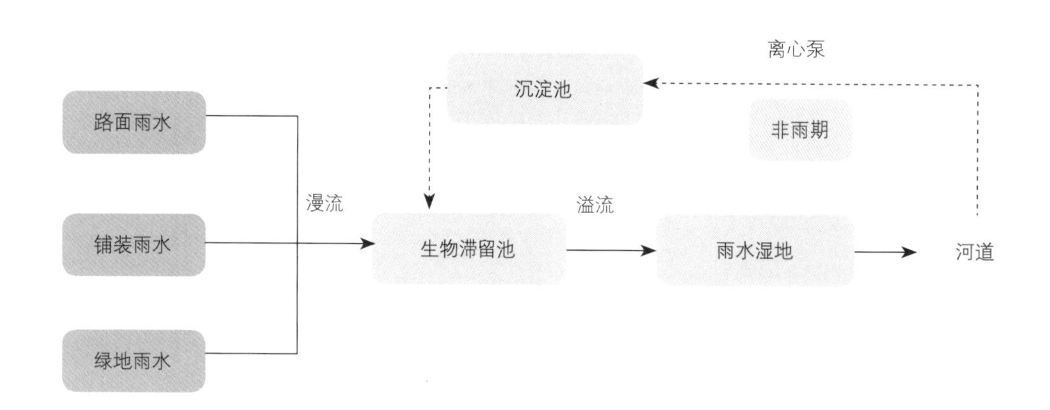

图2　雨水径流控制系统流程图

2.2 设施选择与设计

1）设施选择

根据区域和项目的问题及需求分析，以雨水径流控制和径流污染削减为主要目标，考虑到场地绿化率和景观要求较高等特点，采用生物滞留池和雨水湿地作为主要海绵设施，实现对雨水与河水的滞蓄、净化处理。

2）节点设计

（1）生物滞留池

生物滞留池自上而下分别为景观植被层（蓄水层）、600mm厚种植土壤层。考虑到地下水位埋深浅，生物滞留池底层敷设HDPE防渗土工膜，防止地下水反渗至海绵设施（图3）。

结合昆山生态环境进行植物配选，优选本地净化能力强、景观效果好和便于维护的植物。生物滞留池种植的植物主要选用景天类植物，如水葱、萱草、鸢尾、旱伞草、狼尾草等（图4）。

（2）雨水湿地

雨水湿地结构层同生物滞留池，主要种植的植物为黄菖蒲、千屈菜、美人蕉、芦苇等（图5）。

图3　生物滞留池实景图

图4　生物滞留池植物种植图

图5　雨水湿地实景图

2.3 设施布局与规模

1）设施布局

根据场地标高及下垫面情况，将场地分为15个汇水分区。综合考虑汇水分区内的地形竖向、植物组团、景观布局，合理布局海绵设施（图6）。

2）设施规模

根据雨水径流控制目标，确定各分区海绵设施规模，共设置生物滞留池341m^2、雨水湿地416m^2。

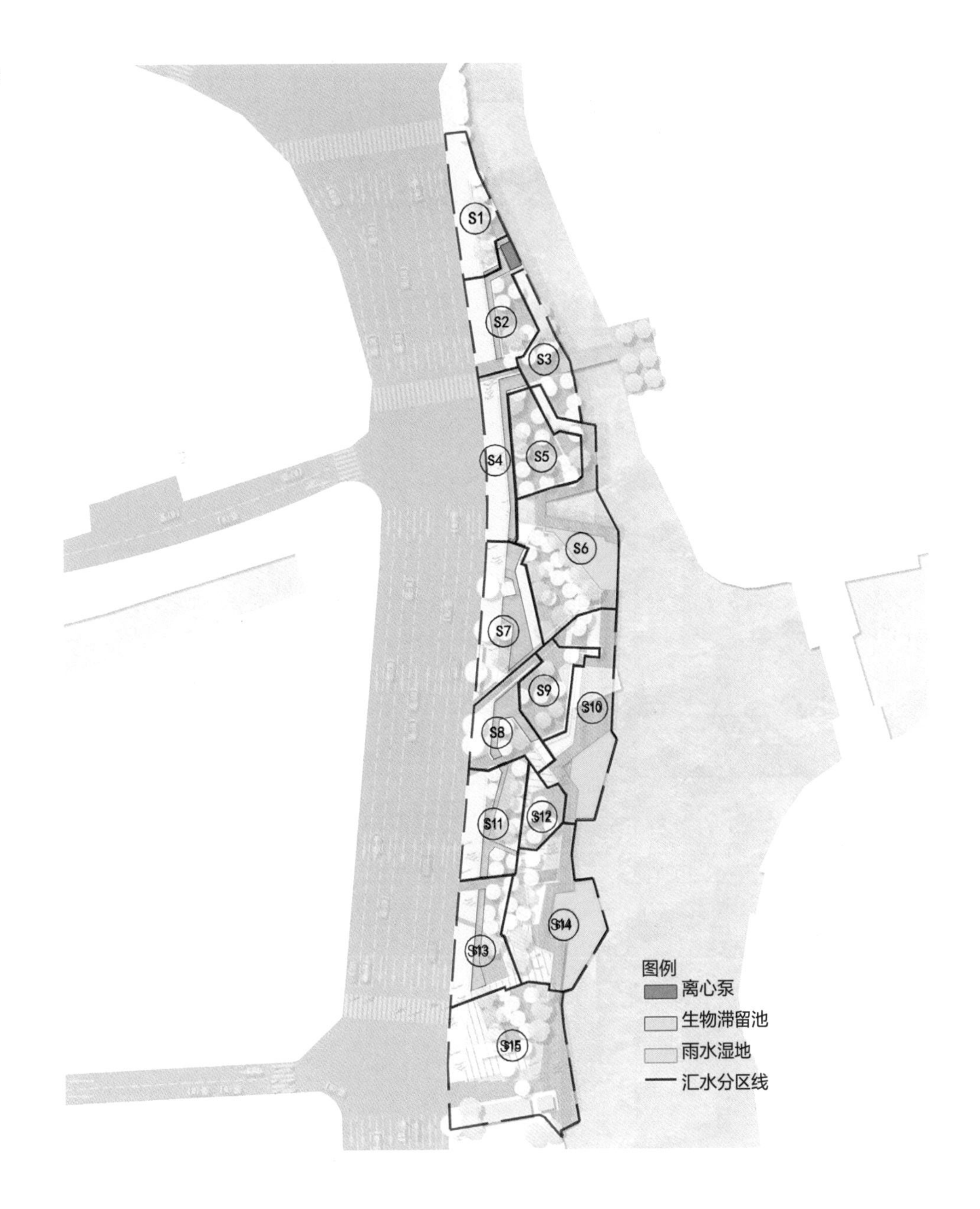

图6 汇水分区与海绵设施总体布局图

2.4 竖向设计与径流组织

根据各个分区的海绵设施布局，明确设施进水口和溢流口的位置，通过竖向设计保障服务范围内雨水均可顺利汇流进入海绵设施。

雨期，道路及场地雨水通过地表漫流的方式汇入生物滞留池，超出生物滞留池调蓄高度后通过溢流堰层层跌水进入雨水湿地，经过湿地净化后排入河道；非雨期，通过提升泵把河道水体泵入最北端的沉淀池，然后通过溢流堰进入北侧生物滞留池，超出生物滞留池调蓄高度后通过溢流堰层层跌水进入雨水湿地，经过湿地净化后排入河道，形成河道水体循环系统，有效改善河道水质（图7）。

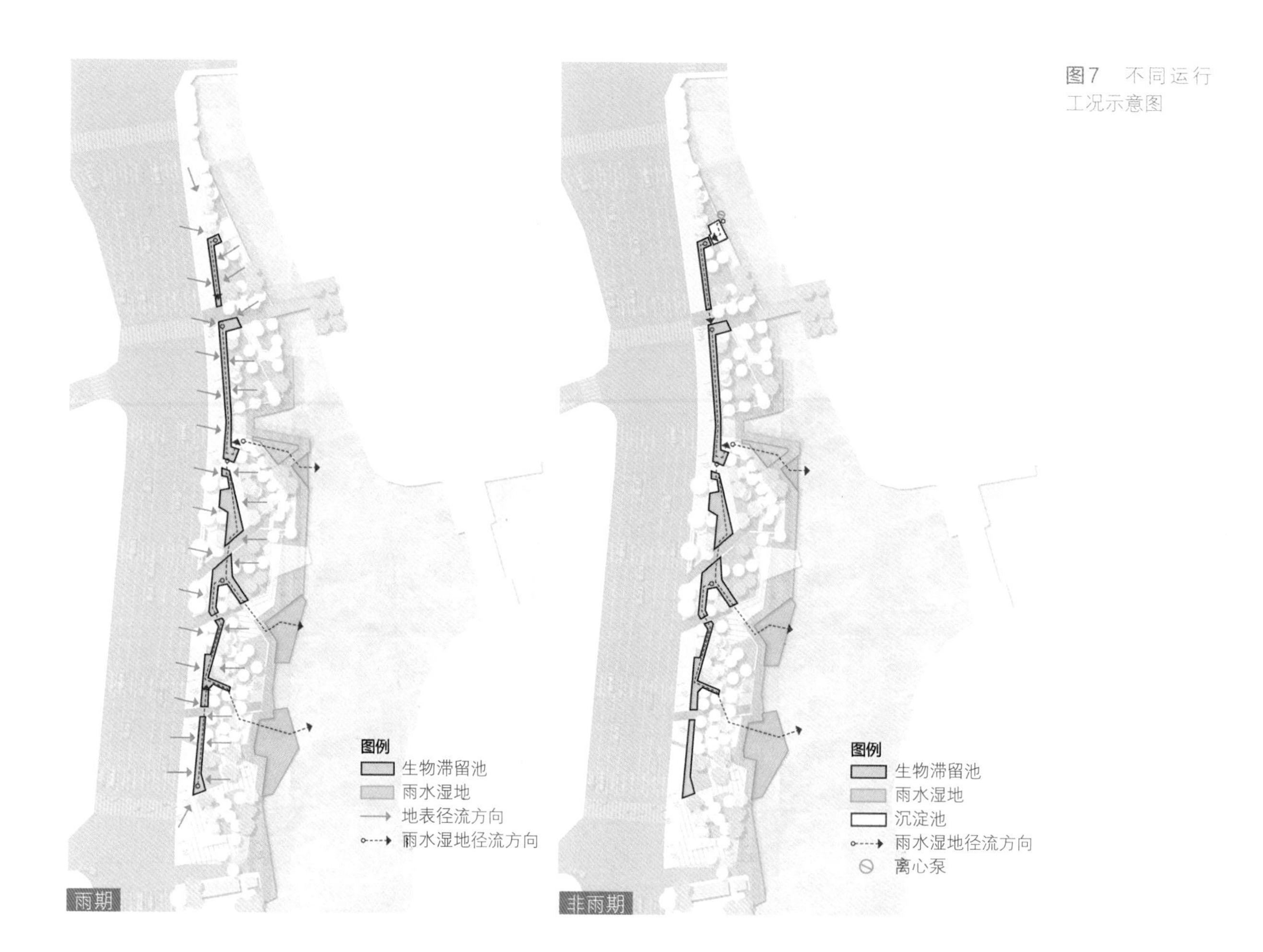

图7 不同运行工况示意图

3 工程实施

3.1 雨水导流

本项目设计方案中雨期径流控制和非雨期河水循环净化，对场地竖向和径流组织提出了较高的要求。实施过程中，结合竖向设计和景观布局，因地制宜采用了相应的导流措施，有效组织了雨水径流，同时形成具有层次感的跌水景观（图8～图13）。

3.2 生物滞留池

生物滞留池滞水层深度200mm，并预留不小于100mm的超高；生物滞留池为直臂式挡墙收边，高差较大处，采用台地式处理方式，用整石作为溢流堰的收边；植物布置考虑了整体景观效果，与周边景观绿化融合紧密，保证了四季有景、三季有花；防渗膜搭接面应平整，不得有坚硬突起物，坡上铺设的材料应通过预埋件埋设在坡顶锚固沟内，不外露。

图8 生物滞留池景观侧石开口入流

图9 生物滞留池转输导流

图10 生物滞留池溢流跌水

图11 跨河处随桥渡槽导流

图12 景观跌水导流

图13 穿越场地暗涵导流

3.3 雨水湿地

雨水湿地和亲水平台为整体施工，考虑到不断水施工的要求，采用钢板桩围合的方式，局部抽水，在河道整体水位较低的冬季施工，雨水湿地采用杉木桩围合的形式处理与河道水体的关系，进水口落水点铺设卵石消能，避免雨水冲刷植物。

由于雨水湿地内的植物短期内难以达到预期效果，在植物种植选型上选择规格较大的植物及容器苗，且选择在初春时种植，一是避免夏季温度过高植物成活率低，二是避免夏秋季雨量大冲刷植物，错过植物扎根的最佳时间。

4 运行维护

本项目海绵设施由苏州城南园林绿化工程有限公司负责日常养护，相关海绵设施的运行维护要求详见政策文件E。

5 工程造价

本项目工程总造价505.64万元，其中海绵设施造价约68.89万元。主要海绵设施综合造价：雨水湿地约808元/m^2，生物滞留池约1035元/m^2。

6 效果评估

6.1 定量评估

经计算评估，项目控制设计降雨量19.8mm，年径流总量控制率可达76%，年SS总量去除率可达62.7%，达到了建设目标。

6.2 定性评估

环境效益：本项目将景观设计与海绵城市技术相结合，利用生物滞留池和雨水湿地技术措施净化了周边道路广场的雨水，一定程度上改善了东环城河的水质。

社会效益：本项目为昆山海绵城市建设提供了一个示范性案例，让昆山市民了解海绵城市、认知海绵城市、认同海绵城市的效果，同时为广大市民提供了一个良好的滨水活动公园（图14）。

图14 滨河绿地实景图

建 设 单 位：昆山市城区建设管理处

设 计 单 位：苏州越城建筑设计有限公司

澳洲艺普得城市设计咨询有限公司

施 工 单 位：苏州城南园林绿化工程有限公司

照 片 提 供：苏州越城建筑设计有限公司

案例编写人员：李正、洪云飞、毛雪萍、陆强、费爱华

16

琅环公园海绵化改造

基本概况

所在圩区：玉山圩

用地类型：公园绿地

建设类型：改建项目

项目地址：昆山市玉山镇西街

项目规模：占地面积1.05hm^2

建成时间：2018年5月

海绵投资：39.09万元

1 项目特色

（1）综合海绵、景观、道路及排水等多专业融合协同设计，取得了控制径流污染、缓解内涝、景观提升等综合效果，并将树皮等绿化废弃物再生利用，作为海绵设施覆盖物，实现了废物循环利用。

（2）海绵设施植物配置结合景观花境、自然山石共同设计，层次分明，海绵设施与周边景观环境充分融合，打造形成“四季有景，三季有花”的海绵公园。

2 方案设计

2.1 设计目标与策略

1）设计目标

本项目位于中心城区琅环里与西街交叉口处，为改建项目。根据《昆山海绵城市规划设计导则》和澳大利亚水敏型城市设计的理念和要求，并结合场地现状实际条件和建设需求，确定建设目标如下：年径流总量控制率60%，年SS总量去除率45%。

2）设计策略

针对不同用地类型和布局方案，合理调整场地竖向并优化绿化空间布局，形成雨水径流向海绵设施汇流的排水路径。

结合绿地规模与竖向设计，在绿地内设置可消纳屋面、路面、广场径流雨水的海绵设施，并有效衔接溢流排放系统和城市雨水管渠系统。屋面雨水采用竖向找坡或雨水管网收集，经过初期雨水弃流设施后，通过转输型植草沟（卵石边沟）等收集至生物滞留池（图1）。合理优化路面与周边绿地关系，就近汇入海绵设施；广场铺装设置1%导流坡度，雨水通过开孔侧石，就近汇入海绵设施；经海绵设施净化后的雨水通过市政管道排入河道。

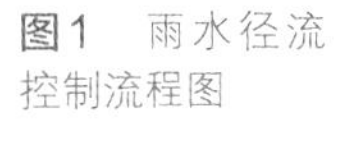

图1　雨水径流控制流程图

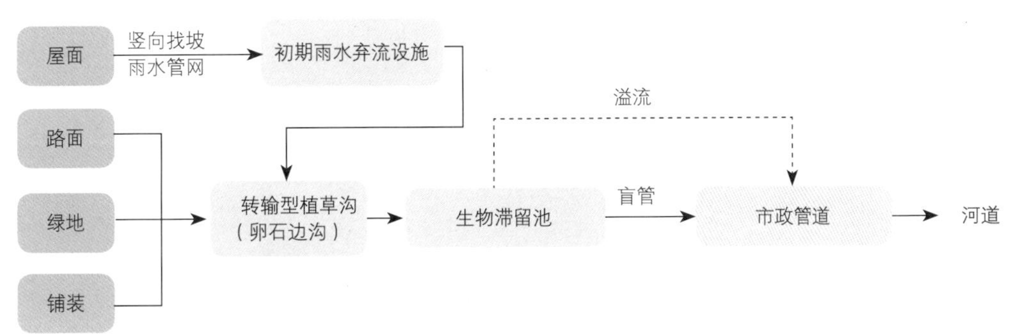

2.2 设施选择与设计

1）设施选择

根据区域和项目的问题及需求分析，以雨水径流控制和径流污染削减为主要目标，采用了透水铺装、转输型植草沟和生物滞留池作为主要海绵设施，实现对雨水的滞蓄、净化处理。

2）节点设计

（1）透水铺装

项目中采用的透水铺装主要为彩色透水混凝土（图2）。

（2）转输型植草沟（卵石边沟）

项目中采用了转输型植草沟（卵石边沟）转输雨水（图3）。转输型植草沟种植土

图2 透水铺装实景图

图3 卵石边沟实景图

层厚度为100～250mm，本工程选用200mm厚种植土。转输型植草沟宜种植密集的草皮，不宜种植乔木和灌木植物，植被高度宜控制在100～200mm。

（3）生物滞留池

生物滞留池植物（图4）优先选择多年生及常绿乡土植物，根系发达，又应满足短期耐淹、长期耐旱的要求；不同品种应搭配选择（一般3种及以上），提高生物滞留池的景观性、生物多样性、稳定性和功能性。不同植物搭配效果如下。

①方式一：花叶芦竹+黄金香柳+狼尾草+细叶芒+翠芦莉+旱伞草+沿阶草（图5）。

图4　生物滞留池实景图

图5　生物滞留池植物配置实景图（方式一）

②方式二：黄金香柳+旱伞草+红花檵木+红叶石楠+紫鸭拓草+沿阶草（图6）。

③方式三：蒲苇+黄金香柳+斑叶芒+灯芯草+黄菖蒲+黄花鸢尾+沿阶草（图7）。

图6 生物滞留池植物配置实景图（方式二）

图7 生物滞留池植物配置实景图（方式三）

2.3 设施布局与径流组织

1）设施布局

按照场地竖向设计、功能布局、景观设计和积水现状，将琅环公园总体分为24个汇水分区。在绿地设置源头分散型海绵设施，综合考虑汇水分区内的地形竖向、植物组团、景观布局，合理布局海绵设施（图8）。

2）径流组织

根据各个分区的海绵设施布局，明确设施进水口和溢流口的位置，通过竖向设计保障服务范围内雨水均可顺利汇流进入海绵设施，且溢流雨水可通过溢流口有组织地排出。当汇流距离较远，仅仅依靠竖向难以保证有效汇流时，可通过转输型植草沟等导流设施将地表径流导流至海绵设施（图9）。

3）设施规模

根据雨水径流控制目标，确定各分区海绵设施规模。本项目主要海绵设施规模为：生物滞留池215m^2，转输型植草沟471m，透水铺装368m^2。

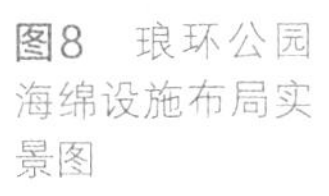
图8 琅环公园海绵设施布局实景图

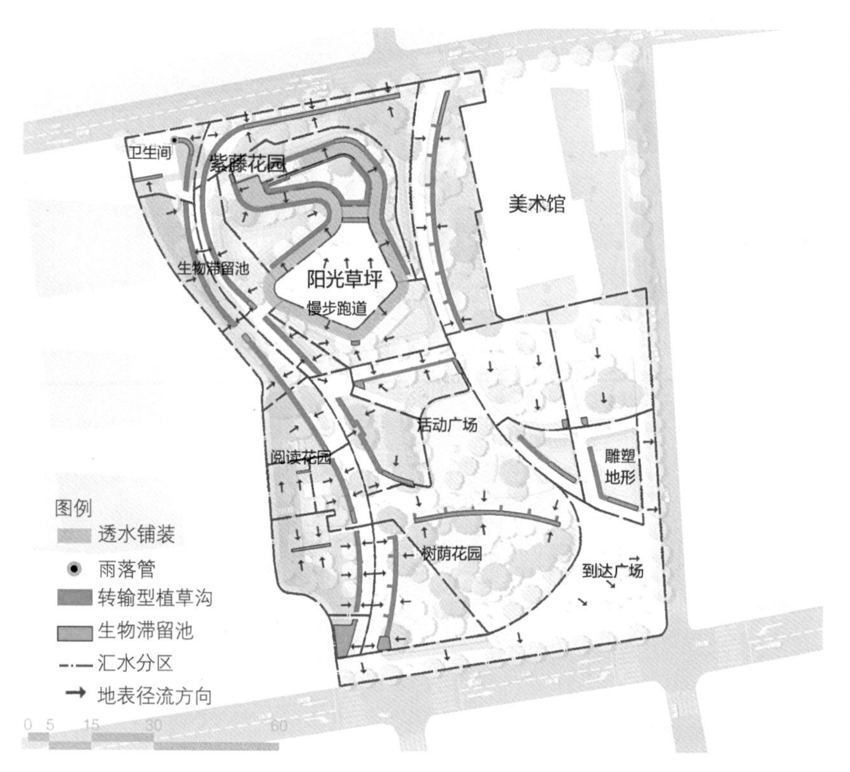

图9　海绵设施总体布局及径流组织示意图

3 工程实施

严格按照设计要求控制道路、铺装、海绵设施、溢流口以及雨水管网等竖向关系，精细化施工。不同海绵设施施工要点如下。

3.1 转输型植草沟

开挖沟槽，对转输型植草沟进行找坡，防止出现积水，转输型植草沟长度超过10m时安装溢流口，转输型植草沟整平后栽植植物。转输型植草沟宽度取值控制为600～2000mm，转输型植草沟的边坡坡度不宜大于1：3，纵向坡度取值宜为0.3%～4%。种植土下层的土壤需夯实，夯实系数为0.87。转输型植草沟最大流速应小于0.8m/s。

3.2 生物滞留池

沟槽开挖的截面形状尽量采用倒梯形，便于快速收集雨水；滞水层深度100mm，并预留不小于100mm的超高，边坡坡度应不大于1：3。混合填料要经过多次搅拌，保证混合均匀，拌合好后进行回填，确保既能起到滤水作用又能起到蓄水滞留作用（图10、图11）。混合填料填充应分层压实，每20cm压实一次；边坡上敷设的防渗材料应埋设在坡顶锚固沟内；防渗层（HDPE膜）渗透速率应小于10^{-8}m/s，且搭接宽度不小于200mm，防水材料应与周边地基和构筑物连接，形成完整的密封系统；穿孔管管径为De110mm，管材为UPVC，开孔孔径为6mm，穿孔管开孔率为1%，铺设坡度为0.2%。

图10 生物滞留池过滤层回填

图11 生物滞留池卵石覆盖层选色

3.3 雨水导流

严格按照设计方案优化后的竖向高程，科学合理地组织雨水径流顺利进入海绵设施；道路尽量采用平石收边，如必须采用侧石的，开口间距不超过10m，且确保道路低点一定有开口。

4 运行维护

琅环公园的海绵设施由其所有者或其委托方负责维护管理，相关海绵设施的运行维护要求详见政策文件E。

5 工程造价

本项目海绵城市建设投资约39.09万元，其中生物滞留池约968元/m^2，转输型植草沟约88元/m，透水铺装约350元/m^2。

6 效果评估

6.1 目标评估

经计算评估，项目控制设计降雨量17.8mm，年径流总量控制率可达68.5%，年SS总量去除率为54.8%，达到了建设目标。

6.2 效益评估

琅环公园通过运用海绵城市技术，取得了良好的生态、景观效果，实现了社会、经济、环境效益的最大化（图12）。

图12 琅环公园实景图

建设单位：昆山市城区建设管理处

设计单位：苏州越城建筑设计有限公司

澳洲艺普得城市设计咨询有限公司

施工单位：苏州城南园林绿化工程有限公司

照片提供：苏州越城建筑设计有限公司

案例编写人员：毛雪萍、李正、陆强、洪云飞、费爱华

17

萧林路小学街角公园海绵城市建设

基本概况

所在圩区： 睦和圩

用地类型： 公园绿地

建设类型： 新建项目

项目地址： 周市镇萧林路以北，横泾路以东

项目规模： 占地面积0.45hm^2

建成时间： 2019年3月

海绵投资： 约156.3万元

1 项目特色

（1）将海绵城市理念与口袋公园融为一体，打造以学校接送区为主要功能，同时兼作生态课堂和自然教育场所的公共绿地空间，为同类型街角公园提供了示范案例。

（2）项目设计环节充分考虑竖向高程优化和场地内土方自我平衡的重要因素，巧妙结合景观实施效果，立体化布置景观步道与海绵设施，形成有层次、多变化的绿化空间。

2 方案设计

2.1 设计目标与策略

1）设计目标

项目以缓解区域排涝压力、削减雨水径流污染和宣传海绵城市理念和技术为建设目标，根据《昆山市海绵城市专项规划》和《昆山海绵城市规划设计导则》，萧林路小学街角公园设计指标为：年径流总量控制率85%，径流污染源削减率65%。

2）设计策略

项目针对场地不同下垫面类型，合理调整场地竖向，优化空间布局。绿地内的雨水部分入渗至地下，其余均通过竖向找坡，进入生物滞留池内，超量雨水溢流至雨水管网。周边道路雨水通过竖向找坡，经附近转输型植草沟（卵石边沟）流至生物滞留池内，超量雨水进入雨水管网。净化后的雨水通过雨水管网流入河道（图1）。

2.2 设施选择与设计

1）设施选择

结合地块地形特点及汇水分区特征分析，从功能性、经济性、适用性及景观效果角度出发，选用了生物滞留池、透水铺装和转输型植草沟等海绵设施。

2）节点设计

生物滞留池自上而下设置过滤层、过渡层和排水层等。同时，为节约步道空间、最

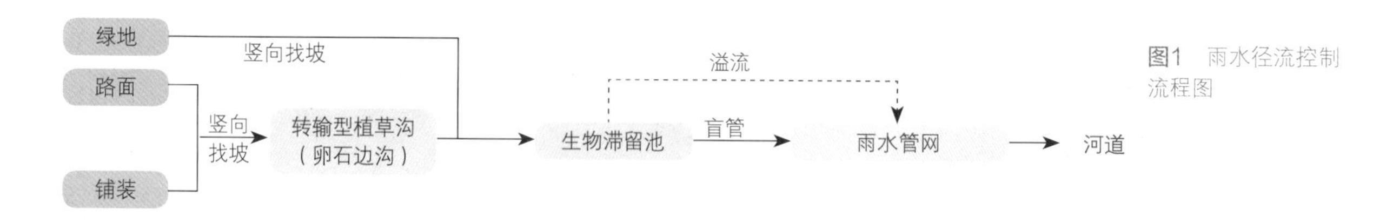

图1 雨水径流控制流程图

大化实现景观效果，在汇水区（生物滞留池）的上方铺设10mm厚热镀锌格栅作为景观步道，与海绵设施构成立体化布置，下面汇水，上面步行，将海绵设施很自然地融入场地，并服务于场地（图2）。

生物滞留池植物种植优先选择多年生及常绿乡土植物，根系发达，又应满足短期耐淹、长期耐旱的要求，以减少养护成本；不同物种应搭配选择。选用花叶芦竹、斑叶芒、花叶美人蕉、肾蕨、香蒲、紫娇花等植物（图3）。

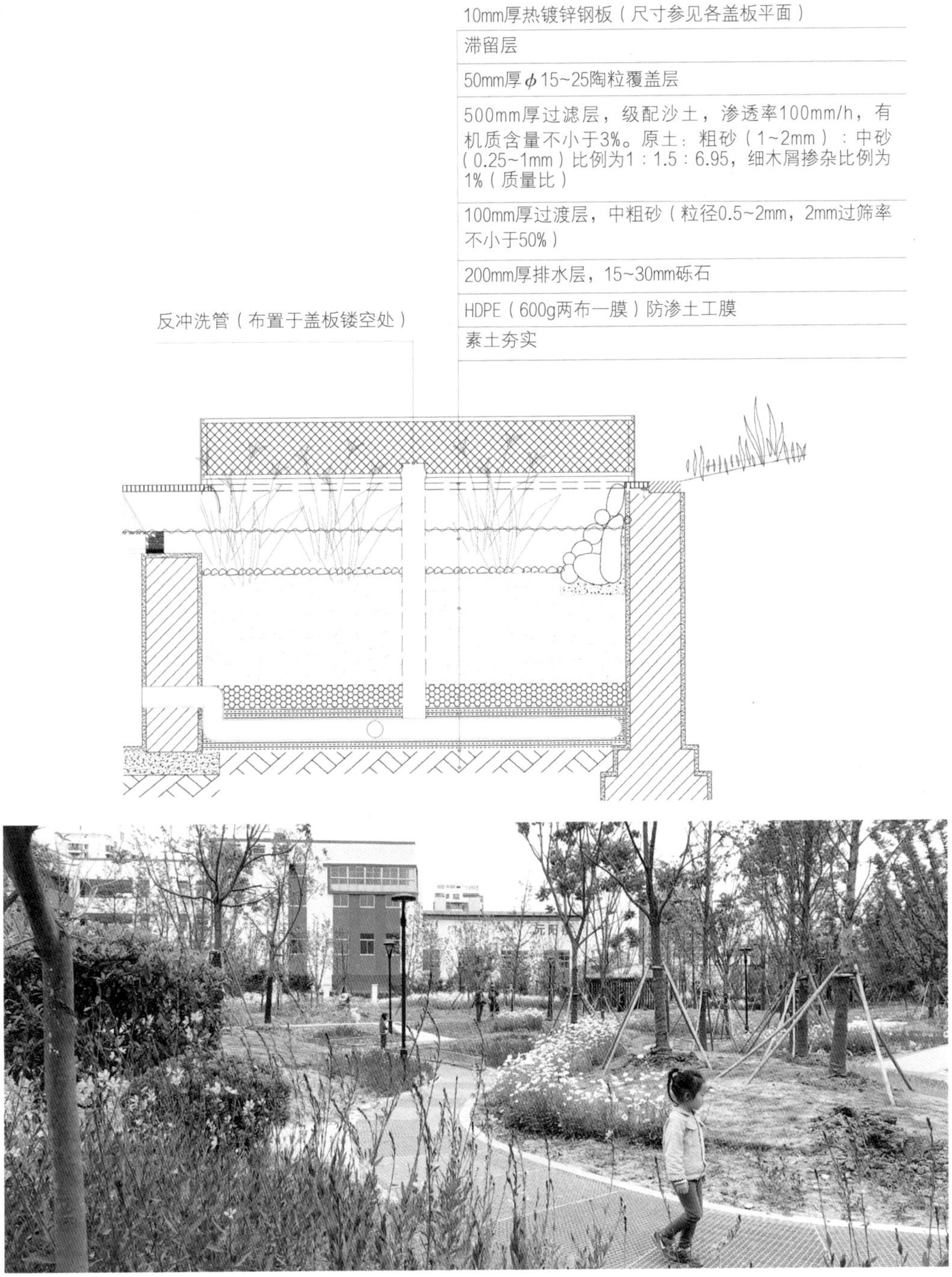

图2　生物滞留池断面图及实景图

10mm厚热镀锌钢板（尺寸参见各盖板平面）
滞留层
50mm厚ϕ15~25陶粒覆盖层
500mm厚过滤层，级配沙土，渗透率100mm/h，有机质含量不小于3%。原土：粗砂（1~2mm）：中砂（0.25~1mm）比例为1：1.5：6.95，细木屑掺杂比例为1%（质量比）
100mm厚过渡层，中粗砂（粒径0.5~2mm，2mm过筛率不小于50%）
200mm厚排水层，15~30mm砾石
HDPE（600g两布一膜）防渗土工膜
素土夯实
反冲洗管（布置于盖板镂空处）

图3　生物滞留池植物种植图

2.3 设施布局与径流组织

综合分析项目总平面图及景观方案，对场地微地形进行抬升和降低，既达到了营造景观地形、平衡场地土方的目的，又满足了雨水自然汇流的要求（图4）。

在基本保留现有景观设计格局的基础上，衔接整体场地竖向与排水设计，进行海绵设施的布局。其中生物滞留池规划面积90.01m^2，植物缓冲带面积124.86m^2，卵石边沟长498.58m，透水铺装973.06m^2，充分考虑各汇水分区关联性，对可联动布局的汇水分区进行一体化布置（图5）。

图4　生物滞留池布局实景图

图5　海绵设施总体布局与径流组织示意图

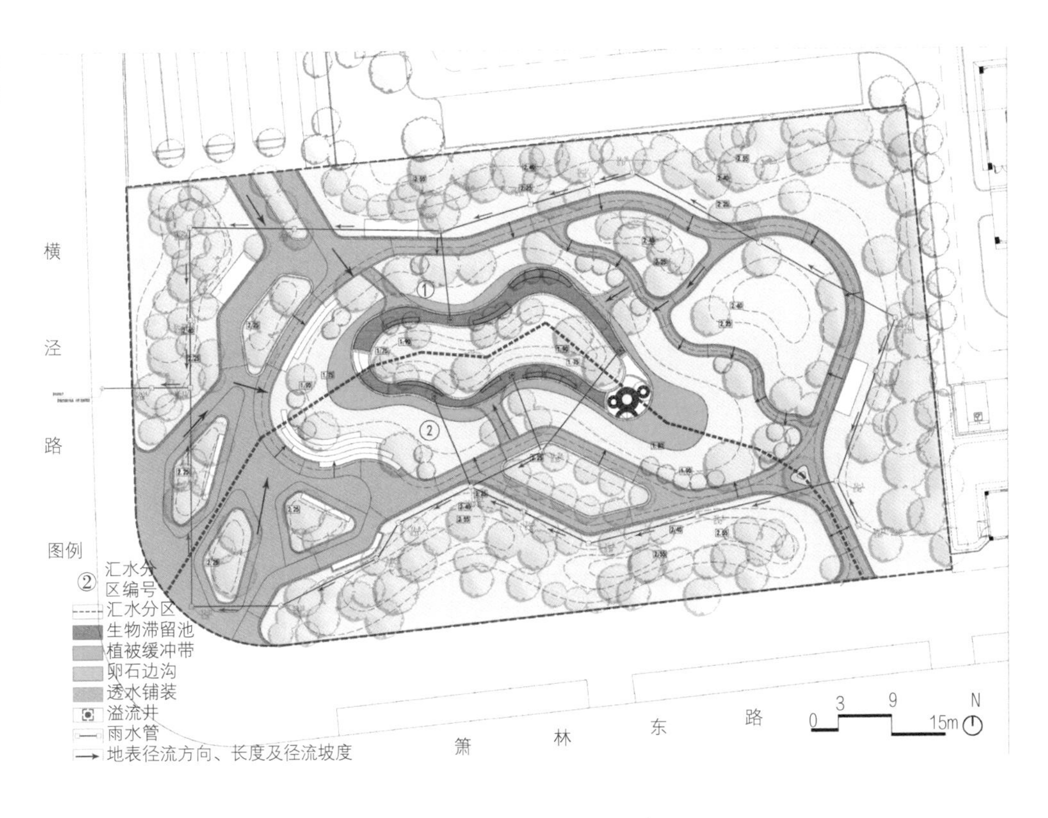

3 工程实施

本项目最主要的海绵设施为生物滞留池，考虑生物滞留池上方铺设的步道对滞留池植物生长的影响，设计时采用了镂空钢格栅，在施工过程中要注意严格控制格栅间隙尺寸，既要满足步道的正常使用功能，也需确保植物生长（图6）。

图6 生物滞留池实景图

4 运行维护

街角公园的海绵设施由周市镇路灯绿化管理所负责维护管理，周市镇路灯绿化管理所配备了专业管理人员和相应的检测手段，并对管理人员加强专业技能培训。同时，周市镇政府也不断加强宣传教育和引导，提高公众对海绵城市建设、低影响开发、城市节水、水资源与水生态安全、城市内涝防治等工作的认识，鼓励公众积极参与。相关海绵设施的运行维护要求详见政策文件E。

5 工程造价

项目工程总投资为320万元，其中海绵城市建设投资约156.3万元。本项目对所用生物滞留池景观要求高，植物结合景观地形、花境组团综合考虑。其中各设施单价如下：生物滞留池7311元/m^2，透水铺装737元/m^2，卵石边沟以及溢流口造价为329元/m，海绵部分绿化造价为185元/m^2。

6 效果评估

6.1 定量评估

根据项目实际实施的海绵设施进行评估计算，公园实际年径流总量控制率为86.75%，对应设计降雨量为36.3mm，年SS总量去除率为65.06%，达到了海绵专项规划和实施方案的目标要求。

6.2 定性评估

公园通过运用海绵城市技术，取得了较好的生态、景观效果；并结合本项目作为学校接送区的特点，发挥了生态课堂和自然教育场所的功能，起到了示范作用，社会反响良好（图7）。

图7　公园实景图

建 设 单 位： 周市镇路灯绿化管理所

设 计 单 位： 苏州恩源景观设计有限公司

江苏山水环境建设集团股份有限公司

施 工 单 位： 昆山市城市绿化工程有限责任公司

案例编写人员： 章元元、夏彦旻、蔡铄琼、吴渊、蒋明甫

18

陆家镇吴淞江生态廊道建设

基本概况

所在圩区： 红星圩

用地类型： 公园绿地

建设类型： 新建项目

项目地址： 陆家镇吴淞江

项目规模： 占地面积9.81hm^2

建成时间： 2019年4月

海绵投资： 约650万元

1 项目特色

（1）打造吴淞江生态廊道，是昆山市构建“七横、四纵、四区、六园”海绵城市自然生态空间格局的重要组成部分，保障了生态景观格局的完整性和连续性。

（2）生态廊道建设尽量减少对自然水文循环的干扰，人行步道、滨水观光道、休闲汀步道、停车场等硬质场地采用形式多样的透水铺装，绿地采用合理的人工造坡，自然形成中心高四周低的下凹式绿地，通过色彩、图案、植物的有机搭配，营造优美、活泼的景观效果，打造了吴淞江沿线人、生活、自然和谐相融的生态绿廊。

2 方案设计

2.1 设计目标与策略

1）设计目标

本项目位于昆山陆家镇吴淞江与陈巷花园之间，为新建项目。根据昆山市海绵城市建设相关要求，并结合场地现状实际条件和建设需求，确定建设目标如下：打造吴淞江生态廊道，项目范围内年径流总量控制率85%，年SS总量去除率70%。

2）设计策略

人行步道、滨水观光道、休闲汀步道、停车场等采用透水铺装，雨水径流经过源头减排后，通过地表汇流进入下凹式绿地。超出设计降雨量时，雨水溢流进入公园雨水管网系统，最终进入市政排水系统（图1）。

2.2 设施选择与设计

1）设施选择

考虑到场地绿化率和景观要求较高等特点，采用下凹式绿地和透水铺装作为主要海绵设施，海绵设施融入景观绿化，有效削减雨水径流污染，控制雨水径流总量。

图1 雨水径流控制流程图

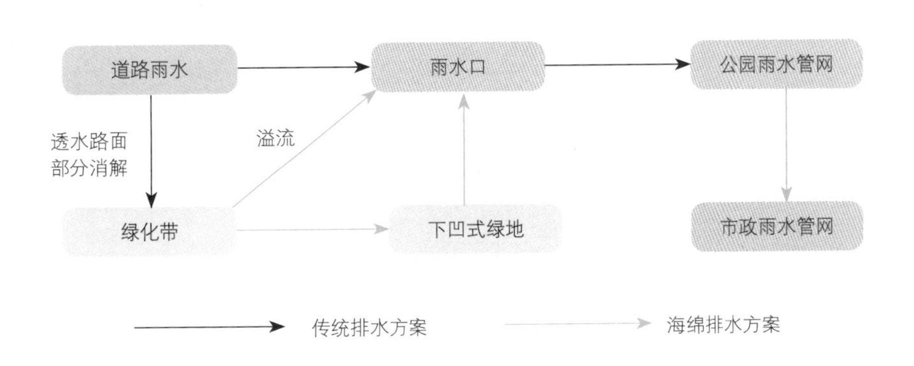

2）节点设计

（1）下凹式绿地

下凹式绿地中部换填中粗砂，布置排水盲管，形成缓排区，雨停后24h排干积水。下凹式绿地蓄水层（含超高层）最高达到40cm，种植土层25cm（图2）。

项目结合本地特色选取了水生鸢尾、花叶芦竹、水生美人蕉、千屈菜等植物，丰富了绿地景观（图3）。

（2）透水铺装

本项目停车位采用植草类透水铺装，步道和广场采用彩色透水混凝土（图4）。

彩色透水混凝土路面透水性好、生态环保，且具有良好的物理性能，施工简便，施工效率高，维修方便快捷，还可以通过搭配不同颜色的石材，组合成几何图案、花型、文字等，丰富路面的视觉效果。

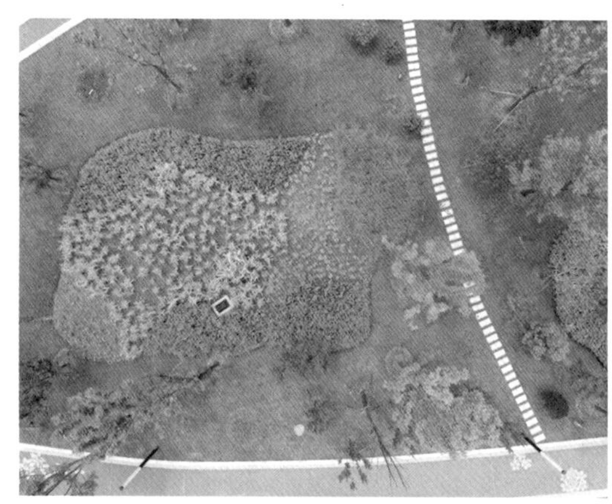

图2 下凹式绿地实景图

图3 下凹式绿地植物配置实景图

图4 透水铺装实景图

2.3 设施布局与规模

1）设施布局

综合考虑汇水分区内的地形、植物组团、景观布局，合理布局海绵设施。通过海绵设施与绿化景观的有机结合，将海绵设施融合、消隐于公园景观之中（图5、图6）。

图5　海绵设施布局实景图

图6　海绵设施实施完成后实景图

2）设施规模

根据雨水径流控制目标，确定各分区海绵设施规模。本项目共设置下凹式绿地2890m^2，透水铺装14808m^2。

3 工程实施

海绵设施施工要点如下。

3.1 下凹式绿地

防渗土工布室外铺设施工宜在气温5～40℃，风力4级以下并无雨、无雪的天气进行。种植土除满足盐分、pH值要求外，还需质地疏松，有团粒结构，具有一定肥力。否则，土壤质地黏重，通气透水性能差，浇水后易板结，不利于植物生长。

3.2 透水铺装

透水铺装在景观工程完成后方可铺设，防止淤泥堵塞铺装。透水铺装两侧绿化需设置植草沟，防止水土流失，防止砂石泥土进入铺装导致堵塞。

透水铺装路面喷漆时应对周边的前道工序材料予以保护，可采用胶带粘贴，也可用钢（木）板遮挡。必须做到边到边整齐，线条笔直，美观大方。调漆时要保证配比统一，防止出现色差，喷漆时搭接度要一致。

4 运行维护

本项目海绵设施由陆家建设管理所负责维护管理，相关海绵设施的运行维护要求详见政策文件E。

5 工程造价

本项目工程总投资5500万元，其中海绵城市建设投资约650万元，折合单位建设用地面积海绵城市工程投资约66.3元/m^2。主要海绵设施单价为：透水铺装430元/m^2，下凹式绿地330元/m^2。

6 效果评估

本项目依据《昆山市地块类海绵项目建设绩效评估标准（试行）》开展了绩效评估，经评估，该项目总得分为80分，绩效评估等级为三级。

6.1 控制项评估

采用MUSIC软件对项目控制性指标进行模拟计算，年径流总量控制率和年SS总量去除率达到了预期目标。

6.2 一般项评估

对场地布置和竖向衔接、海绵设施、排水系统三大类17个子项进行评估，其中，在场地积水问题解决、海绵设施汇流组织、海绵设施与周边场地衔接、植物配置、填料层施工等方面实施较好（图7、图8）。具体子项包括：中雨后场地内硬质道路等不透水场地内无积水；周边场地内雨水汇入下凹式绿地的径流路径顺畅、无反坡；透水场地面积比达到92.9%；下凹式绿地与周边场地自然衔接，边坡稳定；下凹式绿地的植物选型合理、搭配适当，生长状况良好；现场整体干净整洁，海绵设施内无杂物堆积；下凹式绿地等表面土壤无明显分层、串层及土层流失现象；现场下凹式绿地溢流井孔口未发现堵塞的情况。

图7　中雨后道路无积水实景图

图8　下凹式绿地与周边场地自然衔接实景图

6.3 加分项评估

该项目加分项主要包括：场地内合理采用透水铺装技术，降低硬化地面比例，其中停车位采用植草类透水铺装，步道及广场采用非植草类透水铺装（图9）。

图9　透水铺装实景图

建 设 单 位：昆山市陆家建设管理所

设 计 单 位：无锡市境和景观设计有限公司

浙江西城工程设计有限公司

施 工 单 位：江苏湖滨园林建设有限公司

苏州市吴林花木有限公司

照 片 提 供：浙江西城工程设计有限公司

昆山市陆家建设管理所

技术支持单位：浙江西城工程设计有限公司

案例编写人员：张金陵、林涛、赵伟锋、马天翔、赵海凤

五、水环境治理类

水环境治理类是指以海绵城市建设理念和手法，系统提升水体或区域水环境质量，构建良性水循环的项目。该类项目多以圩区、河道汇水范围等为整体，注重系统性思维，统筹建设灰色和绿色设施，将源头减排、过程控制、末端治理等措施充分结合，系统提升区域的水环境质量。运用的主要海绵设施有雨水湿地、生物滞留地、下凹式绿地等。本书从已完成的水环境治理类项目中选取了 4 个具有代表性的案例。

19

江浦圩圩区循环策略及城市森林公园改造

基本概况

所在圩区：江浦圩

项目地址：昆山高新区

项目规模：圩区总面积约837hm²，其中森林公园约200hm²，森林公园内湿地占地面积约6.3hm²

建成时间：森林公园2002年底建成并对外开放，2016年开始进行海绵化改造，2018年一期正式对外开放（二期尚未完工）

一期海绵投资：2109万元

1 项目特色

江浦圩是昆山海绵城市建设圩区循环策略的代表性圩区。以圩区为单元，在源头削减和过程控制的基础上，通过动力对圩内水体进行提升循环，利用公共海绵设施对河道水体进行净化，实现圩区水质整体改善的目标。

森林公园海绵化改造工程，是江浦圩圩区循环策略的核心项目，将园区景观、绿色生态基础设施与城市水务管理统筹考虑，包含水体循环与水质改善、城市生态网络建设、排洪滞蓄三个层面的系统性解决方案，实现了城市湿地保护与恢复、生态旅游与度假、生态科研与科普体验等特色功能。

2 江浦圩圩区循环策略

2.1 圩区湿地布局与规模

江浦圩位于昆山市西部城区，庙泾河从圩区北面蜿蜒流过，是傀儡湖（备用水源地）、森林公园和亭林园的重要连接通道。在圩区循环策略的指引下，江浦圩以循环处理型湿地为主要形式，通过水泵从河道中泵水进入湿地，经过循环处理型湿地处理后，排水回流至河道取水点远端，河道内水体将根据水力坡度自然由排水点流向取水点，带动该河段内水体的流动与混合。结合圩区内用地情况和本底条件，共选定24hm^{2}绿地作为圩区湿地。

以控制河道水体内的蓝藻生长为主要的水质控制目标，以河道内翻覆时间30d、湿地平均深度0.4m、湿地内水力停留时间5d为设计标准，则江浦圩圩区内主要河道（不包括森林公园内水体）整治所需处理的湿地面积约27hm^2，而江浦圩圩区内的圩区湿地总面积约24hm^2，所以作为城市尺度公共绿地空间的森林公园，应尽可能分担圩区湿地负荷。因此在江浦圩圩区循环策略中，明确了森林公园不仅要控制园内湖泊水质，还应承担3hm^{2}的圩区湿地指标。

2.2 圩区循环调度

江浦圩可划分为5个相对独立的分区，分区间水体交换较少，分区内水体流动较充分，圩区内分区有利于整个圩区进行分阶段的策略设计及实施。如通过森林公园的海绵化改造，实现了分区1内的圩内河道与森林公园内水系连通、交换、循环，水由森林公园的东北和西北部进入，经森林公园内部处理循环后由南部流出，并带动了分区1与分区2的水体互动，分区3、4、5可以自行进行循环互动（图1）。

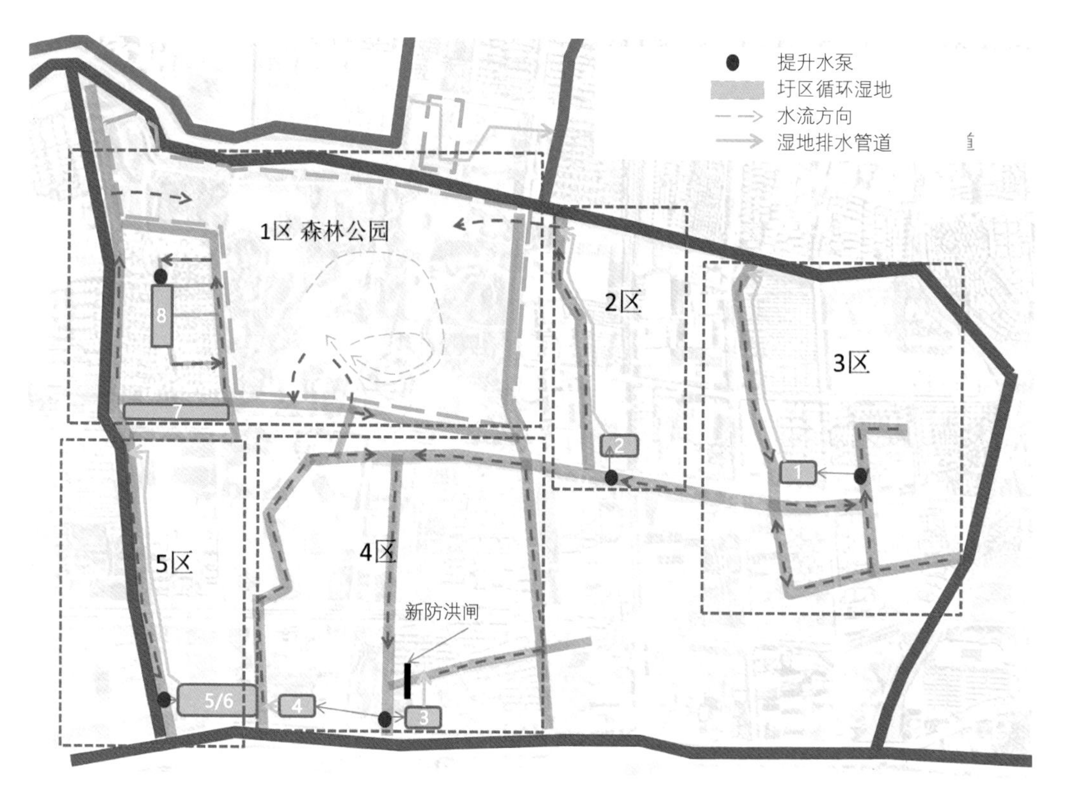

图1 江浦圩圩区循环策略中的水循环分区示意图

3 森林公园方案设计

3.1 设计目标与方案

基于森林公园现状问题和需求评估，以及相关上位规划、方案对森林公园的功能定位，项目以景观改造为契机，以打造森林公园多功能绿色基础设施为目的，同步实施景观和海绵改造工程设计。森林公园海绵化改造目标主要为：

（1）在改善公园内水系循环、提升自身水质的同时，逐步与周边水系连通，使森林公园海绵体发挥“绿肺”功能，提供等同于3hm^{2}圩区湿地处理净化周边水体的能力。

（2）充分利用森林公园内大面积水体与圩内河道的可连通性，发挥其雨洪调蓄功能，提升现有排涝基础设施的安全性与经济性。

（3）策略性地修复森林公园内陆域生态系统和水域生态系统，打造生态多样性节点保护区，发挥森林公园作为生态节点在昆山市自然生态网络上的重要作用。

结合景观改造，在公园内因地制宜设置多个循环处理型湿地，湿地由小型水泵持续提供动力，从湖体泵水进入湿地，水流流过湿地被处理净化后流回湖体，实现氮磷等污染物的不间断去除及湖体等水系的流动循环。同时，充分发挥森林公园重要生态节点和圩区公共海绵空间的功能属性，将公园的湖泊水系作为圩区的雨洪调蓄空间，系统提升江浦圩整体防洪安全水平。

3.2 湿地详细设计

1）湿地布局

综合园内景观设计及各湖泊水体现状水深布局湿地，结合湖体水量及水质要求综合分析，确定园内循环处理型湿地分布（图2），参与处理的有效湿地总面积约18.2hm²。根据湿地的布局与水系分布，进一步确定园区内水系与湿地的循环流向及流量（表1）。

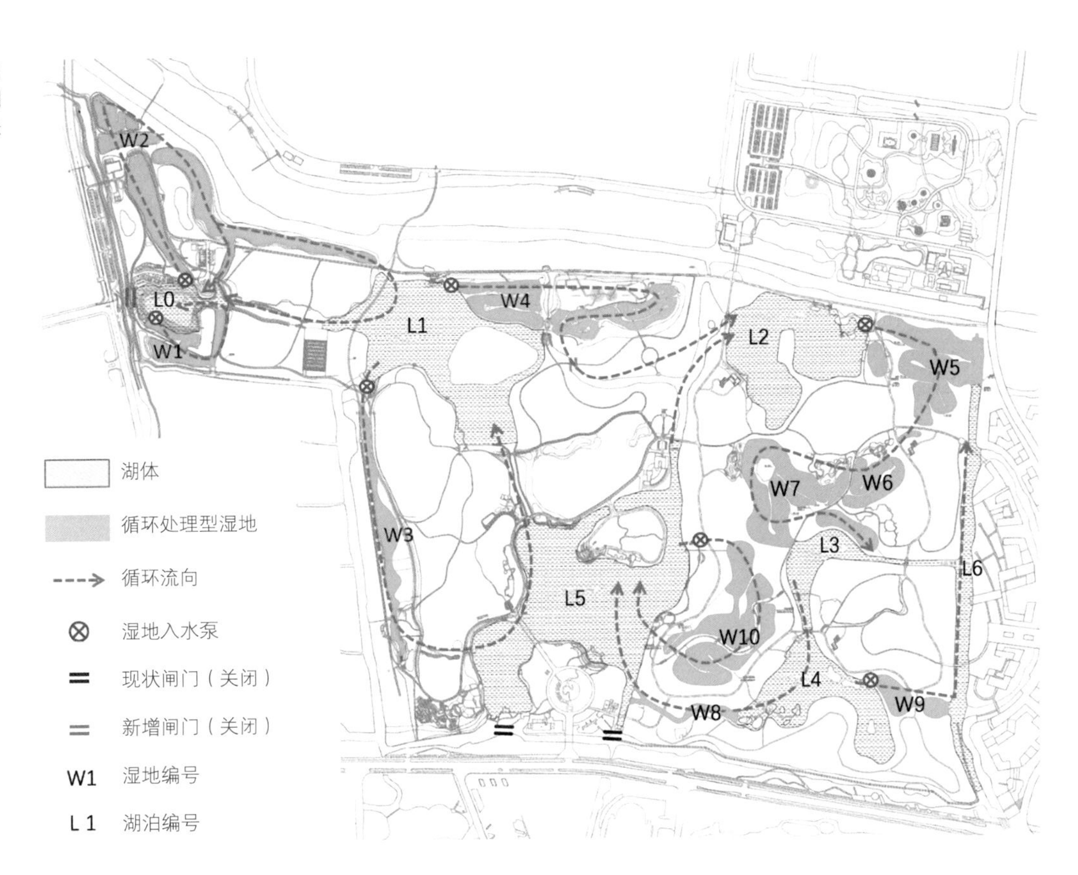

图2 森林公园湿地分布及一期公园运行模式示意图

森林公园湿地循环流量及主要湖泊的翻覆时间 表1

湿地					
编号	常水位/m	面积/hm²	理论流量/（L/s）	启用流量/（L/s）	水力停留时间/d
W1	1.2	0.63	5.8	5.8	5.0
W2	1.3	2.94	27.2	17.5	7.8
W3	1.2	0.92	8.5	12.0	3.5
W4	1.2	3.20	29.7	15.0	9.9
W5	1.3	2.85	26.4	45.0	2.9
W6	1.3	1.09	10.1	50.0	1.0
W7	1.3	2.63	2.4	50.0	2.4

续表

湿地					
编号	常水位/m	面积/hm^2	理论流量/（L/s）	启用流量/（L/s）	水力停留时间/d
W8	1.1	0.36	3.3	45.0	0.4
W9	1.1	0.69	6.4	5.0	6.4
W10	1.3	2.92	27.0	28.0	4.8
总计		18.23	—	128.3	—

湖泊						
编号	面积/hm^2	体积/m^3	翻覆时间/d	对应处理湿地	面积/hm^2	循环流量/（L/s）
L0	1.39	45453	60	W1+17%W2	1.13	8.78
L1	6.72	145824	41	83%W2+W3+W4	6.56	41.53
L2	5.20	201240	52	—	—	45.0
L3	1.51	26727	25	W5+W6+W7	6.57	50.0
L4	3.46	71622				
L5	10.78	223146	30	W3+W5-8+W10	4.20	85.0
L6	2.53	50600	45	W9	0.69	5.0
总计	31.59	764612	—	总计	18.23	128.3

2）湿地功能分区

以湿地W4设计为例，主要功能分区以水深为指标划分（图3）。

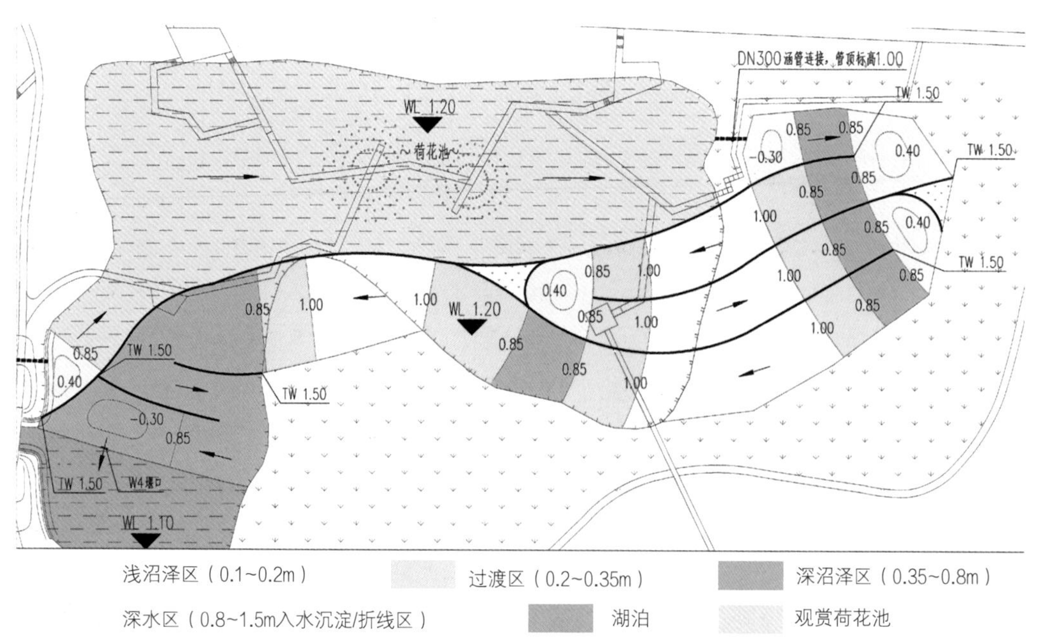

图3　湿地功能分区示意图（以湿地W4为例）

深水区/开放水域区通常设在入水处（水深为1.5m），作为沉淀池（去除直径大于125 μm的大颗粒）以及水流流线转折处（水深为0.4～0.8m）（有利于水流在流动截面均匀分配）。浅沼泽水深为0.1～0.2m，可较好地截留悬浮颗粒，深沼泽水深应控制在0.35～0.8m，其氮磷等溶解性污染物去除效率较高。深、浅沼泽大部分面积尽量保持种植面平整，过渡区坡度尽量平缓，确保水生植被的适应性。深、浅沼泽的面积应基本相当，深水区/开放水域区水面的面积宜控制在湿地总面积的10%以内，当侧重景观或有其他考量时可略微调整（图4～图10）。

图4　湿地W1，硬景施工完成后，水生植物种植前

图5　湿地W1，水生植物种植后2个月左右

图6　湿地W1，水生植物运行后1年左右

图7　湿地W2，水生植物种植后1周内

图8　湿地W2，水生植物种植后1年

图9 湿地W2航拍实景图（完工后1年）

图10 湿地W4航拍实景图（完工后1年）

3）湿地节点设计

（1）入水口

循环处理型湿地的入水口位于湿地源头，管口入水处受植被生长等多因素影响，长时间运行后容易淤堵，影响湿地入水。通常入水管口处可以采用混凝土硬化，或散置大小搭配的砾石（图11）。

（2）出水堰口

出水堰口的设计由湿地类型、湿地规模以及入水量而定。在湿地运行初期、调整期、稳定期和维护期等不同运行阶段，需通过手动调节堰板的高度来保证湿地系统的健康与正常运行（图12、图13）。

图11　湿地入水口（搭配砾石）

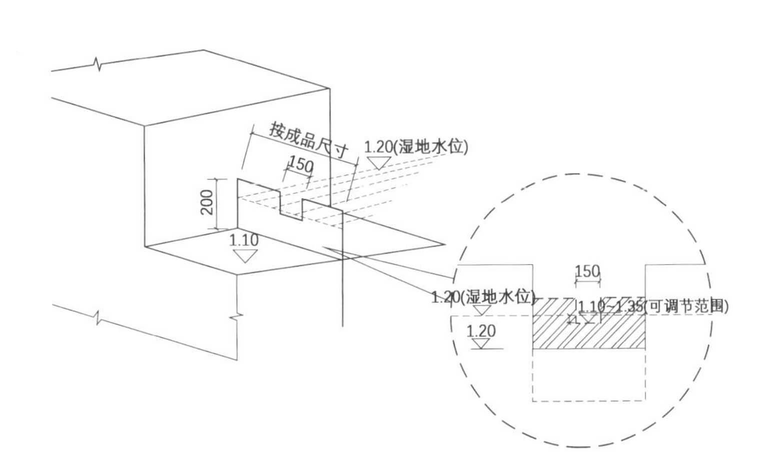

图12　森林公园湿地出水堰口示意图

图13　森林公园湿地出水堰口

（3）植物配选及种植方案

湿地植物配置，应在各功能分区内结合水深选择植物种类，并根据植物生长速度（侵占性）确定植苗密度。湿地的重点处理功能分区内，每个种植小区间（相同水深）选择至少3种植物，以均匀混合的方式在区间内满铺种植；湿地重点景观分区（如观赏荷花池区等）内的植物种类、植苗密度和分布方式则以景观设计为主（图14、表2）。

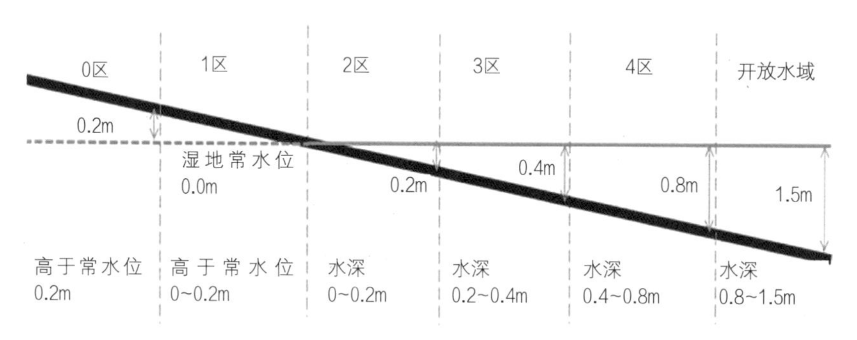

图14 湿地植物配置分区示意图

湿地植物配置一览表　　表2

0区	朴树	胡桃楸	小蜡树	银白杨	李	枫杨	蒙古栎	刺槐	旱柳	暴马丁香	榆树	水松
1区	黄菖蒲	千屈菜	头花蓼	星花灯芯草	水生美人蕉	水蓼	溪荪	丁香蓼	旱伞草	泽泻	梭鱼草	灯芯草
2区	荸荠	菖蒲	大慈姑	野荸荠	芦苇	茭白	黄菖蒲	灯芯草	水蓼	泽泻	梭鱼草	雨久花
3区	茭白	水葱	花叶水葱	芦苇	—	—	—	—	—	—	—	—
4区	苦草	荇菜	白睡莲	穗花狐尾藻	野菱	黑藻	莲	—	—	—	—	—

需注意香蒲、空心莲子草等湿地沼泽景观植物容易造成二次污染且繁殖过快，属于侵蚀性物种，应避免使用。

（4）生态节点修复

森林公园是城市生态系统框架中的重要生态节点之一，但目前园内植被区的种植分布以景观考量为主，极大削弱了相同种类和数量可达到的生态多样性。考虑到公园内植龄较高的植被区不宜被破坏，积极干预式生态修复难以开展，特选择了目前开发较少但生态潜能较高的鸟岛及附近区域作为示范区，有取舍地制定主动及被动式生态修复策略。被动式修复方案包括，在重点生态保护区中停止水岸及陆地的绿化维护修剪工作，降低步道等级，增加步行难度等。主动修复的重点为在已经实施的鸟岛湖岸加插大型枯树枝（图15）。

昆山盛风向为西北—东南。鸟岛的西北面无遮挡地面对较大开放水域，西北风吹动水体，对鸟岛西北面进行波式水力冲刷，其干扰降低了西北滨湖区的栖息地价值。建议在鸟岛西北侧虚线处（大型枯树枝围挡区）适当进行填土工作，以降低滨湖水深，并插接放置较大的枯树枝干，以增加生态栖息地多样性，间接增加生态多样性。枯树枝干形成天然的水波能量消减屏障，减少近岸水文扰动，稳定鸟岛水土；为近岸浅水域提供安静水域及庇荫，营造了适合小型水生物栖息的生存环境，水下枝干助生浮游生物，丰富鱼类食源；增加了捕食水生物的动物（如昆虫和鸟类）的食源；露出水面的枯枝也是多种鸟类喜欢的栖息/活动地（图16）。

A类枯木彼此插锁并重叠式放置，使结构尽量稳定；B类木枝放置在最上层；若含水率过低浮力较大向上漂浮，则需要抛锚固定。枯木放置密度为，沿湖岸线每1m内2棵A类小枯木，沿湖岸线每10m内3棵B类大枯木。枯木放置形态根据现有的水深勘探资料确定。现鸟岛附近湖岸线远离湖岸方向水平距离1～2m内，湖底陡降，水深迅速变深，继续水平延伸则坡降变缓。现以水深测量点K为例，枯木放置形态则为，下层A类小枯木从湖岸水面线以下开始以随意角度放置，处于完全淹没状态；B类大枯木有部分枝干伸出水面，为某些鸟类提供栖息环境（图17）。

图15　森林公园修复方案

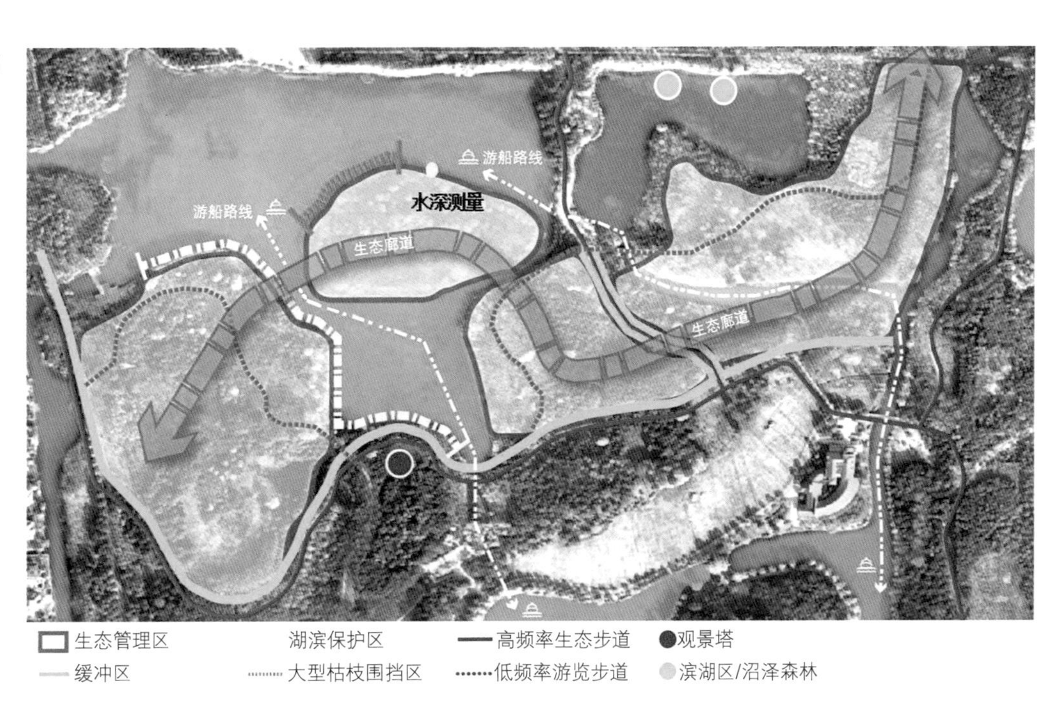

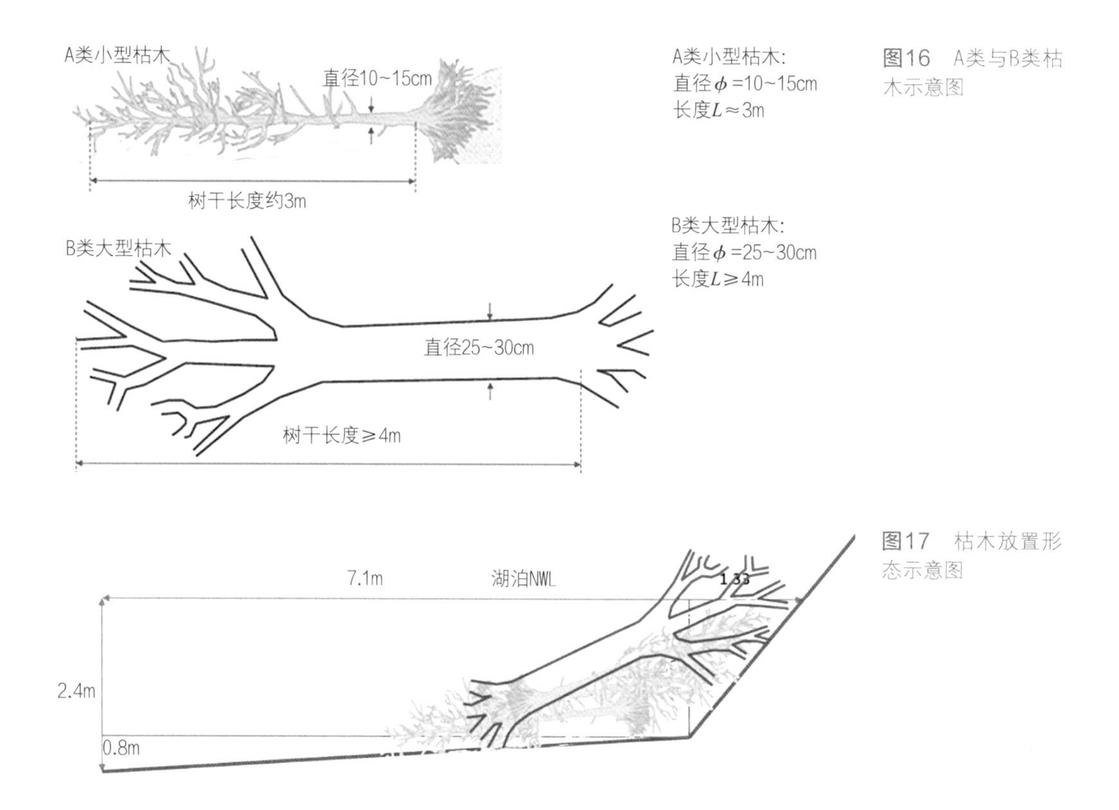

图16　A类与B类枯木示意图

图17　枯木放置形态示意图

3.3 系统运行模式

基于不同的工况条件科学确定森林公园海绵系统的运行模式，系统运行模式包括一期公园模式、二期圩区模式和雨洪调蓄模式。

1）一期公园模式

公园运行模式适用于系统运行前期（图2），尤其是夏季湖泊藻类暴发危险期及其他水质敏感期。园内水系与外界连通的所有闸门均处于关闭状态，水流循环控制为内部循环，保证园内水质不受外界影响且不断提升。按此模式系统满负荷运行1～2年，湖泊自身的生态功能及环境容量恢复后，额外提供一定的氮磷等污染物消纳功能，为二期圩区循环策略做好准备。

2）二期圩区模式

若一期公园模式运行良好，则可开启二期圩区运行模式。由公园东北角外部水系东荡河泵水入湿地W5、W6、W7处理（湿地总面积约6.6hm^2），经湖泊L3、L4及湿地W8进一步消纳涵养后再由南侧闸门流出（图18）。

该运行模式可实现园内和园外的水体互动循环处理，提升园外圩内河道的水质，完成项目所需承担圩区循环路径的海绵指标。但是否能达到3hm^2湿地处理水量，需根据一期实际运营效果以及二期运营后园内湖泊水质及园外水质进一步分析计算后确定。

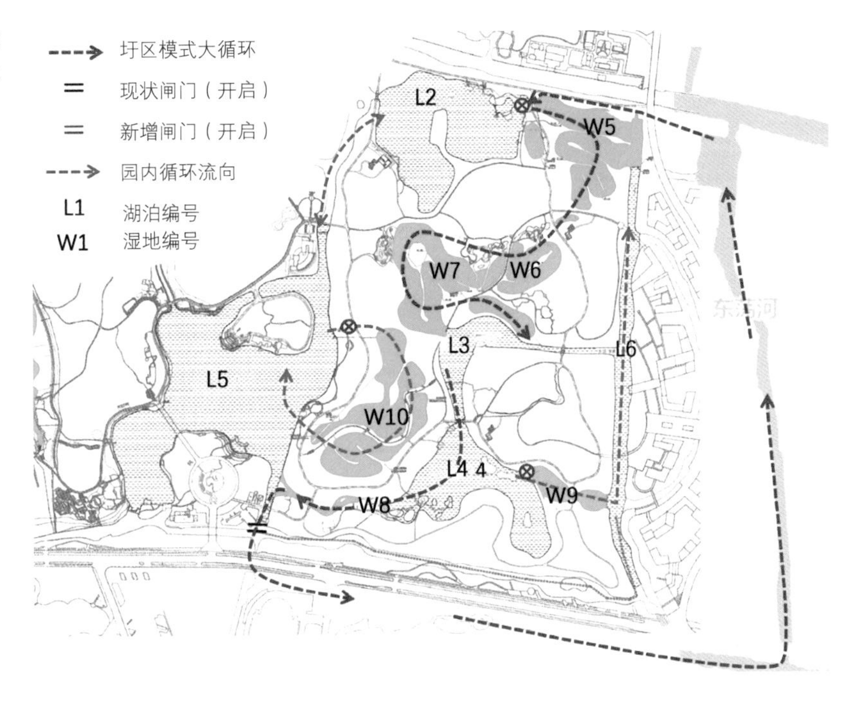

图18　森林公园海绵系统二期圩区大循环模式示意图

3）雨洪调蓄模式

目前江浦圩内总水面率（9.5%）较高，但主要由森林公园湖泊水系贡献（7.5%），而森林公园内水系在过往汛期均未参与滞洪，实际参与水面只限园外圩内河道（2%）。如果将森林公园的湖泊纳入江浦圩的滞洪空间，江浦圩的整体防洪防涝安全水平将得到极大的提升（图19）。

公园雨洪调蓄运行模式如下所示。

①频繁暴雨模式：圩内河道无需预降，在河道水位增高至1.3m，接近规划江浦圩排涝泵站开启水位1.367m时，开启公园闸门，圩内洪水由园内湖泊滞纳，当园内水位升至公园滞洪高水位1.3m时关闭闸门。

②中级暴雨模式：当圩内河道开始预排，森林公园打开闸门使园内水位跟随圩内河道水位预降至规划预降水位0.9m，随后关闭闸门，当圩内河道水位上升至1.3m时开启公园闸门，园内水位达到1.3m时关闭闸门。

③特大暴雨模式：圩内河道开始预排，森林公园打开闸门，园内水位随圩内河道水位预降至规划预降水位0.9m后关闭闸门，圩内河道水位上升至1.7m接近圩区最高危险水位1.767m时，开启公园闸门，公园内湖泊参与滞蓄洪水，园内水位由0.9m升至1.3m时关闭闸门。

模式①可为圩区增加滞洪空间约6万m^3，相当于不预降时园外圩内河道滞洪空间的2.8倍；模式②、③可为圩区提供滞洪空间约12万m^3，相当于园外圩内最大滞洪空间的2.6倍。模式①、②，圩区水面率2%的圩内河道水体涌入7.5%的园内湖泊，可减缓圩内水位上升，推迟泵站开启，最大限度减少泵站运行频次和能量消耗；模式③可在圩区危

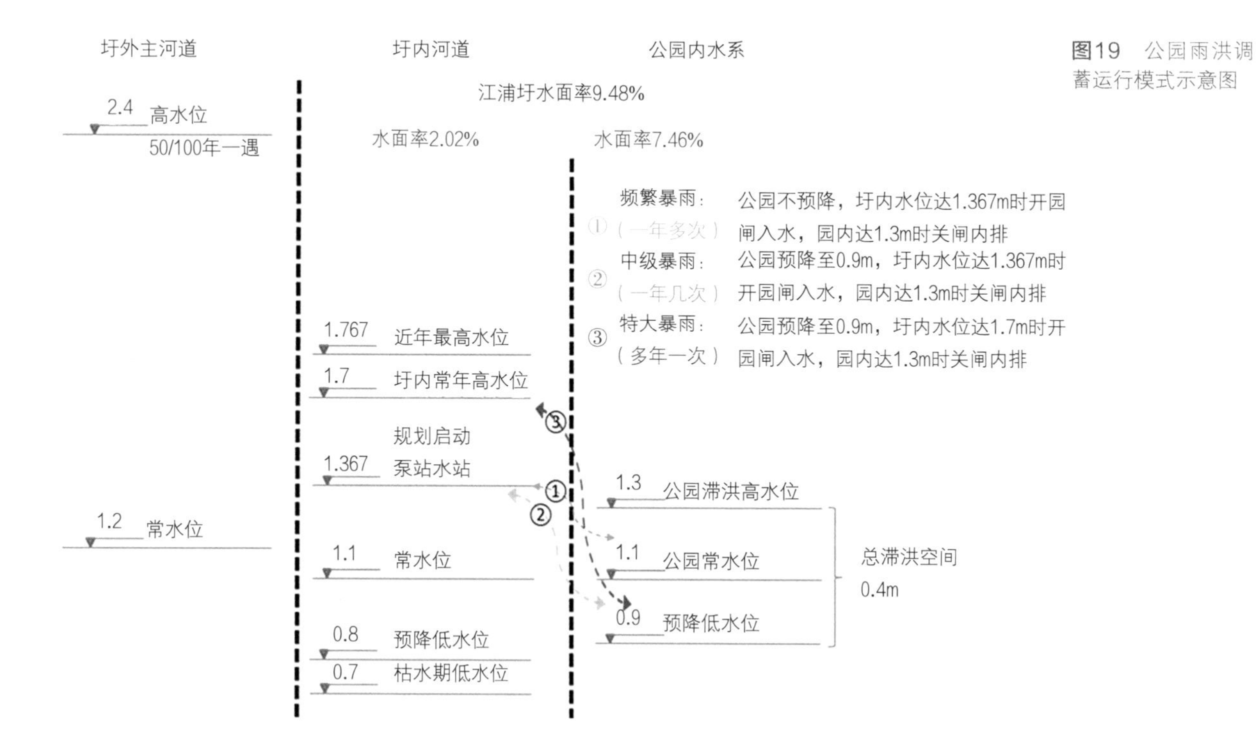

图19 公园雨洪调蓄运行模式示意图

险高水位情况下提供12万m^3紧急滞洪空间，极大提升整个圩区的防洪防涝安全等级，意义重大。

4 工程实施

森林公园作为昆山第一个大型循环处理型湿地，在当地并无案例可循。且现场状况复杂多变，各参与单位对湿地的认知也存在差异，因在从设计到施工的过程中，该项目存在一系列问题和困难。

以森林公园湿地W1的工程实施、发现问题、后期整改过程为例进行介绍。湿地W1，面积0.63hm^2，常水位1.2m，设计水泵流量5.8L/s（图20）。

4.1 土方工作及标高控制

湿地设计对施工的土方要求为，池底在防水层完成后铺填300mm厚的种植土至设计标高，保证湿地的功能区水深为0.2～0.35m。土方完成后还需进行场地细整工作以减少洼地。施工误差范围应控制在25～50mm。但湿地建成后1个月，现场踏勘时发现湿地W1平均水深为500mm左右，远超设计要求控制水深，水生植物基本处于淹没状态，生长差，部分区域水生植物完全死亡。湿地植被无满铺生长趋势，生物降解机制无法建立，湿地处理功能完全丧失，现场照片显示湿地区基本没有植被存活（图21）。

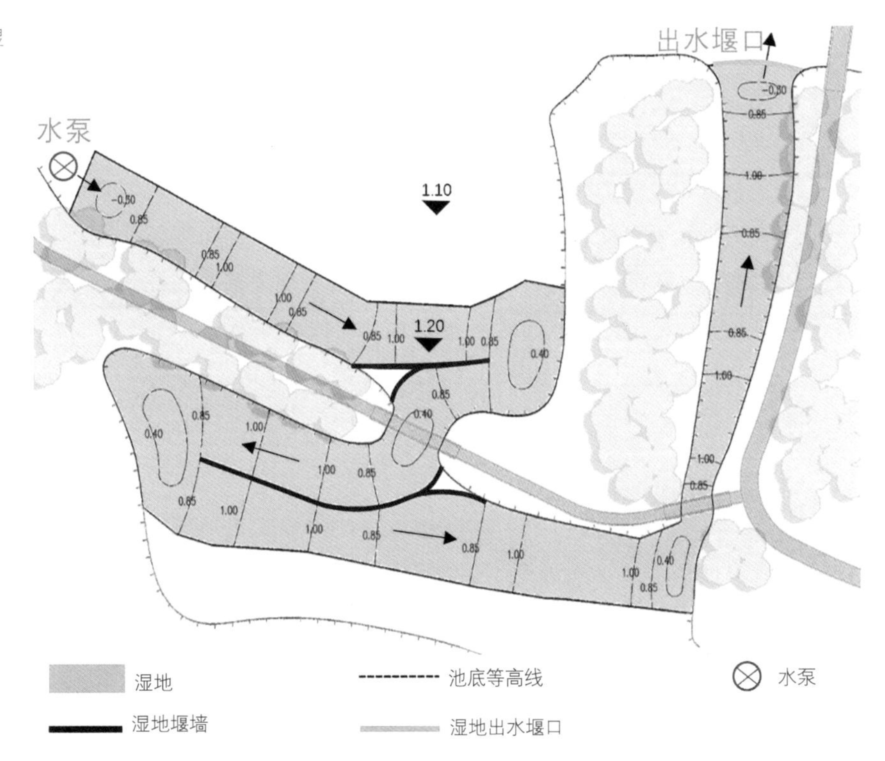

图20　森林公园湿地W1设计示意图

图21　森林公园湿地W1建成后初期现场实景图（水生植被建立失败）

经分析，W1所处位置为湖泊边缘，由土方回填达设计标高。但因回填深度较大，湿地建成后逐渐产生沉降，导致湿地池底标高低于设计约300mm，且深浅沼泽区平整与过渡区也出现了偏差。

整改工作如下：①复测湿地池底标高并分析。②观察水生植物的长势，重新综合评估改造难度与湿地处理效果。③根据评估结果重新设计湿地的功能、水深分区，按整改后的设计要求，在部分植物长势差的区域，施工方按整改后标高要求重新回填土方并分层夯实；水生植物长势较好的区域大部分以现状水深为准。

改造工作完成后，由建设方协同设计方、施工方、监理方以及测绘方再次现场踏勘，进行标高复测，各方确认并签字。

4.2 植被种植控制

湿地植被在垂直于水流方向的截面应满铺密植，促进水流在全湿地范围内均匀分布，避免短流发生。但因土方沉降等问题，湿地水深过深，除深沼泽区的水葱、茭白等，以及开放水域范围内的苦草、黑藻外，湿地植被大部分长势较差，需进行整改。

整改工作如下：①全面检查并拔除有害杂草，如存在有侵害性且会造成二次污染的香蒲、双穗雀稗，拔除时连地下根部同时拔除；②清除湿地水体内的蓝绿藻；③水位线以下所有区域及水位线以上0.2m的边坡区域均属于湿地范围，依据整改后的水深情况，逐一校核苗木品种，结合当季植物综合考量调整，并进行重新种植或补植；④其他区域属于景观范围，以视觉效果为主进行植物配置，但仍需杜绝选取诸如香蒲、双穗雀稗等侵害性植物品种（表3、表4、图22）。

森林公园湿地植被初期栽种方案 表3

步骤	工作内容	时间点
1	湿地堰板调整至设计水位，入水至湿地设计水位，停止入水，并停留7d	第0～7d
2	湿地堰板降到最低，湿地内水排空	第8d
3	湿地排空后立即开始种植	第8～9d
4	调整湿地出水堰板至深沼泽底标高以上0.2m	第10d
5	湿地开启入水，深沼泽水深0.2m，后停止入水	第10d
6	保持浅沼泽区域土壤湿润，深沼泽水深0.2m（必要时需开启入水泵补水，浅沼泽及边坡植被需定时浇水）	第10～52d
7	观察植被长势，若目测健康良好，可将出水堰板调整至设计水位，开启入水泵，湿地正常运行	第53d后

一个完整生长季后，植被长势良好的标准见表4。

湿地植被长势良好标准 表4

观察内容	观察指标
植被存活率	大于90%
植被覆盖率	大于80%
生长旺盛种类数量	多于1种
植被生长高度	>50%
植株繁育数量	2~4倍
杂草	无

图22 湿地W1局部改造前后对比图

4.3 湿地质量控制流程

成功的海绵系统需要不同设计团队协同作业。但在设计过程中如何更好地进行团队沟通与合作，对最终设计成果进行把控；如何在施工的各个阶段正确实施确保系统成功的关键节点，均需对监控节点进行系统的设计。

以森林公园湿地W1整改流程清单及控制节点为例，简单示意重要控制节点的切入时机、复核内容，以及需介入的各参与方（表5）。

森林公园湿地W1整改流程清单及控制节点表 表5

步骤	工作内容	参与人员
1	整改方案说明会——由海绵团队代表向所有相关方说明解释整改方案	除测绘、植栽施工队的所有相关方
2	入水口改造——添加砾石	景观土木施工队
3	湿地内土方工程——填土挖方等土方作业	景观土木施工队

续表

步骤	工作内容	参与人员
4	出水口改造——堰口及堰板改造	景观土木施工队
5	复核测绘——标高/湿地现状景观植被种类	测绘团队（标高）、景观植栽施工队（植被种类）
6	控制点1——现场检查并签字	业主代表、海绵设计团队、景观土木施工队
7	湿地植被补植——湿地内及边坡补植加密	景观植栽施工队
8	控制点2——现场检查并签字	业主代表、海绵设计团队、景观设计团队、工程监理/景观施工队

5 运行维护

森林公园海绵设施由市城投公司负责日常养护，湿地的主要维护管理要点如下。

5.1 湿地单元

应适时进行水位调节，保证人工湿地不出现进水端壅水和出水端淹没现象；做好湿地低温环境下的保温及运行措施；采取不同方式进行缓堵治堵，防堵塞，确保水流通畅；定期对护堤进行检查、维修，避免出现漏水、渗水现象；湿地内无大面积恶性杂草；做好湿地的蚊蝇防控工作，做到湿地中无蚊蝇扰人现象；严格执行进水处理、出水检测制度和标准，保证出水水质。

5.2 湿地植物

湿地植物无明显病虫害。在病虫害发生时，原则上不引入新的污染源（农药、杀虫剂），多用物理和生物等绿色环保的方式防治病虫害；植物生长正常，无明显死亡缺株，并根据季节和植物生长要求，控制好水位，保持其有适宜的生长环境；适时（如秋末初冬）收割湿地植物，保证人工湿地良性循环；对生长旺盛的植物，要定期移植分栽，保证植物有适当的生长空间；根据不同的植物类型，在其生长茂盛或成熟后进行定期收割。

6 工程造价

森林公园一期景观工程投资约3.2亿元，其中海绵投资约2109万元，循环处理型湿地单价约340元/m^2。

7 实施效果

森林公园改造过程中，加强对湿地设计和施工质量的把控，除保证良好的水处理效果外，实现了湿地的景观多样性和观赏性，作为公众教育和环境理念宣传的新渠道，使园区内游客在湿地内穿梭游览的同时，了解昆山海绵城市建设的阶段性成果，寓教于乐（图23）。

图23　森林公园实景图

建 设 单 位：昆山市琨澄海绵城市开发建设有限公司
　　　　　　昆山城市建设投资发展有限公司

设 计 单 位：澳洲E2D环境设计咨询有限公司
　　　　　　梓朴环境规划设计（上海）有限公司
　　　　　　苏州园林设计院有限公司

施 工 单 位：苏州苏园古建园林有限公司
　　　　　　张家港市园林建设工程有限公司等

技术支持单位：浙江西城工程设计有限公司

案例编写人员：邹珊、张瑜、孙金花

20

城南圩
水环境治理

基本概况

所在圩区：城南圩

项目地址：昆山市高新区

项目规模：圩内面积约360hm^2，圩内现状水系总长5.12km，现状水面积8.64hm^2，现状水面率2.4%，绿化率18%

建成时间：2018年4月

海绵投资：约600万元

1 项目特色

（1）管理得力，强化全方位协同配合。高新区成立水环境整治办公室，环保、水利、规划建设、城管等部门协同作战；专家团队驻场工作，进行全过程跟踪、技术指导和服务；沿河布置采样点，定期进行水质检测和分析讨论，基于准确的水质数据分析进行决策。

（2）系统思维，构建全过程治理体系。采取控源截污、内源治理、水系连通、容量提升和生态修复等系统化治理措施，并针对城南圩水动力不足、水环境质量较差的现状问题，落实昆山市海绵城市建设圩区循环策略，提高了水体自净能力和生态修复能力，实现了河道“河畅、水清、岸绿、景美”的总体目标（图1）。

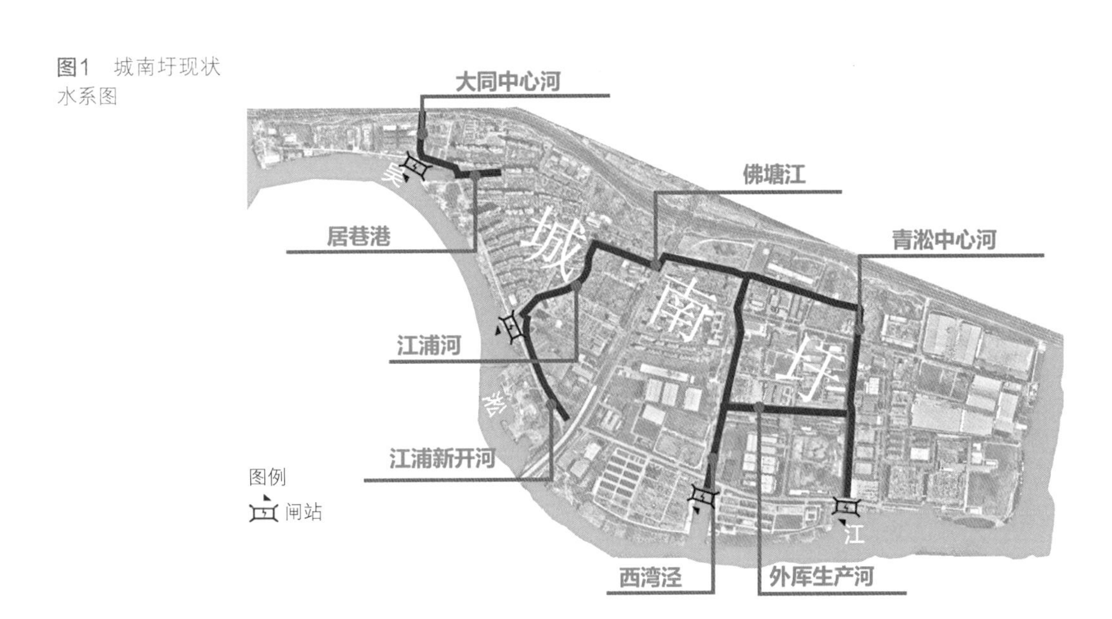

图1 城南圩现状水系图

2 方案设计

2.1 设计目标与策略

1）设计目标

（1）水环境目标

综合考虑昆山市水功能区划目标，以及城市污水处理和面源污染治理情况，确定城南圩区内7条主要河道到2018年底前消除黑臭及劣Ⅴ类的目标（图2）。

（2）水生态目标

在水质改善的基础上，恢复沿河植被和水生生物，做到水清、岸绿，实现河道水系生态化；同时营造清澈美丽生动的自然水景及优美宜人的河岸景观空间，实现城市与自然的共生。

大同中心河
佛塘江
居巷港
青淞中心河
江浦河
重度黑臭
轻度黑臭
劣V
西湾泾
外库生产河

图2 城南圩整治前水质现状示意图

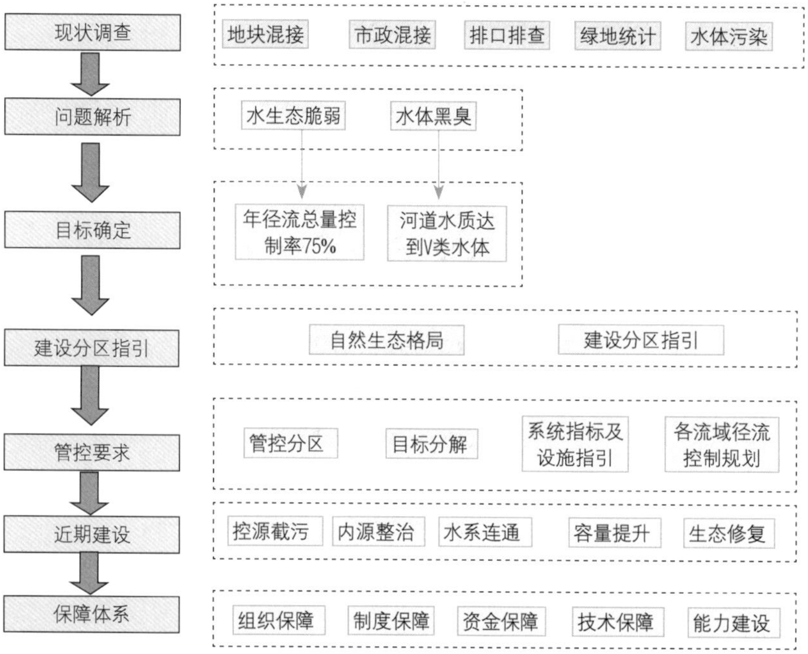

现状调查：地块混接、市政混接、排口排查、绿地统计、水体污染
问题解析：水生态脆弱、水体黑臭
目标确定：年径流总量控制率75%、河道水质达到V类水体
建设分区指引：自然生态格局、建设分区指引
管控要求：管控分区、目标分解、系统指标及设施指引、各流域径流控制规划
近期建设：控源截污、内源整治、水系连通、容量提升、生态修复
保障体系：组织保障、制度保障、资金保障、技术保障、能力建设

图3 城南圩水环境治理技术路线图

2）设计策略

城南圩水环境治理工程围绕控源截污、内源治理、水系连通、容量提升、生态恢复五个方面展开，技术路线详见图3。

2.2 系统方案

1）控源截污

为了彻底解决河道两侧污水直排的难题，在圩区内全面开展排口排查及排水管网检测工作。排查范围内总排口88个，其中非法排口24个，混接排口29个；共发现90处雨污混接点，其中市政管网混接点7处，企业内部管网混接点83处（图4）。

图4 城南圩雨污水管网混接点分布示意图

根据调查结果，组织管网整改单位对地块、市政雨污混接点进行整改，对漏接问题做到污水全收集、全处理，对错接、混接问题实施彻底雨污分流、清污分流，对堵塞、破损管道实施疏通、修复工程。

2）内源治理

为确保河道防洪排涝、引水功能和水环境功能发挥作用，在抽干河道清查排口的同时，对圩区内河道进行清淤疏浚。

清淤的同时稳定边坡，避免淘刷、坍塌而抬高河床，造成新的淤积，并确保两岸建筑物的安全。清淤前对底泥进行检测分析，利用废弃的沟、塘、闲置荒地或者农田堆放淤泥，采用自然干化的方式处理淤泥，对淤泥进行资源化利用。

3）水系连通

根据城南圩现状河道之间的关系，考虑连通的可操作性，通过新开河道及管线将江浦河与西湾泾、青淞中心河连通。

以江浦河、西湾泾、青淞中心河和佛塘江为主体，建设泵站进行动力引排水，形成水循环系统，保持河道内水体流动，循环流量为360m^3/h（图5）。

4）容量提升

调查城南圩河道周边地块，利用政府未列入近期开发利用的闲置地块，结合河道建设人工湿地，提升水体环境容量（图6）。除柏丽湾湿地为垂直流人工湿地，其余均为表面流人工湿地。

5）生态修复

河道两岸的违章建筑给河道管理带来了极大的困难，同时给河道的行洪带来了风险，首先清点、拆除河道蓝线以内的违章建筑（图7）。

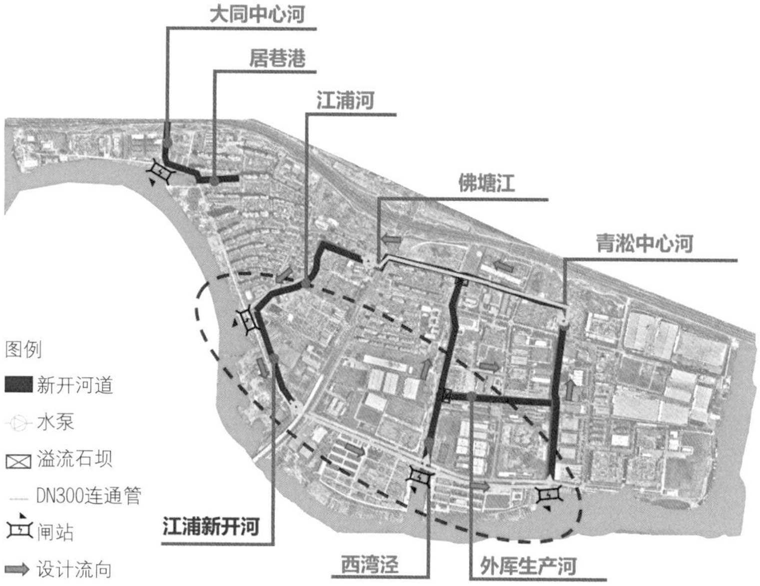

大同中心河
居巷港
江浦河
佛塘江
青淞中心河
图例
新开河道
水泵
溢流石坝
DN300连通管
闸站
设计流向
江浦新开河
西湾泾
外库生产河

图5　城南圩水循环示意图

柏丽湾湿地
江浦河湿地
西湾泾湿地
青淞北侧湿地
图例
水泵
DN300连通管
湿地
湿地出水流向
青淞南侧湿地

图6　城南圩湿地分布图

图例
违章建筑

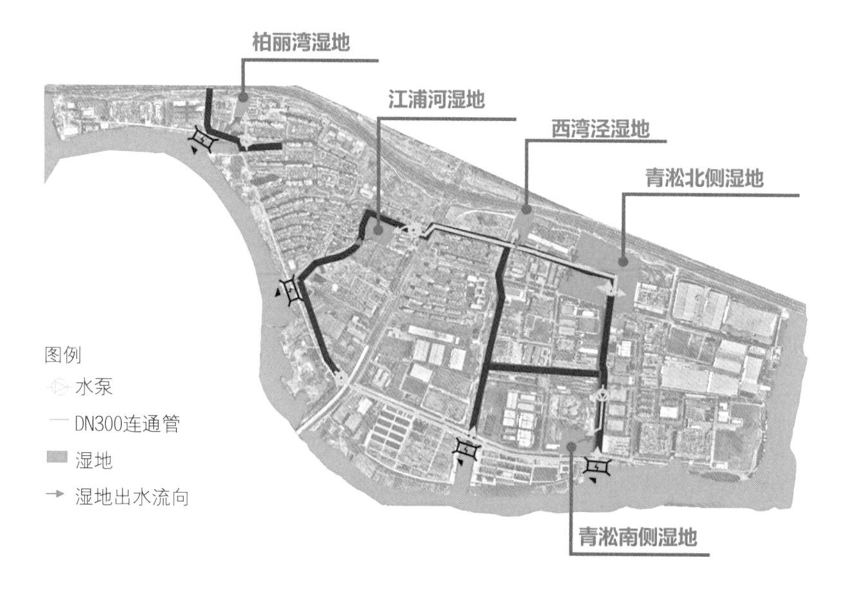

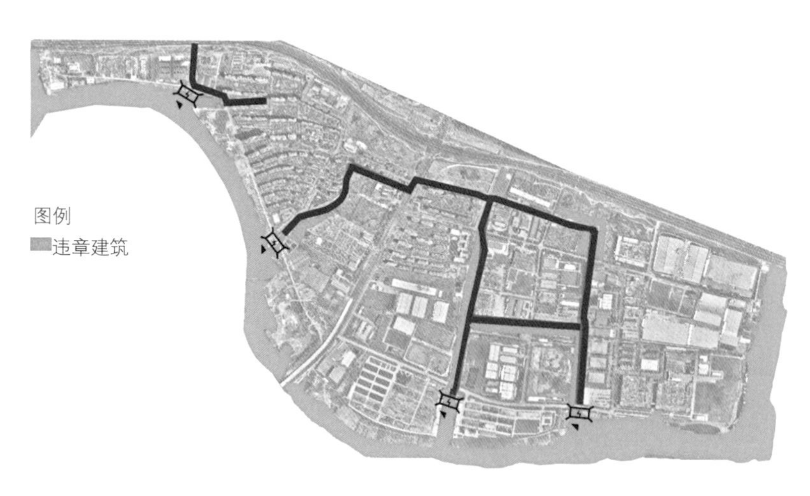

图7　城南圩河道蓝线侵占示意图

图8 城南圩生态修复措施示意图

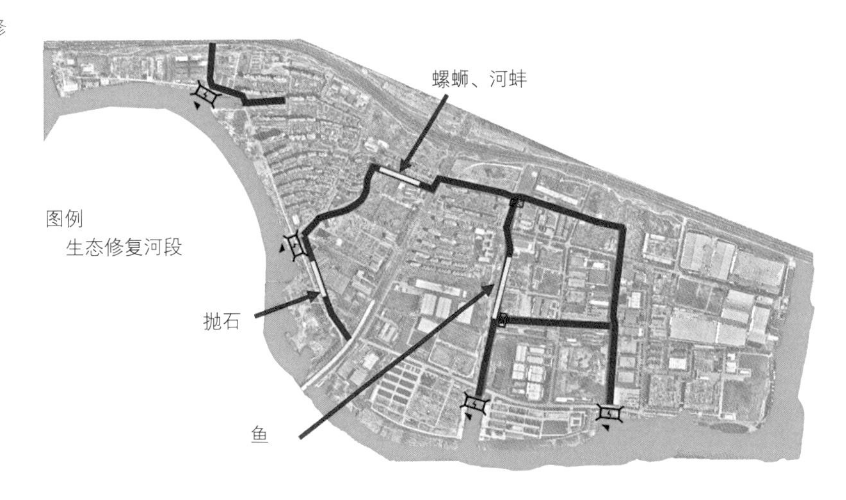

完成蓝线整治后，开展河道生态修复工作。一方面在不同水深选取昆山本地水生植物进行移植；另一方面引入昆山本地的水生动物，逐步完成河道的生态修复（图8）。

2.3 工程规模

根据建设目标及系统方案，确定各类治理措施的工程规模，具体如下：

（1）控源截污工程：整治非法排口24个、混接排口29个，改造市政管网混接点7处、企业内部管网混接点83处。

（2）内源治理工程：围堰筑坝，降水清淤，清除河道淤泥约4万m^3。

（3）水系连通工程：新开河道长度约480m，水面面积约0.85hm^2。

（4）容量提升工程：新建湿地总面积约12.57hm^2。

（5）生态修复工程：拆除违章建筑面积约4500m^2，恢复蓝线面积约3.73hm^2，空地覆绿28hm^2。

3 工程实施

3.1 控源截污工程

对管道进行清疏，使管道运行通畅。然后更换混接、沉积严重、有错位和脱节现象的管道，对标高不顺的管道进行原位改造（图9）。

3.2 内源治理工程

对城南圩所有河道进行排干清淤，采用水力冲挖，主要采取淤泥船外运和槽罐车外运两种方式（图10）。

图9　城南圩排水管网施工整改现场图

图10　城南圩河道清淤现场图

3.3 水系连通工程

江浦河新开河道长约480m，建设生态护岸，并沿河开展生态修复工程（图11）。

3.4 容量提升工程

利用城南圩闲置用地建设6个湿地。一方面，湿地作为海绵体，不仅改善水质，而且在强降雨天气起到蓄水、调节水量的作用；另一方面，湿地与河水之间的小循环也促进了整个内河水系的大循环（图12）。

图11　城南圩江浦新开河实景图

图12　柏丽湾湿地改造前后对比图

3.5 生态修复工程

城南圩共拆除违章建筑32处，面积4500m^2；恢复蓝线4.8km，面积3.73hm^2，空地覆绿达28hm^2（图13）。

同时，往新开河投放500t石头，以提供生物生长的附着体；选择合适的河段投放水生动物和微生物载体，恢复自然水体生态系统；在佛塘江投放了螺蛳100kg、河蚌约2000只，在西湾泾投放鱼3400尾，以控制藻类生长（图14）。

图13　城南圩蓝线恢复前后对比图

图14　投放水生动物、抛石

4 运行维护

城南圩水环境治理工程由昆山市河长办指导，由高新区规划建设局负责维护，市民全员监督，企业积极配合，共同巩固水环境整治成果。高新区规划建设局委托绿化园林公司专门负责湿地的日常维护工作，对循环系统水泵、湿地水泵进行日常养护，确保水循环体系正常运行；高新区水务局委托相关单位进行河道保洁工作；市河长办和高新区规划建设局安排人员进行日常巡河工作。

5 工程投资

项目工程总投资约3200万元，其中控源截污费用约400万元，海绵湿地总造价约600万元，苗木移植、清表工程等费用约1600万元，水系连通费用约600万元（其中新开河道费用300万元，管线及泵站费用300万元）。

6 效果评估

整个工程在2018年2月至4月间施工，工程实施后水环境质量有明显改善（图15）。

对整治后的城南圩河流水质进行了为期4个月的长期监测，监测结果表明：气温变化对城南圩水循环系统的水质几乎没有影响；当降雨强度较大时，水体中氨氮浓度会快速升高，主要污染物来源于面源污染；降雨结束后，经过一段时间的运行，水质又恢复到Ⅲ类水的水平，说明系统具有良好的耐冲击性，海绵体的存在增加了水环境的弹性（图16）。

通过治理城南圩水环境，改善了区域小气候及人们的生活环境，同时水环境得到提升，为动植物提供了更好的生存和繁衍的空间，提高了生物群落多样性。改善环境的同时也促进了周边土地升值，改善了投资环境，具有较高的社会经济效益（图17）。

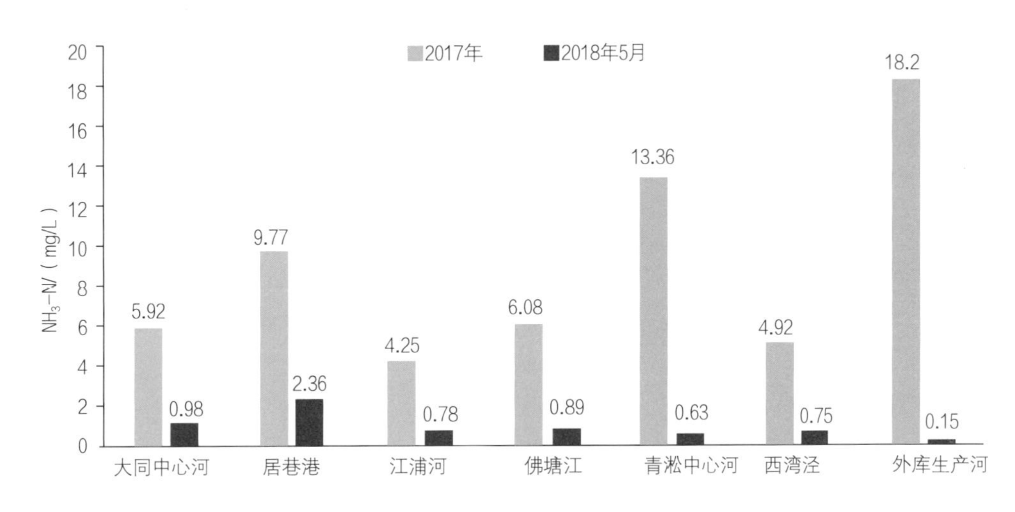

图15 城南圩水环境治理前后水质对比分析图（以氨氮为例）

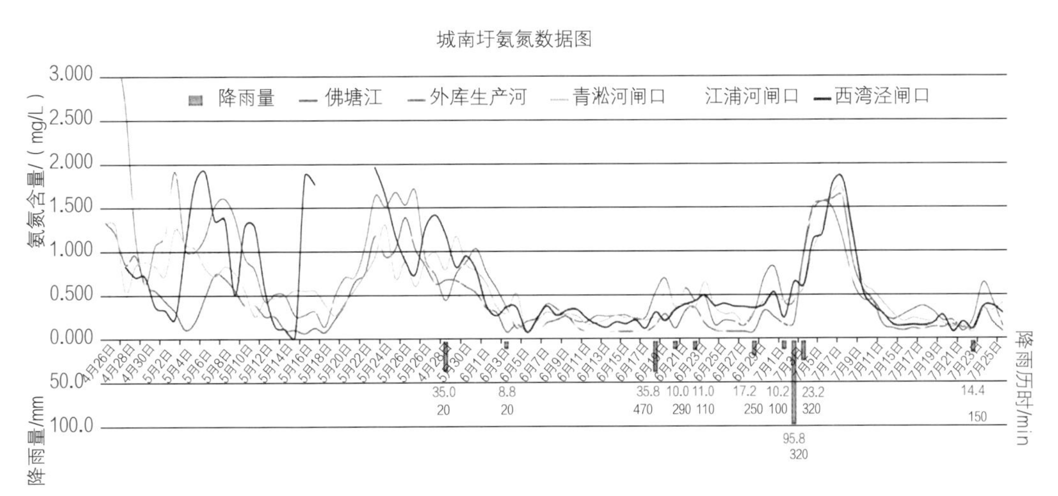

图16 城南圩河道水质连续监测图

图17 城南圩水环境治理工程实施后实景图

建 设 单 位：昆山高新区规划建设局
设 计 单 位：南京泽慧环境科技有限公司
苏州新城园林发展有限公司
施 工 单 位：昆山市城市绿化工程有限责任公司
照 片 提 供：南京泽慧环境科技有限公司
技术支持单位：东南大学
昆山市海绵城市研究会
案例编写人员：胡磊、周洲

21

严家角河水环境治理

基本概况

所在圩区：城南圩
用地类型：水域
建设类型：改建项目
项目地址：娄南片区
项目规模：全长378m，平均宽度21m
建成时间：2018年7月
海绵投资：约170万元

1 项目特色

（1）针对老城区污染严重、改造难度大等现实问题，通过源头控污与末端截污相结合、灰色调蓄设施与绿色海绵设施相结合的技术手段，因地制宜地实施控源截污工程。

（2）在空间受限的条件下，结合截污箱涵顶部空间建设下凹式绿地，地上地下空间统筹，并实现与景观的良好融合。

（3）在本底条件改良与透明度提升的基础上，实施河道原位生态修复工程，将严家角河打造成为“清水绿岸、鱼翔浅底”的居民休闲胜地。

2 方案设计

2.1 河道现状

严家角河位于昆山老城区，是昆山市较早发展建设的中心地区，周边小区雨污分流不彻底、错混接严重，市政污水管网不配套，导致雨污混流污水直接排入河道。经昆山市中环内排水管网普查检测，发现严家角河沿线共有排口45个（河道西岸31个，东岸14个），其中使用中排口共计41个，废弃排口2个，未确定是否使用排口2个，确认污水管排放口8个，雨污混接的雨水排口12个。

严家角河为断头河，在城市建成区现阶段无法通过连通河道恢复其原始自然流态。目前通过雨水干管定期换水，但25m宽的河道与直径2200mm的管道连通无法发挥河道天然循环作用，虽然也采取了人工曝气、河道生态浮岛等水质净化措施，但由于污染严重，自净能力仍然不足，河道水体常年为劣Ⅴ类水质，通过现场走访发现河道水体浑浊，水体缺氧导致淤泥厌氧发酵，底泥漂浮严重，气味恶臭，严重影响周边居民生活环境。

2.2 设计目标

根据昆山市海绵城市建设、黑臭水体整治相关要求，严家角河定位为景观水体，通过水环境改善工程，将现状劣Ⅴ类水质提升至准Ⅳ类水质，主要水质目标为：透明度不小于1.5m，溶解氧（DO）不小于3.0mg/L，高锰酸盐指数不大于10mg/L，氨氮（NH_3-N）不大于1.5mg/L，总磷（TP）不大于0.3mg/L。

2.3 总体思路

通过对现状河道水体和排水系统的分析，按照“控源截污，内源治理；水质净化，生态修复；活水循环、清水补给”的基本技术路线具体实施治理工程。结合海绵城市建设理念，实施旱季污水和初期雨水调蓄工程，通过沿线低影响开发措施切断河道外源污染，实施清淤工程削减河道内源污染，实施生态修复工程提升河道自净能力，保留利用河道现状运行管理设施实施活水循环形成清水补给，通过后期综合运维实现长效管控（图1）。

图1　严家角河水环境提升技术路线图

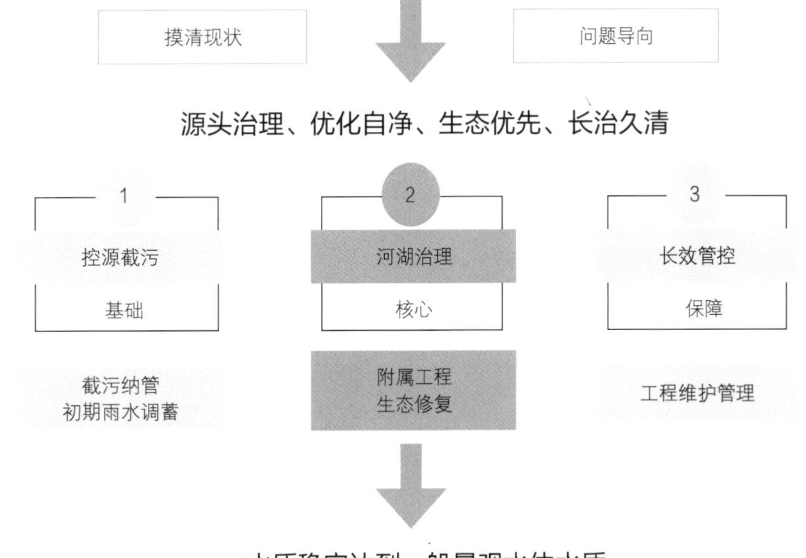

2.4 系统方案

1）控源截污

结合项目的实际情况，从经济、技术及工程可行性等方面综合考虑，近期采用集中截污与分散治污相结合的方式，既实施现状管网局部改造及滨河海绵城市设计，同时沿河新建污水截流和初期雨水调蓄设施，远期通过地块改造实现小区的彻底分流制排水。

（1）管网改造

结合娄南片区雨污水管网精细化普查结果，改造35处主要雨污混接点，疏通合兴路雨水干管1568m，并设置截流井1处。

（2）截污箱涵

本方案设计的截污箱涵具有双重功能，旱季时收集沿河排河污水，雨季时兼有污水收集和初期雨水调蓄功能。根据严家角河沿线污水收水范围，估算严家角区域最大截流量为1378m^3/d。根据昆山市近30年的降雨特性、根据《室外排水设计规范》GB 50014以及调蓄设施设计的相关经验综合考量，参照5mm初期雨水进行雨水调蓄设施设计。

（3）滨河海绵城市设计

利用截流箱涵顶部空间设置下凹式绿地，控制滨河地表径流，溢流雨水排入河道。

2）内源治理

结合沿河箱涵施工进行河道清淤。综合考虑周边驳岸情况以及河道底泥污染情况，平均清淤深度为0.6m，清淤量约5000m^3。

3）生态修复

本生态修复方案是在前期进行了控源截污的基础上，在河道水体中建立以沉水植物为核心的健康水生态系统，避免水体呈“藻型浊水态”，长久保持“草型清水态”，同时延续海绵城市思想，对进入河道的微污染后期雨水进行原位净化，成为河道优质补水水源（图2）。

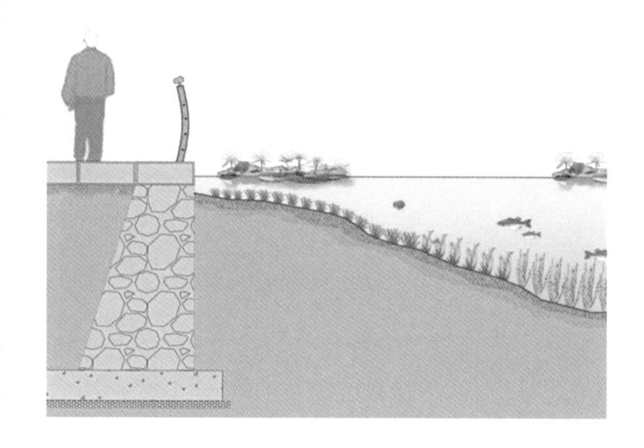

图2 生态系统断面图

沉水植物是维持水体生态系统稳定与生态多样性的基础，是浅水水体生态修复的关键与核心。由于长期处于“藻型浊水态”的水体透明度较低，无法为沉水植物生长提供足够的光照强度，因此，首先需采用生物法的控藻浮游动物作为透明度提升的主要手段。本底条件改良且透明度提升后，种植沉水植物。当沉水植物群落得到恢复后，通过引入水生动物构建食物链，发挥其生态作用。在生态系统初步构建完成后，需通过采取多种生物操纵和生态调控技术，并辅以必要的人工措施引导水生态系统形成优势良性群落，尽快达到生态平衡状态，确保项目成功。

4）活水保质

沿河安装一套水流循环系统，把南端的水抽到最北端，经海绵设施净化后通过溢流瀑布等景观回到河道，实现河道内部循环回流。同时利用河道现状运行管理设施和管道连通，通过闸站控制联动运行实现河道补水活化。

2.5 详细设计

1）箱涵

严家角河沿线箱涵分成三部分，即严家角河东侧箱涵、西侧箱涵以及最南端箱涵（截流池），通过2根DN1000mm连接管相连接（图3）。

箱涵尺寸内径为1.5m×1.47m，箱涵总长度713m，调蓄容积1572m^3。严家角河西侧最南端10m箱涵作为截流池使用，横断面同箱涵一致，箱涵与截流池之间通过1500mm×400mm、底标高0.9m的溢流口连接。箱涵沿线临河一侧设置有一系列500mm×300mm的小型溢流口，保证暴雨时雨水可以迅速入河；同时设置2000mm×1300mm的应急排水闸门。于严家角河西侧箱涵距离最南端20m处设置集水坑，箱涵内收集的雨污水将通过集水坑进入污水泵房，最后由污水提升泵集中提升至市政污水管网。

图3 严家角河箱涵平面布置图

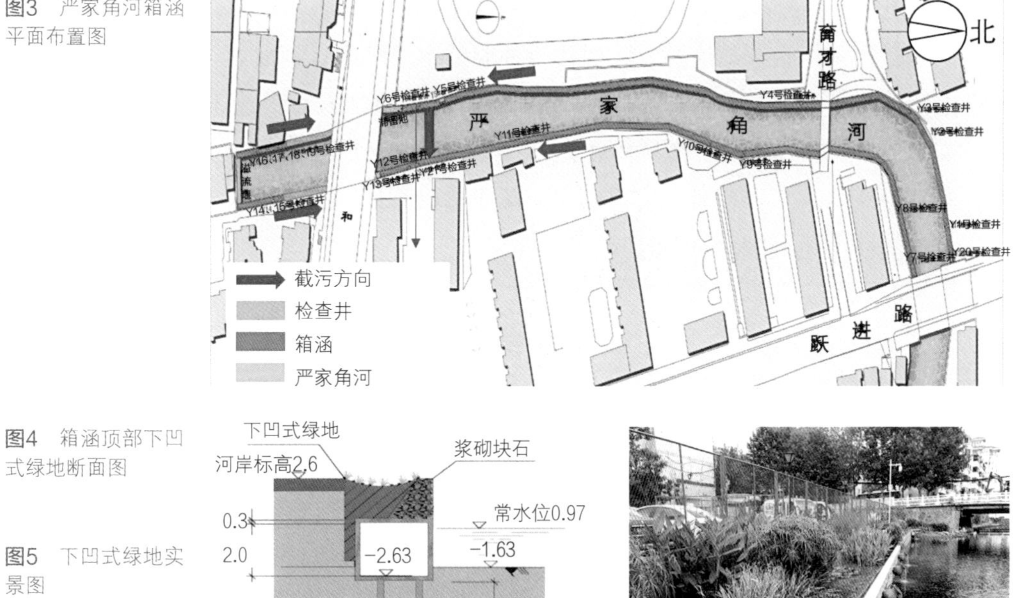

图4 箱涵顶部下凹式绿地断面图

图5 下凹式绿地实景图

2）下凹式绿地

沿河箱涵顶部设置下凹式绿地，下凹式绿地可滞蓄周边雨水，减轻雨水径流对河道的污染，同时沿河的下凹式绿地可作为河道的生态护坡（图4）。

每隔30m设置穿孔管将溢流雨水排入河道，溢流口结合景观造型增强趣味性。下凹式绿地内种植常绿鸢尾及花叶水葱等水生植物，曲线栽植，作为截流设施景观的延续，同时融入周边环境（图5）。

3）生态修复

本方案水生态系统构建包括底质改良、透明度提升、沉水植物恢复、食物链完善、曝气增氧等措施。

（1）底质改良

采用投放微生物菌剂的方式改良河道底质，共投放8073m^2，投放规格为50ml/m^2。根据项目工程条件，自然水体一般处于微好氧光照条件下，其72h后NH_3-N去除率可达78%以上。

（2）透明度提升工程

通过控藻浮游动物（改良型）迅速提升水体透明度，投放一种可控蓝藻的低等甲壳浮游动物大型溞，严家角生态恢复水域面积约8073m^2，根据单位水体需要确定该改良控藻浮游动物的数量，投放量为240ml/m^2。

（3）沉水植物群落构建工程

沉水植物采用生态适应性强，耐污耐冲刷的本土种类，同时在合适的水域布置观赏性较强的水下森林品种，增加物种和景观多样性（表1）。共种植四季常绿矮型苦草5800m^2、轮叶黑藻1000m^2、狐尾藻600m^2。四季常绿矮型苦草种植在河道两侧水位较浅处；轮叶黑藻耐水深，种植在河道中间；狐尾藻耐污性强，种植在有污水口排放的区域；红线草耐冲刷，种植在河道两端。

沉水植物的选择与配置　　表1

名称	图片	生长特性	优点
四季常绿矮型苦草		植株高度：15～30cm 生长特点：生长期为1—12月，3—9月为快速生长期（最适栽植期）	经过近7年的培育改良而成的一种沉水植物，是一种广布种，适用于各种水体和气候。与其他苦草，如亚洲苦草等种类相比，具有耐低温（高于0℃）、耐弱光（196 lx）、耐污染（中水）、耐高温（气温38℃）、耐盐（5‰）等特点，根、茎、叶发达，四季常绿，具有高效吸收氮磷等污染物、光合作用强的特点
龙须眼子菜		植株高度：25～35cm 生长特点：生长期为1—12月，4—10月为快速生长期	生态幅度宽，适于在寡营养至超富养水体中生长，且在淡水和海水中均有发生。可无性和有性繁殖。可以用于水体受Cr、Pb、Zn、Co、Ni、Cd、Cu、Mn等污染的植物的修复
轮叶黑藻		植株高度：25～35cm 生长特点：生长期为1—12月，6—9月为快速生长期	黑藻除了能吸收含氮有机物外，它的除磷效果较其他植物也更为突出，黑藻能高效去除磷，是因为底质中弱吸附态磷、可还原性磷（RSP）是其利用的主要磷形态，所以能促进底质中的磷向可利用态转化，直接降低水体中磷的含量
粉绿狐尾藻		植株高度：10～20cm 生长特点：生长期为1—12月，10月—次年3月为快速生长期	狐尾藻对受污染的水体（含底泥）中铵态氮、硝态氮、总氮的去除率都能达到90%以上，表现出显著的去除效果，对重金属Cd、Zn、Pb、Cu、Mn、Co等有高积累能力，所以在湖泊等生态修复工程中作为净水工具种和植被恢复先锋物种

（4）食物链完善

水生动物主要包括鱼类、底栖动物（主要是软体螺贝类）、虾类及滤食性动物等，用于延长食物链，完善水生态系统，同时也提高了水体的自我净化能力和生态系统的稳定性。严家角河共沿河投放黑鱼20尾、环棱螺10kg、青虾8kg（图6）。

图6　投放底栖动物及鱼类

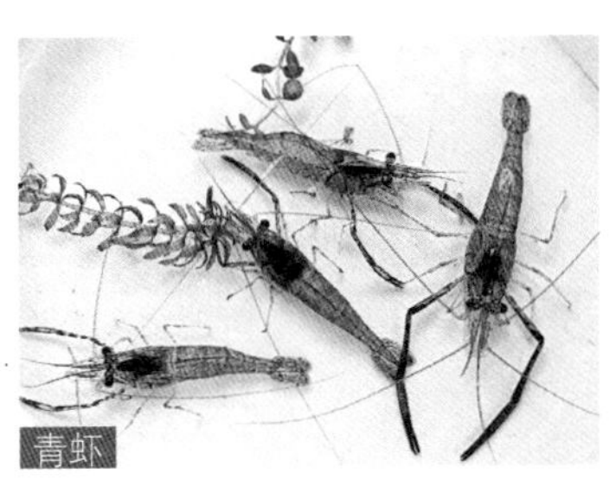

3 工程实施

3.1 箱涵

箱涵底位于河底标高1m以下，可根据地质勘测资料做进一步调整。箱涵每隔3m设置双排预制钢筋混凝土方桩基础，基础断面300mm×300mm，长10～15m。施工时考虑分段围堰，并辅以保护措施（图7）。

3.2 生态修复工程

水生态修复工程实施工艺流程详见图8。

图7　截流箱涵施工现场图

图8　生态修复工程工艺流程图

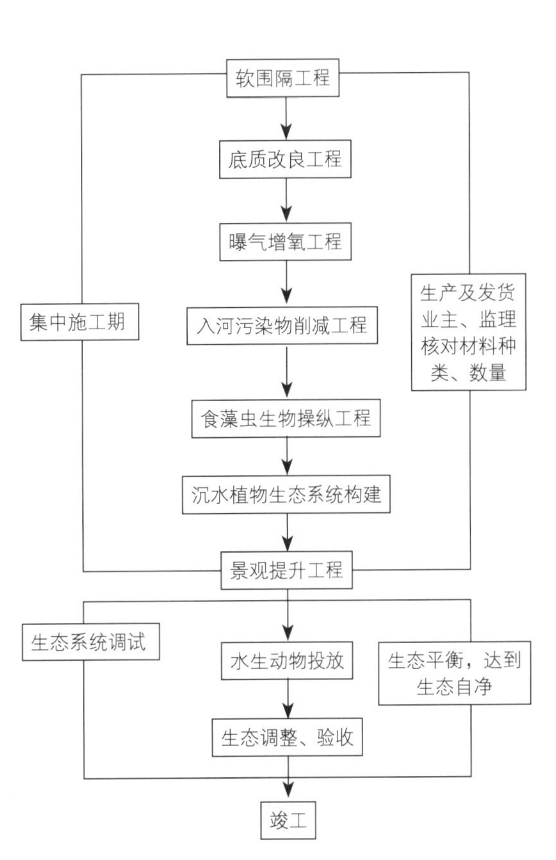

1）曝气系统安装工程

管道曝气系统分为岸上准备和水面施工两部分，具体的施工工序为：安装前准备→定点放线→打钢管桩→安装曝气管→曝气管穿孔→安装曝气机→运行调试（图9）。

管道曝气系统安装要点包括：确保曝气管水平标高一致，以保证曝气均匀；曝气管布置隐蔽，走向笔直、美观，风机房美观，与周边环境协调；电缆线经过水体时要使用穿线管，做到隐蔽、安全。

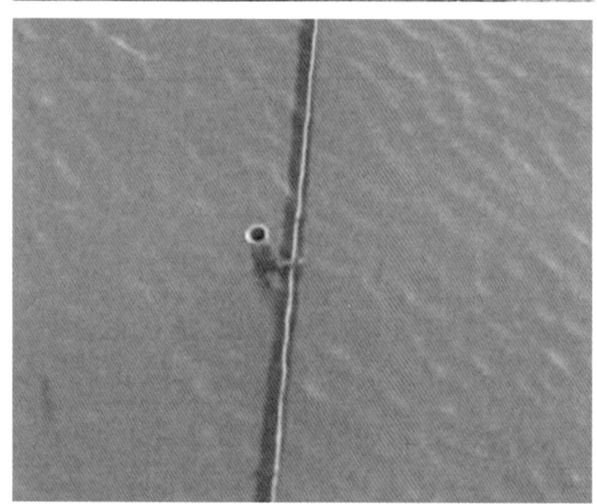

图9　管道曝气系统安装现场图

2）食藻虫生物操纵工程

“食藻虫”运输采用大桶充氧运输，以保证“食藻虫”在运输过程中的活性，规格为800L/桶；采用钢丝软管以重力自流的方式投放“食藻虫”，以减少对食藻虫的机械损伤。根据水体透明度改善状况，分别于沉水植物种植前、沉水植物种植中、沉水植物种植后进行投放（图10）。

3）水生植物种植工程

沉水植物种植施工流程为：移植→装车→定点放线→种植植株→检查及补种→水面清理（图11）。

图10 “食藻虫”运输现场图

图11 沉水植物种植图

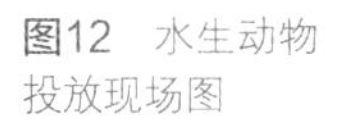

图12　水生动物投放现场图

4）水生动物投放工程

待沉水植物生长茂盛、覆盖率大幅提高、有一定抗干扰能力后可投放水生动物，以完善水生态系统。水生动物投放的施工工序如下：挑选水生动物→装车运输→投放（图12）。

4 工程维护和管理

4.1 控源截污系统运行

严家角河截流设施安装一台电动可调节圆闸门、两台手电动方闸门、一个超声波液位计。其中，可调节圆闸门根据箱涵内水位和合兴路雨水泵站集水井水位调节开启度，手电动方闸门根据水利站要求开启或关闭。

1）旱季运行

晴天时，箱涵收集沿河排放口旱季污水，片区内混接污水通过雨水管道进入箱涵，再集中送至下游污水管道内，进入污水厂进行处理（图13）。

水质较差时，利用河道现状运行管理设施，朝阳河和严家角河通过新闸路和合兴路雨水管道连通，开启朝阳闸站、二闸站闸门调水，同时开启截流池电动闸门和小虞河雨水泵站，联动运行，实现河道补水活化。

2）雨季运行

雨天时，降雨初期可通过截流箱涵调蓄部分初期雨水；随着降雨增大，箱涵和截流池内水位抬升，可通过溢流堰口直接入河，同时两座截流池内设有电动门，用于雨季应急排水。

图13 控源截污系统旱季运行示意图

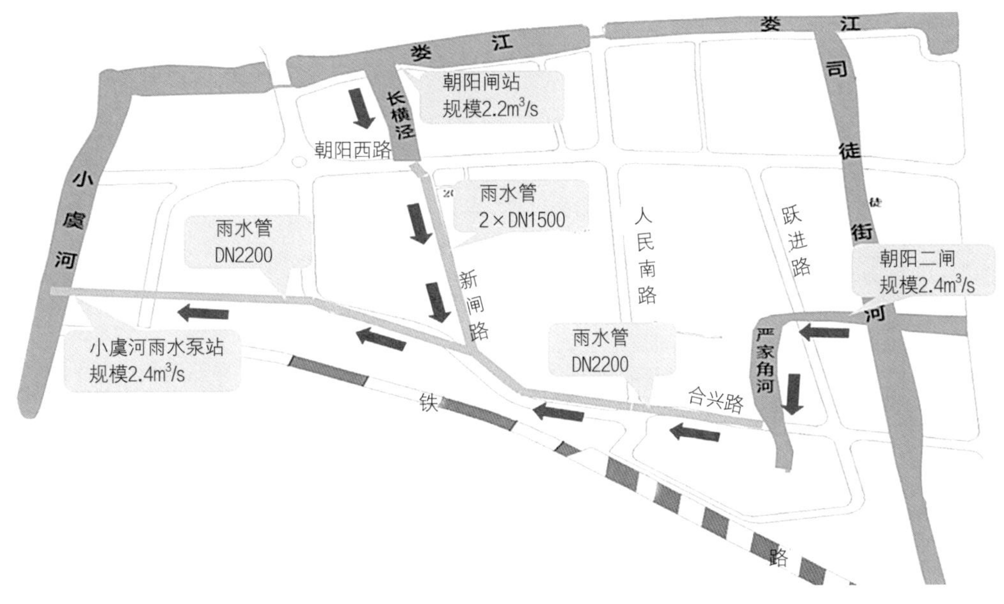

3）水位运行工况

（1）截流池的最低运行水位为0.9m，新闸路D1500mm和合兴路D2200mm雨水管顶标高分别为0.5m和1.2m，故新闸路和合兴路雨水管水位在系统排水至市政污水管网时基本保持满管运行，保证了道路的安全。

（2）排水坑底标高比箱涵底标高低0.6～0.8m，确保可以排空箱涵内雨污水。

（3）截流池和箱涵间设置手电两用方闸门，控制水位同截流池最低运行水位(0.9m)；闸门平时开启，河道换水功能启动时该闸门关闭。

（4）截流池和箱涵内溢流水位均控制为1.22m，高于严家角河河道控制的最高水位1.17m。当池内水位超过1.22m时，雨水排入河道。

4）排空设计

严家角河区域控污截流系统收集的雨污水可以重力自流进入污水市政管网。在排水坑中设置DN300mm自流管，自流管前设置有电动可调节圆闸门，可根据箱涵内水位及合兴路雨水泵站集水井水位来调节开启度。DN300mm自流管在最大充满度条件下可实现截流设施在13h排空。

5）提升泵（自流管）运行

11—5月污水厂运营压力较小（图14），且污水小时变化系数不大，可在旱季全天时段开启初期雨水泵（自流管闸门）。6—10月雨季时污水厂运营负荷较大，污水小时变化系数较大，夜间污水量小，可在旱季夜间0：00—6：00开启初期雨水泵（自流管闸门）。

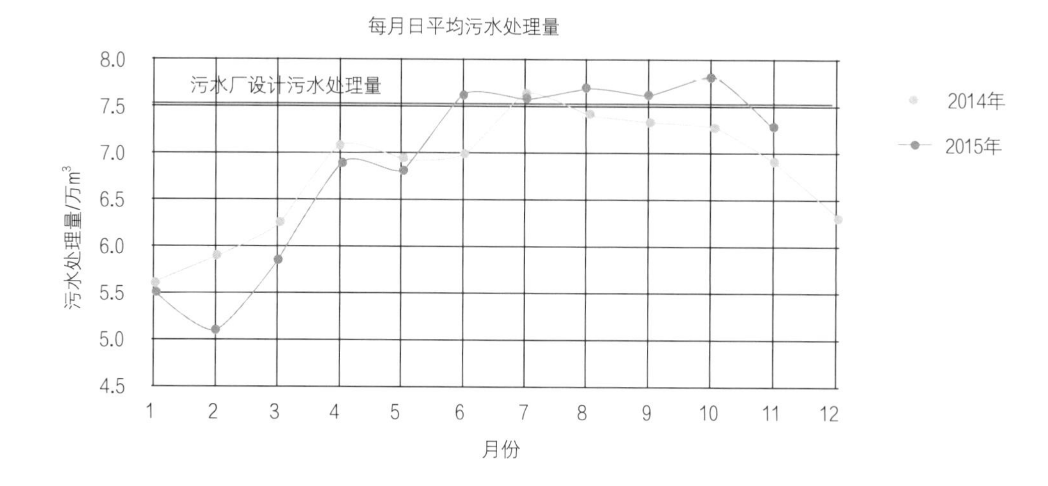

图14　污水厂运行负荷情况

4.2 生态修复工程维护

（1）每日观察测试水体透明度和水色，做好记录。

（2）日常做水面保洁，清除岸边垃圾和杂草。

（3）定期进行水质检测，并做好记录。

（4）根据鱼类的数量和种类，及时调控水体内的鱼类结构和数量。

（5）随时割除水体内的沉水植物，避免其长出水面。

（6）对由季节变化造成的水草腐败进行清理和必要的补种。

（7）对水位进行调控，保证水位满足沉水植物的生长要求。

（8）对由气候条件和外来污染造成的水质突然恶化实施应急处理。

5 工程投资

本工程总投资约1370万元，其中：严家角河箱涵投资约1200万元，生态修复工程投资约110万元，下凹式绿地投资约60万元。

6 实施效果

通过截流箱涵以及生态修复等综合治理措施，经过运行调试及后期运维，目前严家角河主要水质已达到Ⅳ类水标准，水体透明度达1.5m以上，水生植物覆盖率达80%并保持常绿。

工程完工以来，严家角河从原来无人问津的黑臭河道摇身一变，成为周边居民的休闲胜地。如今的严家角河碧波盈动，鱼翔浅底，两岸青草茸茸，“水下森林”随波摇曳，受到广大居民的一致赞誉，取得了良好的社会效益（图15）。

图15 严家角河治理后实景图

建 设 单 位：昆山市琨澄水利水务工程建设管理有限公司

设 计 单 位：中国市政工程中南设计研究总院有限公司

施 工 单 位：昆山市水利建筑安装工程有限公司

上海太和水环境科技发展股份有限公司

技术支持单位：昆山市海绵城市建设领导小组办公室

案例编写人员：高洋、赵洋

22

珠泾中心河水生态修复

基本概况

所在圩区：新镇圩

用地类型：水域

建设类型：改建项目

项目地址：周市镇

项目规模：珠泾中心河全长1720m，平均宽度11m

建成时间：2018年7月

海绵投资：约1800万元

1 项目特色

2018年，本项目被授牌为国家重大水专项黑臭水体系统解决方案中心智能科技湿地示范基地；同年，项目被比利时水环境领域的专业杂志《水利工程》（*Aquarama*）报导，相关报道成为2018年度82期杂志封面文章。2019年全国两会期间，本项目作为苏州建设美丽宜居家园的案例向媒体分享，并刊登于《人民日报》要闻版（图1）。

图1 本项目宣传情况

《水利工程》
2018年度82期杂志封面

要闻 2

强化监督问效 提升履职能力

紧扣建言资政和凝聚共识发力

防范化解风险 服务实体经济

改善环境民生 建设宜居家园

《人民日报》
2019年3月11日要闻版

（1）项目针对珠泾中心河面源污染严重、反复出现黑臭的现实问题，采用“控源截污+生态治理”的系统化治水模式，落实昆山海绵城市建设的圩区循环策略，主要水质指标已经达到或优于地表Ⅳ类水标准，实现了“珠泾湿地、清水河岸”，成为昆山治水攻坚的创新样板，也为周边居民提供了生态休闲场所。

（2）针对径流雨水、截流污水、河水、外源补水等不同处理对象的特点，对症下药，分别采用雨水湿地、河水湿地、截留湿地、补水湿地等生态湿地技术及其组合，形成“两点一线、分段治理”的全河段修复方案。

（3）项目采用EPC模式，由同一家单位进行项目的设计、施工和维护管理，根据河道水质检测结果实行按效付费机制，确保珠泾中心河长治久清。

2 建设目标

2.1 问题和需求分析

针对珠泾中心河水体黑臭问题，2017年对沿河排口进行了详细排查（图2），实施了控源截污工程，沿河所有污水排口均接入城市污水管网，并对河道采取曝气处理、微生物处理等多种治理措施。

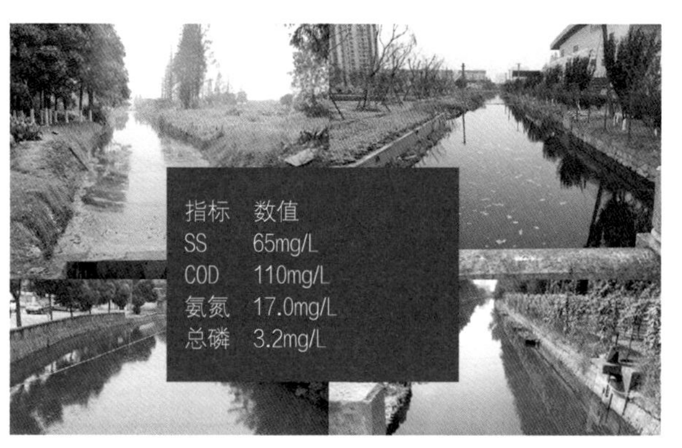

图2　珠泾中心河治理前实景图和水质情况（2017年11月）

但由于沿河两岸（图3）人口、建筑密集，交通繁忙，面源污染较为严重，珠泾中心河治理效果不稳定，仍出现间歇性黑臭现象。

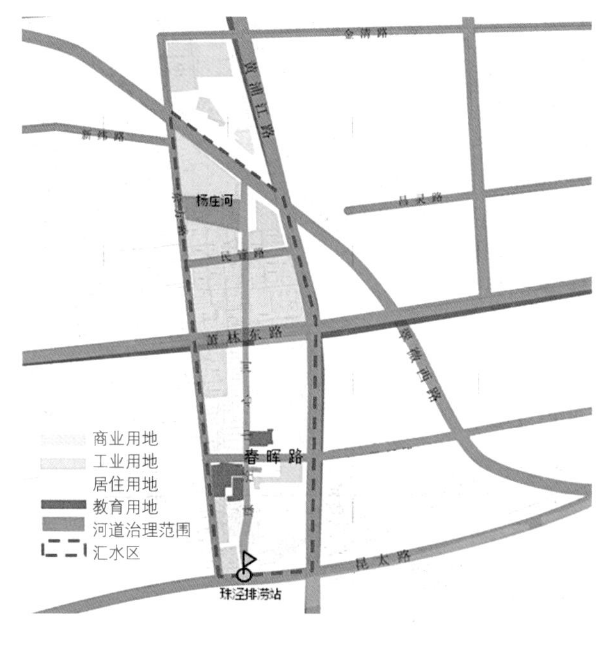

图3　珠泾中心河汇水范围示意图

为使珠泾中心河与周边的社区环境相匹配，探索行之有效的系统性解决方案，既能消除黑臭水体，又能实现“清水绿岸、鱼翔浅底”，为周边居民提供优美的生活、娱乐、休闲环境。

2.2 建设目标

根据昆山市地表水环境功能区划和海绵城市建设相关要求，确定珠泾中心河水环境治理目标为：河道水质主要指标长期稳定达到地表Ⅳ类水标准（即DO不小于3.0mg/L，COD不大于30mg/L，氨氮不大于1.5mg/L，TP不大于0.3mg/L），且透明度不小于0.8m。

3 方案设计

3.1 总体思路

在前期控源截污、内源治理的基础上，采用“控源截污+生态治理”的治水模式，最终实现雨水径流污染和合流制溢流污染的滞蓄净化，以及河道水体的循环活化（图4）。

图4 治水模式流程图

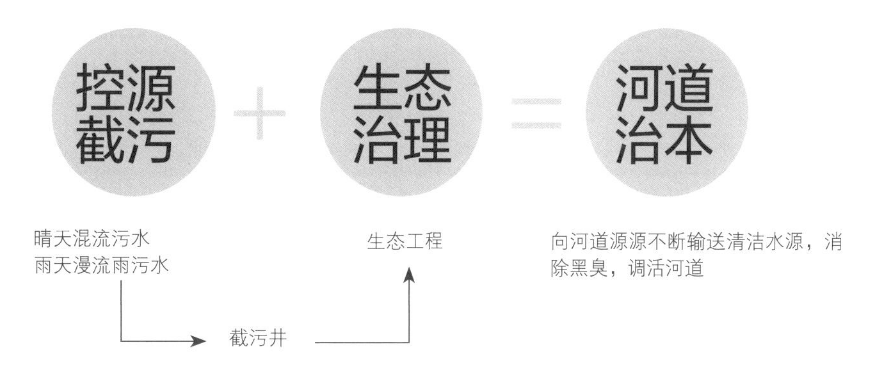

3.2 系统方案

1）污染物测算

珠泾中心河周边汇水面积76.8hm^2，经调研及测算，汇水范围内主要污染物包括汇水范围内约2000m^3/次的初期雨水（汇水范围内的初期雨水按有1/2进入河道估算，初期雨水降雨量按7mm估算，综合径流系数0.75），以及沿河43个分散排口（主要类型为合流制溢流排口）产生的约600m^3/d的污水，需要通过生态湿地净化处理后再进入河道。

2）治理方案

在前期污染治理的基础上，针对分散排口建设末端截流设施（改造已建截流井和截流泵井，新建截流泵井等），收集初期雨水和混流、溢流污水。

对河道实施生态清淤，将淤泥翻晒、干化后运送至项目北段，作为绿化种植用土。

生态修复采用“两点一线、分段治理”的治理方案，并通过运行控制实现河道的活水保质。项目北段和南段因地制宜地利用生态空间，分别建设了4片和2片生态湿地，一南一北形成了生态修复系统中的“两点”；中段针对分散的排口，沿岸建设生态湿地，截流处理面源污染和少量点源污染，经过生态处理后送入河道，形成了生态修复系统中的“一线”（图5）。

图5 珠泾中心河分段治理示意图

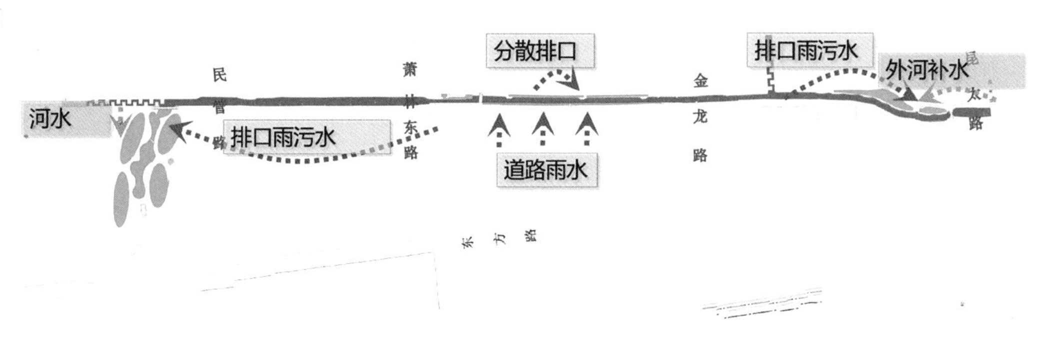

北段：调蓄与处理段
雨水湿地处理雨污水
河水湿地循环处理河水

中段：活水段
截留湿地处理分散排口雨污水
雨水湿地处理道路雨水

南段：共享段
补水湿地处理外源补水及部分排口雨污水

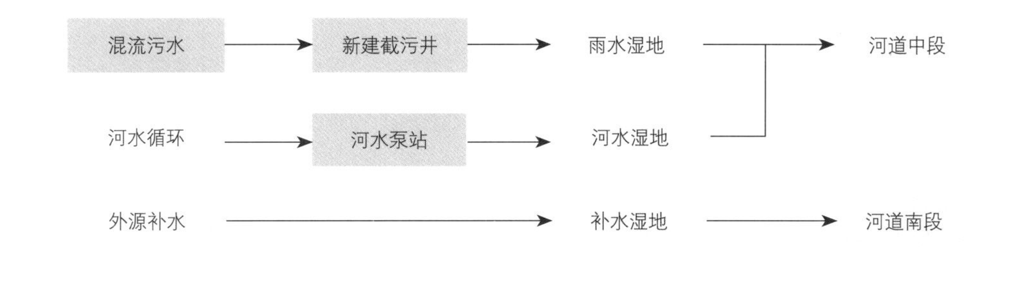

图6　珠泾中心河晴天运行模式流程图

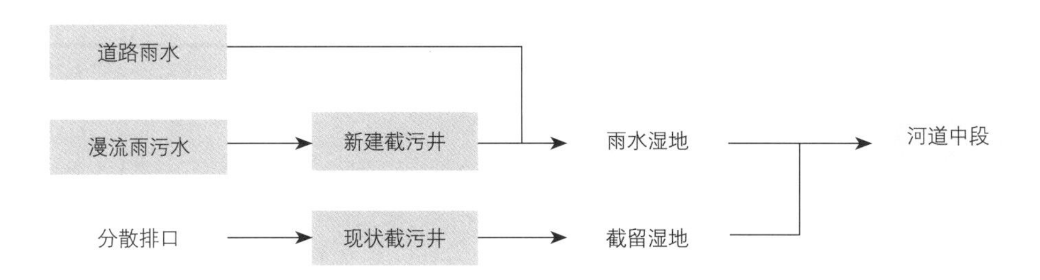

图7　珠泾中心河雨天运行模式流程图

3）运行模式

通过智能化控制，在晴天和雨天形成不同的运行工况。

晴天：少量混流污水通过末端截流设施输送至雨水湿地进行生态处理后排至河道中段；定期开启河水泵站使河水通过河水湿地净化后排至河道中段，实现水体自循环净化；南端引娄江水经补水湿地净化后进入珠泾中心河，实现水体外源补水（图6）。

雨天：通过末端截流设施将初期雨水和少量混流污水输送至雨水湿地、截留湿地，经湿地净化后的雨水通过重力管道排放至河道中段（图7）。

3.3 详细设计

项目主要采用垂直潜流湿地技术，通过间歇式布水，保证滤床不超负荷运行。同时，滤料的优化选择（包括级配），可以使其比表面积达到一定的程度，使微生物有足够的生长空间，同时又具备足够的水力条件，防止堵塞。

将雨水湿地、河水湿地、截留湿地、补水湿地等多种生态湿地技术组合成“两点一线”的生态修复系统。其中，北段的雨水湿地、河水湿地以及南段的补水湿地均为垂直潜流湿地，根据来水水质和水量设计不同的结构及运行参数；中断的截留湿地为强化型垂直流湿地，主要针对雨污水排口设置；中段的雨水湿地为水平潜流湿地，主要针对道路沿线面源污染设置。

1）北段

结合现状杨庄河断头浜生态空间进行改造，建设雨水湿地和河水湿地，其中雨水湿地集中处理调蓄北段排口和中段西岸排口排放的雨污水，处理后向中段输水，增强水体流动性（图8）。

图8　北段雨水湿地实景图

雨水湿地分为两个湿地生物反应床，湿地总面积约3100m^2。雨污水通过明渠配水，湿地平均水力负荷0.35m^3/（m^2·d），短时最大负荷1m^3/（m^2·d）。出水井出水流量通过电动阀、流量计等进行自动调控，保证足够的停留时间。控制年最大负荷量，根据来水水质情况调控进水周期和出水流量。雨水湿地的进出水指标详见表1。

雨水湿地的进出水指标一览表　单位：mg/L　　表1

指标	SS	COD	NH_3-N	TP
进水平均值	19.33	69.41	15.73	1.56
出水平均值	0.67	8.33	0.49	0.04

河水湿地总面积约3600m^2，主要用于循环处理河水（图9）。河水通过管道配水，单孔服务范围1m^2，平均水力负荷0.8m^3/（m^2·d）。

2）中段

中段可用于建设生态湿地的空间非常有限，故因地制宜地建设狭长形雨水湿地（总面积约900m^2）和截留湿地（总面积约590m^2）。截留湿地用于拦截、处理中段东岸分散排口的雨污水。道路雨水自流进入雨水湿地，雨水中的污染物得到拦截和处理（图10）。

图9　北段河水湿地实景图

图10　中段面源截留湿地和点源截留湿地实景图

3）南段

南段建设了补水湿地，总面积约1650m^2。补水湿地可以处理南段截污明渠收集的雨污水，也可以处理外河娄江补水，处理后的清洁水源作为河道的补水。补水湿地通过管道配水，平均水力负荷0.35m^3/（m^2·d），短时最大负荷1m^3/（m^2·d）。出水井通过倒虹吸管控制，保证足够的停留时间（图11）。

4 工程实施

本项目中关键的湿地生物反应床施工流程为：定位测量放线→土方施工→挡墙砌筑施工→防渗膜施工→集水管施工→滤料铺设→布水管施工→水生植物种植，具体如下。

（1）土方施工：反应床底部先刮平，水准仪找平，人工配合清理平整。

（2）防渗膜铺设：防渗膜的安装通常用焊接的方式，以保证防水效果（图12）。

（3）集水管施工：集水管施工在防渗膜渗水试验达到设计要求以后进行施工。

（4）滤料铺设：滤料铺设前应进行测量放线，铺设时定点测量，严格控制厚度，保证滤层的厚度符合施工图纸的规定（图13）。

图11 南段补水湿地配水实景图

图12 中段清淤完成及面源截留湿地防渗膜铺设完成实景图

图13 湿地生物反应床滤料铺设完成实景图

（5）布水管施工：为了减少对滤床的扰动，应该先在滤床外焊固布水管，然后进场铺设。

（6）水生植物种植：水生植物种植时，应保持生物反应床内有一定的水深，植物种植完成后，逐步增大水力负荷，使其适应水质处理。

5 工程维护和管理

本项目采用了“设计施工总承包+4年运维期”的商业模式，项目完工后根据检测考核结果实行按效付费机制。项目验收时接受考核，运行维护期间每个月还要定期接受2～3次检查，只有考核合格后，才能拿到相应的治理款项。

本项目电气系统包括控制房内总电源控制柜、现场控制PLC箱、各种控制电缆线、各类型水泵等，具有一套系统的智慧运维系统，项目各类型湿地通过不同站点进行进水、出水等水力条件的自动控制。运维过程中，根据不同降水情况、外来污染情况等自动调节工艺，实现自动化控制和智慧运维。

各站点信号无线连接至云平台，云平台整合国内外生态项目数据，优化运行参数。系统能够自我学习，使项目成为自我修复的生态系统，逐步提升各项功能，实现低成本运维管理，并可通过手机和电脑进行远程实时监控。

6 工程投资

本项目工程总投资约2000万元（含后期4年的运行维护费用）。

生态湿地单价如下：垂直潜流湿地约2000元/m^2，强化型垂直流湿地约2500元/m^2，水平潜流湿地约1000元/m^2。

7 效果评估

7.1 监测评估

2018年12月14日—28日，第三方检测单位连续15天对珠泾中心河3个点位进行水质检测，水质检测结果符合项目约定的水质验收要求（图14、图15）。

7.2 效益评估

珠泾中心河水体生态修复工程通过运用生态湿地技术，取得了良好的生态和景观效果，实现了经济、环境、社会效益最大化，实现了“珠泾湿地、清水河岸”的目标（图16）。

图14　现场水质显示屏

图15　水质监测动态图

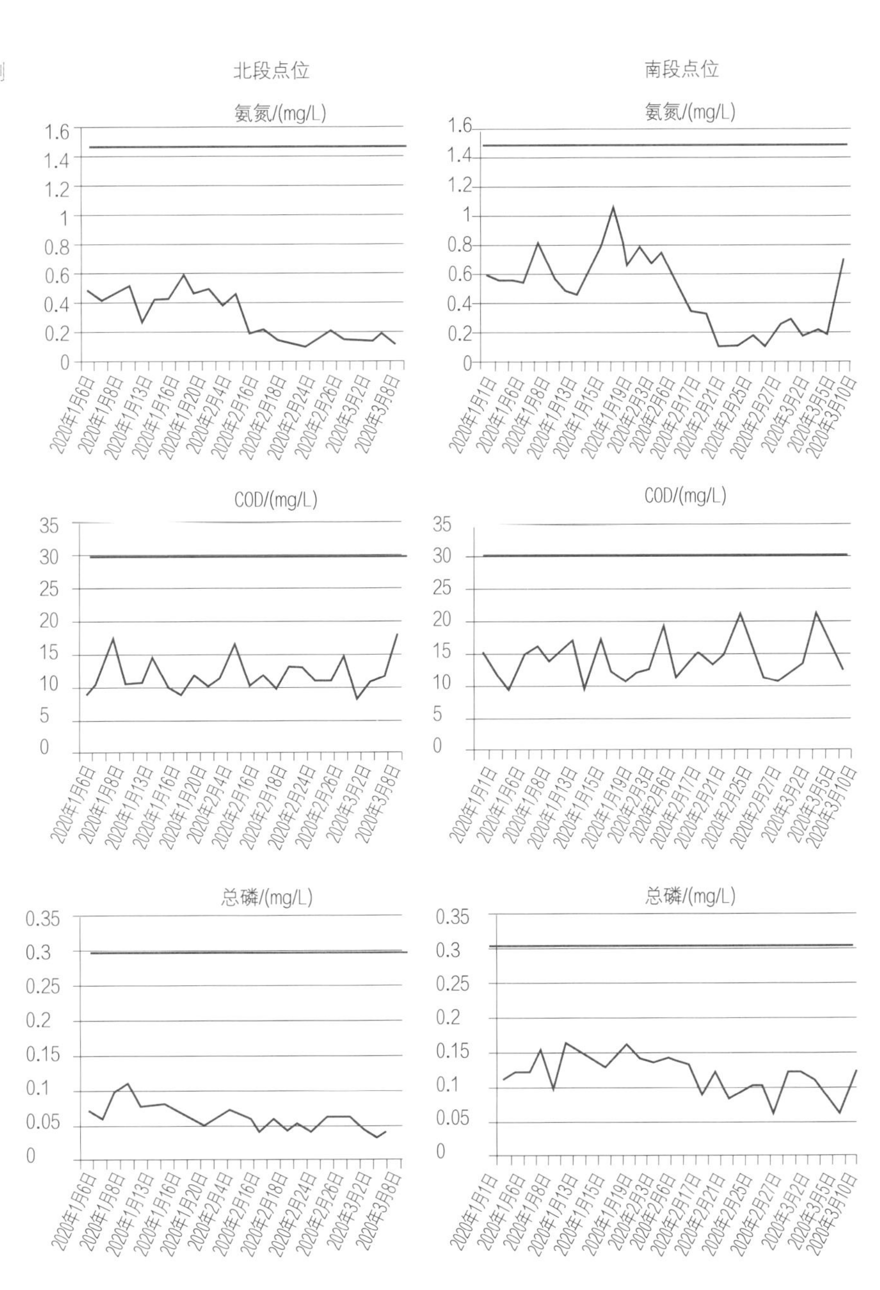

图16 “珠泾湿地、清水河岸”实景图

1）经济效益

通过珠泾中心河水体生态修复，尤其是对北段原断头浜杨庄河的治理，为近翠薇西路整个地区环境品质的提升，创造了无形的经济价值；当地政府对北段湿地的北面原废弃地进行了整理及景观打造，创造了该区域土地未来增值的空间（图17）。

2）环境效益

珠泾中心河生态修复后，河道透明度大幅提升，没有异味，两岸湿地植物繁茂（图18）。

图17　珠泾中心河北段区域改造前后对比图

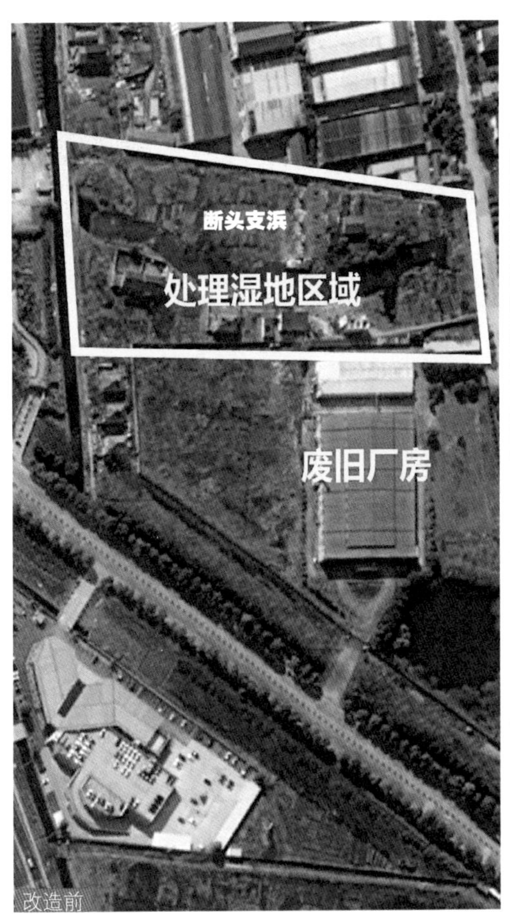

图18　珠泾中心河水质提升实景图

3）生态效益

通过一系列措施，为鸟类（包括鹡鸰鸟、白鹭、夜鹭、伯劳等）、鱼类（包括窜条鱼、鲫鱼、鲢鱼等）等动物提供了良好的栖息环境，鸟飞鱼跃的景象成为黑臭水体变身生命之水的最好佐证（图19、图20）。

4）社会效益

项目水质改善的同时，解决了区域环境污染的问题，同时建设亲水栈道和平台，给周边市民提供了一个用于锻炼休闲的湿地公园，老百姓从投诉这条河道变为喜欢和爱护这条河道。新华社《半月谈》、上观新闻（解放日报社）、江苏新闻、苏州电视台、《昆山日报》等也对珠泾中心河的治理效果进行了报道（图21）。

图19　珠泾中心河白鹭

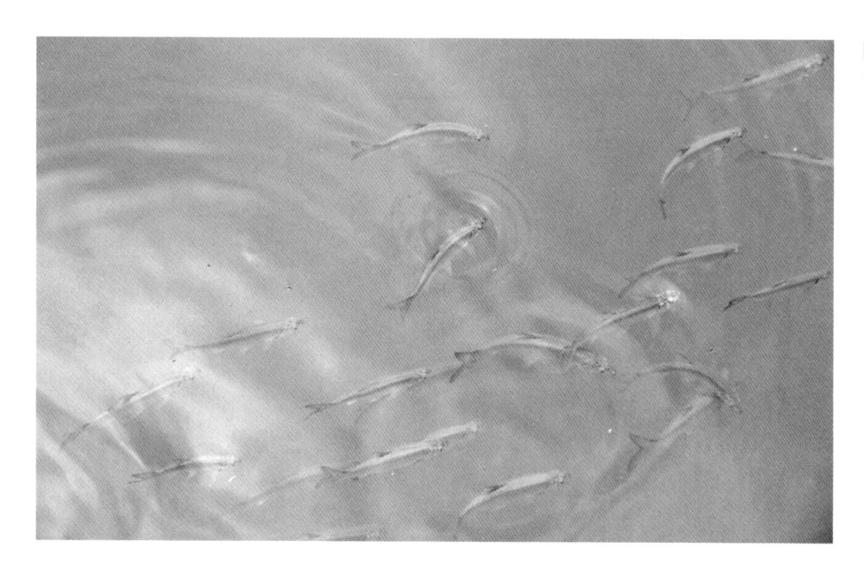

图20　珠泾中心河窜条鱼

图21　珠泾中心河整治前后对比图

建 设 单 位：昆山市周市基础建设开发有限公司

设 计 单 位：江苏省环科院环境科技有限责任公司
苏州德华生态环境科技股份有限公司

施 工 单 位：苏州德华生态环境科技股份有限公司

技术支持单位：AKUT Umweltschutz Ingenieure Burkard und Partner

案例编写人员：杜建强、张瑛、程鹏宇、冯桐、杜滢明

政策文件

1. 政策制度文件

昆山市结合自身特点，先后出台了一系列政策制度文件，覆盖土地出让、项目立项、资金引导、规划审批、图纸审查、施工指导、工程验收、运营维护、监测评估等环节，基本实现了海绵城市建设项目全过程、全生命周期管理。

昆山市海绵城市建设已发布政策文件一览表

序号	类型	名称	备注
1	组织保障	关于成立昆山市海绵城市建设试点工作领导小组的通知	昆政办抄〔2015〕89号
2	规划建设管理	市政府关于推进海绵城市建设的实施意见（试行）	昆政发〔2016〕34号
3		市政府关于印发昆山市建设项目节约用水管理办法的通知	昆政规〔2016〕2号
4		昆山市海绵城市建设规划建设管理办法（试行）	昆政办发〔2016〕50号
5		关于印发在工程项目中运用海绵城市建设技术的审批管理办法（暂行）的通知	昆住建〔2017〕58号
6		市政府办公室转发市规划局关于对全市拟出让土地预先开展城市设计工作的通知	昆政办发〔2017〕67号
7		关于在工程项目中运用海绵城市建设技术的审批管理办法（暂行）的补充通知	2017年6月
8		关于印发《昆山市建设项目海绵城市专项设计方案编制大纲及审查要点》的通知	2017年9月
9		关于印发《昆山市建设项目海绵城市施工图核查要点》的通知	2017年9月
10		关于印发《昆山市海绵城市建设技术导则（试行）——人工湿地》的通知	2017年9月
11		关于印发《典型地块适用海绵技术指引》的通知	2017年9月
12		关于印发《昆山市海绵城市建设技术导则（试行）——生物滞留池》的通知	2017年9月

续表

序号	类型	名称	备注
13	规划建设管理	关于印发《典型海绵设施设计施工指南》的通知	2017 年 9 月
14		关于印发《昆山市生物滞留池施工指南（试行）》的通知	2018 年 1 月
15		关于印发《昆山市海绵项目施工质量检测规程》的通知	2019 年 9 月
16		昆山市建设项目生成管理办法	昆建改办〔2020〕10 号
17		昆山市工程建设项目审批四个阶段“一张表单”格式文件	昆建改办〔2020〕15 号
18		昆山市道路交通工程建设标准化导则	昆交函〔2021〕18 号
19		关于印发《昆山市海绵城市规划设计导则（试行）》的通知	2017 年 6 月
20	竣工验收	关于印发《昆山市建设项目海绵城市建设竣工验收要点（试行）》的通知	2018 年 9 月
21		昆山市工程建设项目限时联合验收实施细则	昆建改办〔2020〕5 号
22	建设模式	市政府办公室关于印发在公共服务领域推广政府和社会资本合作（PPP）模式的实施意见的通知	昆政办发〔2018〕85 号
23	资金投入和产业发展	昆山海绵城市建设专项资金管理办法（试行）	昆政办发〔2016〕51 号
24		关于印发《昆山市关于培育发展海绵产业和海绵经济的指导意见（试行）》的通知	2019 年 3 月
25	运营维护与绩效考核	昆山市海绵设施维护、运营、监测及评估办法（暂行）	昆政办发〔2016〕52 号
26		关于印发《昆山市海绵城市建设绩效评价方法》的通知	2017 年 9 月
27		关于印发《昆山市地块海绵城市建设绩效评估标准（试行）》的通知	2018 年 11 月
28		关于印发《昆山市海绵设施运行维护导则》的通知	2021 年 1 月

2. 技术标准文件

昆山市建立了较为健全的海绵城市建设技术标准体系，基本实现了从规划设计、施工、验收、运行维护、绩效评价到规划建设全过程的标准化，为昆山高质量推进海绵城市建设提供了技术支撑。

昆山市海绵城市建设技术指南与标准一览表

序号	名称	颁布时间
1	昆山市海绵城市规划设计导则（试行）	2017年5月
2	昆山市建设项目海绵城市专项设计方案编制大纲及审查要点	2017年6月
3	昆山市建设项目海绵城市施工图核查要点	2017年6月
4	典型地块适用海绵技术指引	2017年8月

续表

序号	名称	颁布时间
5	昆山市海绵城市建设技术导则（试行）——生物滞留池	2017年8月
6	昆山市海绵城市建设技术导则（试行）——人工湿地	2017年8月
7	典型海绵设施设计施工指南	2017年8月
8	昆山市生物滞留池施工指南（试行）	2018年10月
9	昆山市海绵项目施工质量检测规程	2018年9月
10	昆山市建设项目海绵城市建设施工及竣工验收要点（试行）	2017年8月
11	昆山市海绵设施运行维护导则	2020年12月
12	昆山市海绵城市建设绩效评价方法	2017年8月
13	地块海绵城市建设绩效评估标准	2018年11月

受限于篇幅，本书采用二维码的方式提供了昆山市海绵城市规划建设管理部分文件的链接，有需要的读者可自行扫码阅读。

A　昆山市海绵城市规划设计导则（试行）

B　昆山市生物滞留池施工指南（试行）

C　昆山市海绵项目施工质量检测规程（试行）

D　昆山市建设项目海绵城市建设施工及竣工验收要点（试行）

E　昆山市海绵设施运行维护导则（试行）

F　地块海绵城市建设绩效评估标准（试行）